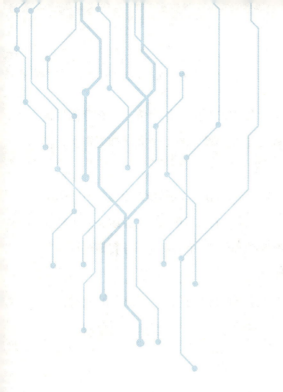

高等职业教育教材

信息技术

Information Technology

周德锋　侯小毛　黄银秀　主编

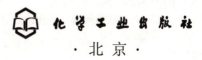
·北京·

内容简介

本书以教育部《高等职业教育专科信息技术课程标准(2023年版)》为依据，充分体现信息技术课程的性质、基本理念、目标、内容标准及有关要求；以党的二十大精神为指引，落实立德树人根本任务。

本书共有7个模块，内容涵盖了Windows 10操作系统的使用、文档处理软件Word 2016、电子表格处理软件Excel 2016、演示文稿处理软件PowerPoint 2016、信息检索、人工智能基础、信息素养与社会责任等，以任务为驱动将知识传授和能力训练融入任务实施过程，将"教、学、做"融为一体，强化读者的计算机基本操作技能。

本书适合作为高等职业院校各专业"信息技术""计算机应用基础"等课程的教材，也可作为高等职业院校计算机类相关专业教材。

图书在版编目（CIP）数据

信息技术 / 周德锋，侯小毛，黄银秀主编． -- 北京：化学工业出版社，2024．7． -- ISBN 978-7-122-45906-0

Ⅰ．TP3

中国国家版本馆CIP数据核字第202498F4G8号

责任编辑：李仙华　旷英姿　蔡洪伟　　装帧设计：史利平
责任校对：李雨函

出版发行：化学工业出版社（北京市东城区青年湖南街13号　邮政编码100011）
印　　装：河北延风印务有限公司
787mm×1092mm　1/16　印张17¾　字数450千字　2024年8月北京第1版第1次印刷

购书咨询：010-64518888　　　　　售后服务：010-64518899
网　　址：http://www.cip.com.cn
凡购买本书，如有缺损质量问题，本社销售中心负责调换。

定　　价：55.00元　　　　　　　　　　版权所有　违者必究

编写委员会名单

主 编

周德锋（湖南化工职业技术学院）
侯小毛（湖南化工职业技术学院）
黄银秀（湖南化工职业技术学院）

副主编

肖　英（湖南化工职业技术学院）
周恒伟（湖南化工职业技术学院）
李怀彬（安徽省特殊教育中专学校）

参 编

甘胜界（湖南化工职业技术学院）
冯　馨（湖南化工职业技术学院）
刘其琛（湖南化工职业技术学院）
陈利萍（湖南化工职业技术学院）
穆炜炜（湖南化工职业技术学院）
谭新辉（湖南化工职业技术学院）
尹红健（湖南化工职业技术学院）
崔　媛（湖南化工职业技术学院）
王华兵（长沙民政职业技术学院）
张　捷（湖南汽车工程职业大学）
张　炯（湖南邮电职业技术学院）
邹瑞睿（湖南汽车工程职业大学）
刘燕玲（湖南有色金属职业技术学院）

主 审

欧阳广（湖南化工职业技术学院）

前言

党的二十大报告指出,"加快发展数字经济,促进数字经济和实体经济深度融合,打造具有国际竞争力的数字产业集群",为"数字中国"背景下的产业变革指明了方向。数字经济不仅将极大地改变人类的生产生活方式和社会治理模式,而且已成为重新配置全球资源、重塑全球经济结构和改变全球竞争格局的关键力量。

发展数字经济离不开信息技术的支持。"信息技术"是高等职业院校的一门公共基础必修课程,不仅注重培养学生的计算机基础知识与应用技能,还注重培养学生的信息素养和计算思维等综合素养。本书以教育部《高等职业教育专科信息技术课程标准(2023年版)》为依据,紧扣高等职业院校信息技术核心素养和课程目标,突出职业教育特色,增强学生的动手能力,提高学生的数字化学习能力与创新能力,同时帮助学生树立正确的信息社会价值观和责任意识,全面提升学生的信息素养。

本书紧跟信息技术的主流应用,讲解7个部分的内容:Windows 10操作系统的使用,Word 2016的应用,Excel 2016的应用,PowerPoint 2016的应用,信息检索,人工智能基础,信息素养与社会责任。

本书具有以下特色:

● 以具体任务为导向,以能力培养为目标,通过分析解决问题的思路,围绕解决问题过程中用到的知识进行讲解,实现将知识转变为能力的过程,达到学以致用、举一反三的效果。

● 操作性强,案例丰富。本书通过对具体的应用案例进行操作讲解,帮助学生掌握相关知识的具体应用方法,为学生学习其他计算机课程或将计算机知识应用于本专业的学习中奠定扎实的基础。

● 认真贯彻构建新一代信息技术增长引擎的要求,为学生职业能力的持续发展奠定基础。本书围绕人工智能技术的概念、生态、关键技术、应用案例等培养学生的探索精神、创新精神和工匠精神,使之具备独立思考和主动探究的能力。

本书由周德锋、侯小毛、黄银秀担任主编，肖英、周恒伟、李怀彬担任副主编，全书由周德锋统稿。具体分工如下：模块一、模块七由周恒伟、侯小毛编写，模块二、模块六由周德锋、李怀彬、甘胜界编写，模块三由黄银秀编写，模块四、模块五由肖英编写，此外冯馨、刘其琛、陈利萍、穆炜炜、谭新辉、尹红健、崔媛、王华兵、张捷、张炯、邹瑞睿、刘燕玲教师也参与了本书的编写工作。本书由欧阳广教授主审，安徽省特殊教育中专学校李怀彬教授为模块二提供了素材，同时还得到了湖南化工职业技术学院领导、同事的热情帮助和支持，在此表示衷心的感谢。

由于时间仓促，加之编者水平有限，书中难免存在疏漏和不足之处，敬请读者提出宝贵意见。

编者

2024年5月

目 录

模块一　Windows 10 操作系统的使用　001

任务一　Windows 10 基本操作 002
任务描述 002
任务分析 002
任务准备 002
一、计算机的基本概念 002
二、计算机的工作原理 003
三、操作系统的概念、功能、分类及发展 004
四、Windows 10 操作系统简介 005
五、鼠标和键盘的基本操作 006
六、文件和文件夹 007
任务实施 008
一、启动与登录 Windows 10 008
二、熟悉桌面环境 010
三、窗口与多任务操作 011
四、文件与文件夹操作 012

任务二　设置 Windows 系统 017
任务描述 017
任务分析 017
任务准备 018
一、个性化设置 018
二、网络与连接设置 018
三、控制面板 019
四、系统安全威胁与防护措施 021

任务实施 ·· 022
　　　一、个性化设置 ··· 022
　　　二、系统设置 ·· 026
　　　三、IP 地址设置 ··· 027
　　　四、卸载程序与应用 ··· 029
　　　五、添加或删除输入法 ··· 030
　　模块考核与评价 ·· 031

模块二　文档处理软件 Word 2016 ·· 033

任务一　制作举办"纪念五四运动"主题活动的通知 ······························· 034

　　任务描述 ·· 034
　　任务分析 ·· 034
　　任务准备 ·· 035
　　　一、新建文档 ·· 035
　　　二. 输入文档内容 ··· 037
　　　三、字符格式设置 ··· 039
　　　四、段落格式设置 ··· 040
　　　五、项目符号设置 ··· 041
　　　六、页面格式设置 ··· 042
　　　七、打印设置 ·· 043
　　任务实施 ·· 043
　　　一、新建 Word 2016 文档，并录入文本 ··· 043
　　　二、页面设置 ·· 044
　　　三、字体设置 ·· 044
　　　四、段落格式设置 ··· 044
　　　五、项目符号设置 ··· 045
　　　六、段落对齐设置以及保存文件 ··· 045

任务二　制作"中国美食文化"主题画报 ··· 046

　　任务描述 ·· 046
　　任务分析 ·· 046
　　任务准备 ·· 046
　　　一、分栏设置 ·· 046
　　　二、页面背景设置 ··· 047

三、首字下沉与悬挂 049
　　四、插入图片 049
　　五、插入艺术文字 052
　　六、插入文本框 053
　　七、插入公式 053
　任务实施 054
　　一、页面设置 054
　　二、插入图片"2.png"和"3.jpg" 054
　　三、插入文本框 055
　　四、绘制图形 055
　　五、插入图片"4.jpg"、"5.png"和"6.png" 056
　　六、绘制圆角矩形图形 056
　　七、插入图片"7.jpg" 057
　　八、调整整体布局，保存文件 057

任务三　制作个人求职简历表 057

　任务描述 057
　任务分析 058
　任务准备 058
　　一、创建表格 058
　　二、编辑表格 059
　　三、表格与文字之间转换 062
　　四、表格边框与底纹 063
　　五、排序表格数据 064
　　六、表格数据计算 065
　　七、设置与美化表格 065
　任务实施 066
　　一、新建 Word 2016 文档，插入表格 066
　　二、合并单元格 067
　　三、复制行 067
　　四、合并与拆分单元格 067
　　五、设置单元格格式 068

任务四　长文档排版 068

　任务描述 068
　任务分析 068
　任务准备 069

  一、视图模式 ··· 069
  二、样式的应用、新建及修改 ··· 070
  三、脚注、尾注、题注和批注 ··· 073
  四、分页符与分节符 ··· 075
  五、页眉和页脚设置 ··· 077
  六、生成目录 ··· 078
  七、共享文档 ··· 079
 任务实施 ··· 080
  一、页面设置 ··· 080
  二、艺术字设置 ·· 080
  三、封面设置 ··· 080
  四、插入分节符 ·· 081
  五、页眉页脚设置 ··· 081
  六、样式设置 ··· 082
  七、底纹设置 ··· 082
  八、表格格式设置及生成图表 ·· 082
  九、插入图片 ··· 083
  十、底纹设置 ··· 084
  十一、查找 / 替换 ··· 084
  十二、生成目录 ·· 084
 模块考核与评价 ·· 084

模块三　电子表格处理软件 Excel 2016 ················ 086

 任务一　制作学生信息表 ··· 087
  任务描述 ·· 087
  任务分析 ·· 087
  任务准备 ·· 087
   一、Excel 2016 工作界面 ··· 087
   二、认识工作簿、工作表和单元格 ··· 088
   三、单元格的基本操作 ·· 089
   四、行和列的基本操作 ·· 090
   五、输入数据 ··· 091
   六、编辑数据 ··· 091
   七、单元格格式的设置 ·· 092
   八、工作表的基本操作 ·· 093

任务实施 ·· 095
　　　　一、创建"大一新生基本信息表.xlsx"文档并保存 ··························· 095
　　　　二、各种类型数据的输入 ··· 096
　　　　三、单元格格式的设置 ··· 098
　　　　四、设置合适的行高和列宽 ··· 100
　　　　五、边框的设置 ··· 100
　　　　六、底纹设置 ·· 101
　　　　七、工作表的重命名 ··· 102

任务二　制作学生成绩表 ·· 103

　　任务描述 ·· 103
　　任务分析 ·· 103
　　任务准备 ·· 103
　　　　一、公式 ··· 103
　　　　二、不同单元格位置的引用 ··· 106
　　　　三、函数 ··· 107
　　　　四、打印工作表 ··· 108
　　任务实施 ·· 109
　　　　一、使用求和函数 SUM() ··· 109
　　　　二、创建"大一考试成绩表"工作簿 ·· 110
　　　　三、单元格的引用 ··· 112
　　　　四、公式的计算 ··· 112
　　　　五、函数计算 ·· 112
　　　　六、打印工作表 ··· 116

任务三　用图表分析学生成绩表 ·· 116

　　任务描述 ·· 116
　　任务分析 ·· 117
　　任务准备 ·· 118
　　　　一、条件格式的设置 ··· 118
　　　　二、图表 ··· 118
　　任务实施 ·· 119
　　　　一、条件格式的设置 ··· 119
　　　　二、创建图表 ·· 119
　　　　三、修改图表 ·· 120

任务四　制作学生成绩分析表 ··· 123

任务描述 ... 123
　　任务分析 ... 124
　　任务准备 ... 124
　　　一、排序 ... 124
　　　二、筛选 ... 125
　　　三、分类汇总 ... 125
　　　四、合并计算 ... 126
　　　五、数据透视表 ... 127
　　任务实施 ... 127
　　　一、复制工作表 ... 127
　　　二、排序 ... 127
　　　三、自定义筛选 ... 128
　　　四、高级筛选 ... 129
　　　五、分类汇总 ... 130
　　　六、合并计算 ... 131
　　　七、数据透视表与数据透视图 ... 131
　模块考核与评价 ... 134

模块四　演示文稿处理软件 PowerPoint 2016 ... 136

任务一　年度工作总结汇报演示文稿制作 ... 137
　　任务描述 ... 137
　　任务分析 ... 137
　　任务准备 ... 137
　　　一、新建、保存演示文稿 ... 137
　　　二、幻灯片视图 ... 141
　　　三、新建幻灯片 ... 142
　　　四、移动和复制幻灯片 ... 143
　　　五、删除幻灯片 ... 144
　　　六、输入文稿内容 ... 144
　　　七、插入图片 ... 145
　　　八、插入插图 ... 146
　　任务实施 ... 148
　　　一、创建"销售部门年度工作总结汇报.pptx"文档 ... 148

二、新建幻灯片并设计制作幻灯片内容 ················ 148

三、插入图片和 SmartArt 图形 ······················· 150

任务二　制作湖湘旅游文化宣传册 ·················· 152

任务描述 ·· 152

任务分析 ·· 152

任务准备 ·· 152

一、幻灯片母版 ································· 152

二、插入艺术字 ································· 155

三、创建超链接与动作按钮 ····················· 157

四、插入媒体文件 ······························· 158

五、幻灯片切换 ································· 160

六、幻灯片动画 ································· 160

七、幻灯片放映 ································· 162

八、排练计时 ··································· 162

九、打印演示文稿 ······························· 163

十、打包演示文稿 ······························· 164

任务实施 ·· 165

一、启动 PowerPoint 2016 程序，打开素材文件 ·· 165

二、插入艺术字 ································· 165

三、插入视频 ··································· 165

四、设置幻灯片母版 ····························· 165

五、添加超链接 ································· 166

六、设置幻灯片切换和动画效果 ················ 167

七、设置排练计时和幻灯片放映方式 ··········· 168

模块考核与评价 ··· 168

模块五　信息检索 ·· 170

任务一　了解信息检索 ································· 171

任务描述 ·· 171

任务分析 ·· 171

任务准备 ·· 171

一、信息检索概念 ······························· 171

二、信息检索分类 ······························· 171

三、信息检索方法 ······························· 173

四、信息检索基本流程 ———————————————————— 174
　　五、信息检索技术 ——————————————————————— 174
　任务实施 ———————————————————————————————— 177

任务二　使用搜索引擎检索信息 ———————————————— 179

　任务描述 ———————————————————————————————— 179
　任务分析 ———————————————————————————————— 179
　任务准备 ———————————————————————————————— 179
　　一、搜索引擎概念 —————————————————————————— 179
　　二、搜索引擎分类 —————————————————————————— 179
　　三、主要搜索引擎介绍 ———————————————————————— 180
　　四、百度搜索引擎检索方式 —————————————————————— 181
　任务实施 ———————————————————————————————— 186

任务三　使用专用平台检索信息 ————————————————— 187

　任务描述 ———————————————————————————————— 187
　任务分析 ———————————————————————————————— 188
　任务准备 ———————————————————————————————— 188
　　一、中国知网（CNKI）的检索和利用 ————————————————— 188
　　二、万方数据知识服务平台检索与利用 ————————————————— 192
　　三、维普咨询中文期刊服务平台检索与利用 ——————————————— 195
　任务实施 ———————————————————————————————— 197
　模块考核与评价 ———————————————————————————— 199

模块六　人工智能基础 ———————————————————— 201

任务一　人工智能概述 ——————————————————————— 202

　任务描述 ———————————————————————————————— 202
　任务分析 ———————————————————————————————— 202
　任务实现 ———————————————————————————————— 202
　　一、人工智能就在你身边 ——————————————————————— 202
　　二、人工智能的概念 ————————————————————————— 204
　　三、人工智能的基本特征 ——————————————————————— 204
　　四、人工智能的发展历程 ——————————————————————— 205

任务二　人工智能生态

任务描述 ········· 206
任务分析 ········· 206
任务实现 ········· 206
一、人工智能赖以生存的土壤——物联网 ········· 206
二、人工智能的算力——云计算 ········· 208
三、人工智能的血液——大数据 ········· 211

任务三　人工智能技术

任务描述 ········· 215
任务分析 ········· 215
任务实现 ········· 215
一、人工智能的视觉技术 ········· 215
二、人工智能的语言技术 ········· 217
三、人工智能的自然语言处理技术 ········· 218
四、人工智能的学习技术 ········· 221

任务四　人工智能应用

任务描述 ········· 224
任务分析 ········· 224
任务实现 ········· 224
一、智能制造——改变人类的生产方式 ········· 224
二、智慧交通——改变人类的出行方式 ········· 227
三、智慧商业——精准营销 ········· 229
四、智慧医疗——提升人类的健康水平 ········· 234
五、智慧教育——因材施教 ········· 236

任务五　人工智能素养

任务描述 ········· 241
任务分析 ········· 241
任务实现 ········· 242
一、人工智能的社会价值 ········· 242
二、人工智能给人类职业带来的影响 ········· 243
三、驾驭"无处不在"的人工智能 ········· 244
四、人工智能在社会应用中面临的伦理道德和法律问题 ········· 245

模块考核与评价 ········· 247

模块七　信息素养与社会责任　　249

任务一　认识信息素养　　250

任务描述　　250
任务分析　　250
任务实现　　250

一、信息素养的定义和内涵　　250
二、信息素养在现代社会中的作用　　252
三、信息素养的核心能力要素　　253
四、信息素养相关的其他素养　　254

任务二　信息技术及其发展　　257

任务描述　　257
任务分析　　257
任务实现　　257

一、信息技术的定义　　257
二、信息技术的分类　　257
三、信息技术的发展历程　　258
四、信息技术对社会的影响　　259
五、信息素养与信息技术的关系　　260

任务三　信息伦理与职业行为自律　　261

任务描述　　261
任务分析　　261
任务实现　　262

一、信息伦理的定义　　262
二、信息伦理的原则　　262
三、信息伦理问题的表现形式　　263
四、信息伦理问题的危害　　263
五、职业行为自律的要求　　264
六、职业行为自律的方法　　265

模块考核与评价　　266

参考文献　　268

Windows 10 操作系统的使用

随着信息技术的迅猛发展，计算机已深入人们生活的方方面面，成为现代社会不可或缺的重要工具。而Windows操作系统以其出色的性能和人性化的设计，使得用户可以更直观地与计算机进行交互，因此成为广大用户首选的计算机操作系统。本模块将介绍Windows 10操作系统的一些基本操作和设置，帮助大家更好地掌握这一强大工具的使用技巧，充分发挥其强大的功能，提升工作和学习效率。

知识目标

- ◇ 熟悉 Windows 10 桌面布局并掌握窗口基本操作
- ◇ 学会创建、重命名、复制、移动和删除文件与文件夹
- ◇ 掌握个性化设置并熟悉多任务处理
- ◇ 掌握系统与安全配置、网络与连接管理
- ◇ 会利用控制面板管理系统设置和功能

素质目标

- ◇ 培养学生的自主学习能力和良好的计算机操作习惯
- ◇ 培养学生的系统安全意识
- ◇ 培养学生自主解决问题的能力
- ◇ 培养团队合作精神和协作能力

任务一 ▪ Windows 10 基本操作

任务描述

Windows 10 操作系统以其直观的用户界面和强大的功能赢得了广大用户的青睐。本任务旨在了解 Windows 10 操作系统的基本操作，通过本任务的学习与实践，掌握 Windows 10 的基本使用方法，为后续的学习和工作奠定坚实的基础。

任务分析

本任务的重点是 Windows 10 桌面环境的熟悉、窗口管理、文件与文件夹的基本操作以及多任务处理等，完成本次任务主要涉及知识点如下：◇计算机的基本概念，◇计算机的工作原理，◇操作系统的概念、功能、分类及发展，◇Windows 10 操作系统窗口操作，◇鼠标和键盘的基本操作，◇文件和文件夹的基本操作。

任务准备

一、计算机的基本概念

计算机是一种能够接收、存储、处理、输出信息的智能电子设备。它由硬件系统和软件系统两部分组成，如图 1-1 所示。

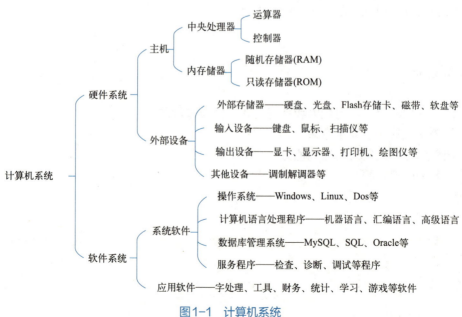

图 1-1　计算机系统

硬件是计算机的实体,包括中央处理器(CPU)、存储器、显示器、键盘、鼠标等部件。软件则是运行在计算机上的程序和数据,包括系统软件和应用软件等。

计算机的主要功能包括数据处理、信息存储、通信和控制。它可以接收来自用户的输入信息,经过内部处理后,输出用户所需的结果。在计算机的发展过程中,经历了从电子管计算机、晶体管计算机、集成电路计算机到超大规模集成电路计算机的演变,性能不断提升,应用领域也不断扩大。

二、计算机的工作原理

计算机的工作原理主要基于冯·诺依曼体系结构,其工作原理如图1-2所示,包括输入、存储、处理、输出和控制五大基本功能,如表1-1所示。

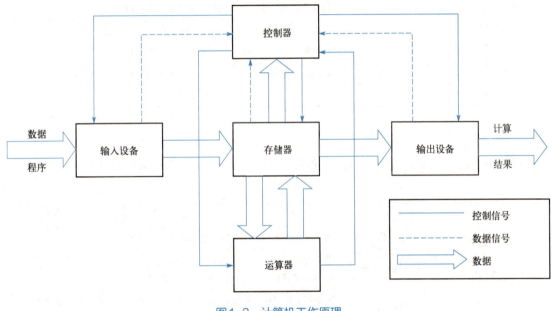

图1-2　计算机工作原理

表1-1　计算机基本功能

功能	作用
输入	通过键盘、鼠标、扫描仪等设备,将用户的数据和指令输入到计算机中
存储	计算机使用内存和硬盘等存储设备,将输入的数据和程序暂时或永久地保存起来。内存负责暂时存储正在处理的数据和程序,硬盘用于长期保存大量数据和文件
处理	中央处理器(CPU)是计算机的核心部件,负责执行程序中的指令,对数据进行加工和处理。CPU通过读取指令、分析指令和执行指令的循环过程,完成各种复杂的计算和控制任务
输出	处理后的结果通过显示器、打印机等设备输出给用户。显示器用于显示图像、文字等信息,而打印机则可以将文档、图片等打印出来
控制	计算机控制单元负责协调各个部件的工作,确保它们能够按照预定的顺序和时间进行操作。通过总线等连接方式,控制单元可以与其他部件进行通信和数据传输

三、操作系统的概念、功能、分类及发展

1. 操作系统的概念

操作系统是指控制和管理整个计算机系统的硬件和软件资源,并合理地组织调度计算机的工作和资源的分配,以提供给用户和其他软件方便的接口和环境。它是计算机系统中最基本的系统软件,可以将裸机改造成功能更强、使用更方便的机器。

2. 操作系统的功能

操作系统的功能主要包括进程管理、存储管理、设备管理、文件管理、作业管理等几个方面,如表1-2所示。

表1-2　操作系统的功能

功能	作用
进程管理	进程调度,解决处理器的调度、分配和回收等问题
存储管理	包括存储分配、存储共享、存储保护和存储扩张等功能
设备管理	包括设备分配、设备传输控制和设备独立性等功能
文件管理	包括文件存储空间的管理、文件夹管理、文件操作管理和文件保护等
作业管理	负责处理用户提交的任何要求

3. 操作系统的分类

操作系统的分类可以根据不同的标准来进行划分,表1-3为几种常见的分类方式。

表1-3　操作系统的分类

分类方式	分类	特点
用户界面和使用环境	批处理操作系统	成批处理和多道程序并发执行,缺乏交互性
	分时操作系统	多个用户可共享主机的CPU等资源,通过终端实时交互,获得即时响应,具有多路性、交互性、独占性和及时性
	实时操作系统	主要用于实时控制系统,要求在规定的时间内及时响应外部事件的请求,并处理有关数据
计算机体系结构的发展	个人操作系统	如Windows、macOS等,主要用于个人计算机
	网络操作系统	如Windows Server、Linux等,用于管理网络中的计算机和共享资源
	分布式操作系统	用于管理分布式系统中的计算机和资源,如Amoeba
	嵌入式操作系统	用于嵌入式系统,如智能家居设备、手机等,具有高可靠性、实时性、占用资源少等特点
应用领域	桌面操作系统	如Windows、macOS等,主要用于个人计算机和办公应用
	服务器操作系统	如Windows Server、Linux等,主要用于管理服务器和网络资源
	主机操作系统	用于大型计算机系统,提供高性能和可靠性

4. 操作系统的发展

操作系统的发展是一个不断演进和优化的过程,它随着计算机硬件的进步、应用需求的变化以及新技术的涌现而不断发展。以下是操作系统发展的几个关键阶段和特点。

(1) 初始阶段与手工操作

在计算机发展的早期，操作系统尚未形成，用户需要通过手工操作来管理计算机资源。这一阶段，用户需要直接使用机器语言编写程序，并通过纸带或卡片进行输入输出。这种方式的资源利用率极低，每个用户独占全机，CPU大部分时间都在等待用户。

(2) 批处理系统的出现

随着计算机应用的普及，批处理系统应运而生。它引入了脱机输入/输出技术，通过磁带等外围设备将一批作业组织起来，自动地逐个依次运行，提高了资源的利用率，减少了用户的手工操作。然而，这种系统仍然不能很好地处理I/O设备与CPU速度不匹配的问题。

(3) 多道程序设计与分时系统

为了解决I/O设备与CPU速度不匹配问题，多道程序设计技术被引入，它允许多个程序同时驻留在内存中，并交替运行。这样，当一个程序等待I/O操作时，CPU可以转而执行其他程序，从而提高了CPU的利用率。分时系统则在此基础上进一步发展，使得多个用户可以通过终端与计算机进行交互，每个用户感觉整个系统在为自己服务。

(4) 实时系统与网络操作系统

实时系统主要用于处理需要快速响应的紧急任务，如工业控制、军事指挥等。它要求操作系统在严格的时限内处理完事件，确保实时性和可靠性。而网络操作系统的出现，使得计算机能够与其他计算机相互连接，实现资源共享和通信。

(5) 现代操作系统的特点

随着技术的发展，现代操作系统展现出了更多的特点。例如，微内核体系结构使得操作系统更加轻量化和高效；多线程技术解决了并发处理的问题；分布式操作系统将海量数据分布到多台计算机上，提高了数据处理能力和可靠性；面向对象设计则使得操作系统更加易于定制和扩展。

(6) 未来发展趋势

未来的操作系统将继续向更加智能化、云计算化、安全化的方向发展。人工智能和机器学习等新技术将被更多地融入操作系统中，从而提高操作系统自动化管理和决策的能力。随着云计算的普及，操作系统也需要更好地支持云服务和资源管理。面对当前网络安全威胁增加的挑战，操作系统的安全性也将成为越来越重要的考虑因素。

四、Windows 10操作系统简介

Windows 10是由微软公司研发的跨平台操作系统，于2015年7月29日正式发行，它的设计目标是统一包括个人电脑、平板电脑、智能手机、嵌入式系统、Xbox One、Surface Hub和HoloLens等设备的操作系统。Windows 10在易用性和安全性方面有了极大的提升，除了针对云服务、智能移动设备、自然人机交互等新技术进行融合外，还对固态硬盘、生物识别、高分辨率屏幕等硬件进行了优化完善与支持。

Windows 10引入了通用Windows平台（UWP），并扩充了Modern UI风格的应用程序，所有运行Windows 10的设备共享一个通用的应用程序架构和Windows商店的生态系统。它还设计了一个新的开始菜单，其中包含Windows 7的传统开始菜单元素与Windows 8的磁贴。

Windows 10还注重人工智能和语音助手的发展，引入了名为Cortana的智能语音助手，用户可以使用语音指令来执行各种操作，如发送邮件、制定日程安排、搜索文件等。在安全

性与隐私保护方面，Windows 10提供了多种安全功能，如Windows Hello人脸识别、指纹识别和虹膜识别技术，确保只有授权用户才能进入系统。

五、鼠标和键盘的基本操作

1. 鼠标的基本操作

鼠标是一种计算机外接输入设备，也是计算机显示系统纵横坐标定位的指示器。因其形状类似于老鼠而得名。鼠标的主要功能是对当前屏幕上的游标进行定位，并通过按键和滚轮装置对游标所经过位置的屏幕元素进行操作。鼠标的基本操作包括以下几种：

① 单击：用食指按下鼠标左键并迅速松开。常用于选择、打开或激活某个对象。
② 双击：连续两次快速单击鼠标左键。常用于启动程序或打开文件。
③ 右击：用中指按下鼠标右键并迅速松开。常用于显示对象的上下文菜单，提供一系列与当前所选对象相关的操作选项。
④ 拖动：按住鼠标左键不放，然后移动鼠标。可以用于移动文件、图标或选择文本等。
⑤ 滚动：利用鼠标滚轮上下滚动，可以方便地查看网页或文档的长内容，而无需使用页面上的滚动条。

2. 键盘的基本操作

键盘是计算机或其他设备的一种输入设备，通过按键的方式向计算机输入信息。它通常包含字母键、数字键、标点符号键、功能键、控制键等，用户可以通过敲击键盘上的键来输入字符或执行命令。键盘的基本操作包括以下几种。

① 打字：使用十个手指在键盘的字母和数字键上进行敲击，以输入文本或数字。
② 功能键操作：键盘上的功能键，如Esc、F1~F12、Print Screen等，这些键可以执行特定的命令或打开特定的功能，如表1-4所示。

表1-4 键盘的功能键操作

功能键	作用
Esc	退出键，是"escape"的缩写，主要作用是退出某个程序
CapsLock	大写锁定键，是"capital Lock"的缩写，用于输入大写字母
Shift	转换键，在按下"Shift"键的同时，按下其他字母键可以输入大写字母，也可以配合其他键实现特殊功能
F1～F12	功能键，在不同的软件中，这些键有为其定义的相应功能。例如，在常用软件中，按下"F1"键通常是帮助功能
Insert	插入键，在文字中插入字符，是一个循环键，再按一下则变成改写状态
Delete	删除键，用于在Windows或文字软件中删除选定内容
Home	原位键，在文字编辑时，可以定位于该行的起始位置，和"Ctrl"键一起使用能定位到文章的开头位置

③ 组合键操作：利用Ctrl、Alt、Shift等修饰键与其他键组合，可以执行更复杂的操作，如表1-5所示。

表1-5 键盘的组合键操作

组合键	功能	组合键	功能
Ctrl+C	复制	Ctrl+I	斜体
Ctrl+V	粘贴	Ctrl+U	下划线
Ctrl+X	剪切	Ctrl+Home	快速到达文件头或所在窗口头部
Ctrl+A	全选	Ctrl+End	快速到达文件尾或所在窗口尾部
Ctrl+B	粗体	Ctrl+Alt+Delete	快速访问任务管理器

④ 方向键操作：方向键用于在文本或界面中进行上下左右的移动。

⑤ 数字小键盘操作：数字小键盘上的键可用于输入数字或执行特定的计算操作。

⑥ 空格键操作：空格键通常用于在文本输入中插入空格，也可用于执行某些特定的快捷操作。

六、文件和文件夹

1. 文件

文件是计算机中存储数据的基本单位，可以是文本、图片、音频、视频、程序等各种形式的信息。每个文件都有一个唯一的文件名，用于标识和区分不同的文件。文件名通常由主文件名和扩展名组成，扩展名用于表示文件的类型。

在Windows 10操作系统中，文件通常被组织在文件夹（目录）中，以便更好地管理和查找。文件夹可以包含其他文件，形成层次化的文件结构。文件的命名规则如下：

① 长度限制：文件名的长度最大为255个字符，包括文件名和扩展名在内。如果使用中文字符，则长度限制为127个汉字。

② 命名字符：文件名可以包含字母、数字、空格、标点符号等字符。为避免与系统的命令或功能产生冲突，以下这些特殊字符不能用于文件名："/""\"":""*""？""<"">"和"|"。

③ 空格和开头字符：文件名中可以使用空格，但必须以字母或数字开头，不能以空格或特殊字符开头。

④ 命名约定：为了保持文件名的清晰和一致性，建议使用小写字母和下划线来分隔单词，避免使用大写字母和特殊字符，方便提高查找和识别文件的效率。

⑤ 文件扩展名：Windows文件的命名规则是"前缀名.扩展名"。前缀名可以任意命名，而扩展名则表示了文件的格式类型。例如，一个文本文件的扩展名是".txt"，而一个Word文档的扩展名是".docx"。

⑥ 唯一性：在同一文件夹下，不能有两个相同名称的文件或文件夹。如果尝试重命名一个文件或文件夹与现有文件或文件夹相同的名称，系统会提示重命名不成功。

2. 文件夹

文件夹（目录）是计算机中用于组织和存储文件的容器。创建文件夹后，可以将相关的文件归类存放，使文件结构更加清晰有序。文件夹可以包含子文件夹和文件，形成一个树状的文件系统结构。

在操作系统中可以对文件夹进行创建、重命名、移动、删除等操作。同时，也可以设置文件夹的权限，控制用户对文件夹的访问和操作。

3. 路径

路径是文件或文件夹在文件系统中所处的位置描述。它用于指示如何从一个给定的起始点到达特定的文件或文件夹。在Windows系统中，路径的构成和表达方式具有一定的规范。

① Windows的路径采用反斜杠（\）作为文件夹分隔符。如"C:\Users\UserName\Documents\File.txt"是一个Windows文件系统中的具体路径，它指向了一个名为File.txt的文本文件。

> C：指的是计算机上的一个驱动器或分区（磁盘）。在大多数Windows系统中，C盘通常包含Windows操作系统和其他应用程序的主要安装文件。
> Users：C盘上的一个文件夹，通常包含了计算机上所有用户账户的个人文件和设置。
> UserName：Users文件夹下的一个子文件夹，代表一个特定的用户账户。实际应用中UserName需要替换为实际的用户名，比如JohnDoe或Administrator。每个用户通常都有自己的个人文件夹，用于存储他们的文档、图片、视频等。
> Documents：UserName文件夹下的一个子文件夹，通常用于存储用户的文档文件。
> File.txt：Documents文件夹下的一个文件，扩展名为".txt"，表示这是一个文本文件。

② Windows的路径可以是绝对路径或相对路径。绝对路径是从根目录（通常指某个驱动器，如C:）开始的完整路径，它明确地指出了文件或文件夹在文件系统中的位置。而相对路径则是相对于当前工作文件夹的路径。例如，如果当前工作文件夹是"C:\Users\UserName\Documents"，那么文件"File.txt"的相对路径就仅仅是"File.txt"。

4. 文件和文件夹的管理原则

在管理文件和文件夹时，一般采用如表1-6所示原则。

表1-6 文件和文件夹的管理原则

原则	作用
归类存放	将相关的文件归类存放在同一个文件夹中，以便查找和管理
命名规范	使用有意义的文件名和文件夹名，避免使用过长、复杂或容易混淆的名称
定期整理	定期检查和整理文件及文件夹，删除不再需要的文件，整理混乱的文件夹结构
备份重要数据	对于重要的文件和数据，应定期进行备份，以防意外丢失或损坏

任务实施

一、启动与登录 Windows 10

1. 启动 Windows 10

打开安装好Windows 10操作系统的计算机的电源开关，计算机开始自检。自检完成后，计算机会自动启动Windows 10操作系统。

在启动完成后，用户首先看到的是Windows 10的锁定屏幕。锁定屏幕上可能显示时间、日期、通知等信息，但此时用户还无法访问系统，如图1-3所示。

图1-3　Windows 10锁定界面

2. 登录Windows 10

Windows 10提供了多种登录方式，包括密码登录、PIN码登录、Windows Hello面部识别或指纹识别等。用户可以根据自己的设置和电脑支持的硬件功能选择相应的登录方式。

① 密码登录：在登录界面输入之前设置的用户账户密码，然后点击"登录"或"确定"按钮。

② PIN码登录：如果设置了PIN码，可以在登录界面选择PIN码登录，然后输入六位数的PIN码。

③ Windows Hello：如果电脑支持Windows Hello功能（通常需要特殊的摄像头或指纹识别器），用户可以选择使用面部识别或指纹识别来登录。

选择并输入正确的登录信息后，系统会验证用户的身份。如果验证通过，用户将成功登录到Windows 10系统，并看到桌面环境，这时就可以开始使用各种应用程序和功能了。

3. 注销与关机

在屏幕左下角的"开始"菜单上单击鼠标右键，在弹出的快捷菜单中选择"关机或注销"选项，在下一级菜单中可以看到"注销、睡眠、关机、重启"四个命令，如图1-4所示，选择需要的命令，可以实现对应的注销或关机等操作。

图1-4　Windows 10关机或注销命令

二、熟悉桌面环境

桌面环境是用户与计算机交互的主要界面，熟悉Windows 10的桌面环境是掌握操作系统的基本要求，可以帮助大家更有效地使用计算机，从而提高工作、学习效率和用户体验。

1. 认识桌面元素

启动Windows 10后，首先展现在用户面前的就是桌面，如图1-5所示。桌面上通常会显示一些图标，这些图标代表不同的程序、文件或文件夹。除此之外，桌面的底部是任务栏，它包含了开始菜单按钮、搜索框、任务栏按钮（即正在运行的程序的图标）以及系统托盘（显示时间、日期、网络连接等状态信息的区域）。

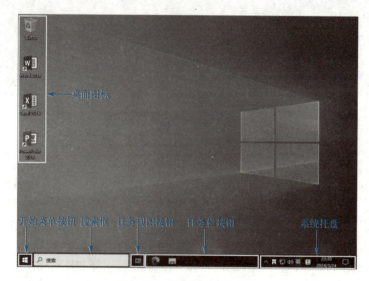

图1-5　Windows 10桌面

2. 认识开始菜单

单击任务栏上的"开始"菜单按钮，会弹出一个包含所有已安装程序的列表，如图1-6所示。通过浏览这个列表可以找到并打开需要的程序。此外，开始菜单还包含了电源选项、设置等常用功能，方便用户快速访问。

图1-6　Windows 10开始菜单

三、窗口与多任务操作

1. 窗口操作

Windows10操作系统中，窗口是用户与应用程序进行交互的主要界面。每个打开的应用程序、文件夹或文件都会以窗口的形式展示在屏幕上。窗口的基本操作如下。

① 打开窗口：通常通过点击任务栏上的应用程序图标、开始菜单中的程序快捷方式或资源管理器中的"文件/文件夹"来打开相应窗口。图1-7为打开的一个窗口。

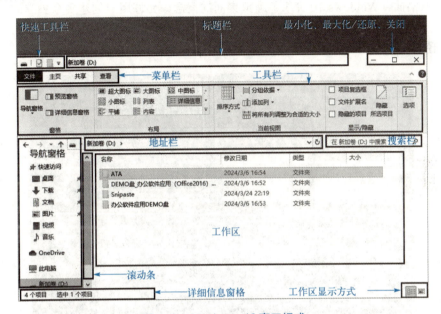

图1-7　Windows 10窗口组成

② 关闭窗口：点击窗口右上角的"关闭"按钮或使用快捷键"Alt+F4"可以关闭当前窗口。

③ 最小化：点击窗口右上角的"最小化"按钮或使用快捷键"Win+D"，窗口会缩小到任务栏上，方便用户快速切换其他任务。

④ 最大化/还原：
- 点击窗口右上角的"最大化"按钮或双击窗口标题栏，窗口会扩展到整个屏幕，充分利用屏幕空间。
- 当窗口处于最大化状态时，点击窗口右上角的"还原"按钮或再次双击标题栏，窗口会恢复到之前的大小和位置。

⑤ 调整窗口大小与位置：
- 鼠标拖动：将鼠标指针放在窗口边框或角落，按住鼠标左键并拖动，可以改变窗口的大小。将鼠标指针放在窗口标题栏上，按住鼠标左键并拖动，可以移动窗口的位置。
- 快捷键操作：使用键盘上的方向键可以微调窗口的位置，而"Ctrl+滚轮"则可以缩放窗口的大小。

⑥ 窗口的排列与层叠：
- 排列窗口：当打开多个窗口时，可以通过右击任务栏空白处选择"层叠窗口""堆叠显示窗口"或"并排显示窗口"等选项来快速排列窗口，提高屏幕空间的利用率。
- 切换窗口：使用"Alt+Tab"快捷键可以快速切换当前打开的窗口，提高工作效率。

2. 多任务操作

随着计算机性能的提升，多任务操作已成为现代办公和学习的常态。Windows 10提供了丰富的多任务管理功能。

① 任务栏的多任务管理。任务栏位于屏幕底部，显示了当前打开的应用程序窗口的缩略图。用户可以通过点击任务栏上的应用程序图标快速切换到相应窗口。

在任务栏上的应用程序图标上单击鼠标右键，可以弹出快捷菜单，进行窗口的关闭、移动、大小调整等操作。

② 虚拟桌面。Windows 10引入了虚拟桌面的概念，允许用户创建多个独立的桌面环境，用于组织和管理不同的任务集，通过任务栏上的"任务视图"按钮或"Win+Tab"快捷键，用户可以轻松切换不同的虚拟桌面，实现任务的隔离和分组，如图1-8所示。

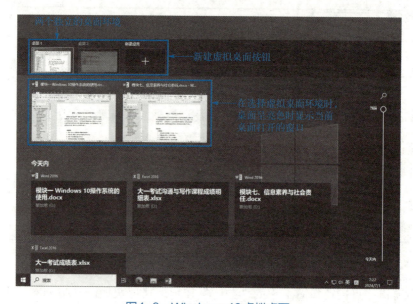

图1-8 Windows 10虚拟桌面

小提示：如果任务栏上没有"任务视图"按钮，可以在任务栏空白位置单击鼠标右键，在弹出的快捷菜单中单击"显示'任务视图'按钮"。按快捷键"Win+Ctrl+D"可以新建虚拟桌面。

③ 窗口的拖拽与分屏。用户可以将一个窗口拖拽到屏幕的边缘或角落，实现窗口的半屏、四分之一屏等分屏显示，方便同时查看和操作多个窗口的内容。

④ 快捷键与手势操作。除了鼠标和触控板操作外，Windows 10还支持丰富的快捷键和手势操作来管理多任务。例如，"Win+左/右箭头"键可以快速将窗口移动到屏幕的左侧或右侧并自动调整大小；"Win+向上箭头"键可以最大化当前窗口；"Win+向下箭头"键可以还原窗口等。

四、文件与文件夹操作

1. 创建文件（文件夹）

任务要求：在D盘中创建文件夹，文件夹名为"test"，然后在该文件夹中创建一个名为"temple.txt"的文本文件。

① 打开文件资源管理器（可以通过按下"Win+E"快捷键或点击任务栏上的文件资源管理器图标打开资源管理器）。

② 定位到D盘，如图1-9所示。

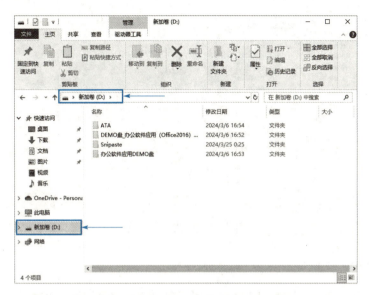

图1-9　D磁盘窗口

③ 在空白处单击鼠标右键，在弹出的快捷菜单中选择"新建"→"文件夹"来创建一个新的文件夹，如图1-10所示。输入文件夹的名称"test"后按"Enter"键（回车键）确认。（也可以在打开的窗口中选择菜单栏中的"文件"→"新建文件夹"快捷工具新建文件夹。）

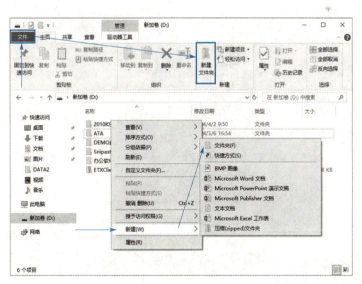

图1-10　新建文件夹

④ 双击新建的"test"文件夹，进入到该文件夹路径。在空白位置单击鼠标右键，选择"新建"→"文本文档"，如图1-11所示。新建文本文档后，输入文件名"temple"后按回车键确认。（也可以在打开的窗口中选择菜单栏中的"文件"→"新建项目"→"文本文档"。）

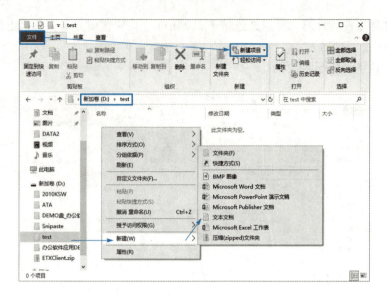

图1-11　新建文本文档

2. 重命名文件（文件夹）

任务要求：将"D:\test\"中的"temple.txt"文件重命名为"practice.txt"。

① 导航到"D:\test\"文件夹中并单击"temple.txt"，选中"temple.txt"文件并单击鼠标右键，在弹出的快捷菜单中选择"重命名"或直接按下"F2"功能键，如图1-12所示。

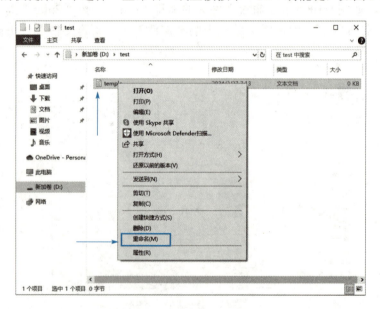

图1-12　重命名文件或文件夹

② 输入新的名称"practice"后按回车键或点击空白处确认个性文件名。

3. 移动或复制文件（文件夹）

① 选中想要移动或复制的文件（文件夹）。

② 单击鼠标右键，在弹出的快捷菜单中选择"剪切"（用于移动）或"复制"（用于复制）命令。

③ 导航到目标位置，在空白处单击鼠标右键，选择"粘贴"命令，完成移动或复制操作。

4. 删除与恢复文件（文件夹）

① 选中想要删除的文件或文件夹，单击鼠标右键，在弹出的快捷菜单中选择"删除"命令或直接按下"Delete"键。

② 如果先按住"Shift"键，再选择"删除"命令或按"Delete"键，则会弹出一个对话框提示是否永久删除，如图1-13所示。

图1-13　永久删除文件提示框

③ 若误删文件或文件夹，可以打开回收站，找到并选择被删除的文件（文件夹），单击鼠标右键，在弹出的快捷菜单中选择"还原"，可以将文件恢复到删除前的状态（永久性删除的文件不能恢复）。

5. 搜索文件（文件夹）

任务要求：在D盘中搜索扩展名为".jpg"的文件。

① 在文件资源管理器中定位到D盘，点击地址栏旁边的搜索框。

② 输入文件名、类型或关键字，这里输入".jpg"，Windows会自动搜索匹配的结果，如图1-14所示。

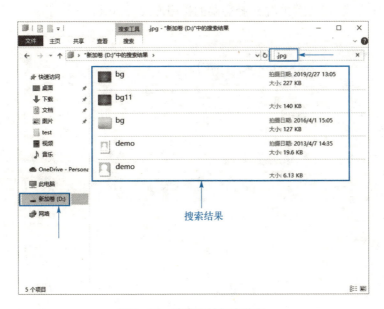

图1-14　搜索文件与文件夹

③根据搜索结果可以进一步操作，如打开文件（文件夹）、移动文件（文件夹）等。

6. 查看或修改文件（文件夹）属性

① 选中想要查看或修改属性的文件（文件夹），然后单击鼠标右键，在弹出的快捷菜单中选择"属性"，打开文件（文件夹）属性窗口，通过该窗口可以查看文件或文件夹的详细信息，如图1-15所示。

图1-15　文件或文件夹属性

② 可以根据需要修改文件或文件夹的一些属性，如设置隐藏、只读等属性。

7. 排序或分组文件（文件夹）

① 在文件资源管理器中，点击顶部菜单栏的"查看"选项卡。
② 在"排序方式"下拉菜单中选择想要的排序方式，如图1-16所示。

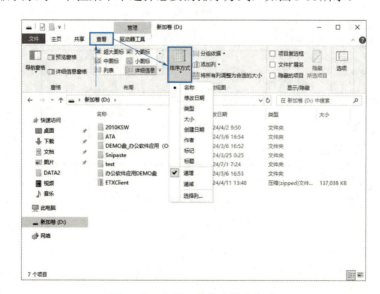

图1-16　文件与文件夹排序方式

③ 可以使用"分组依据"功能将文件按类型、日期等进行分组显示，如图1-17所示。

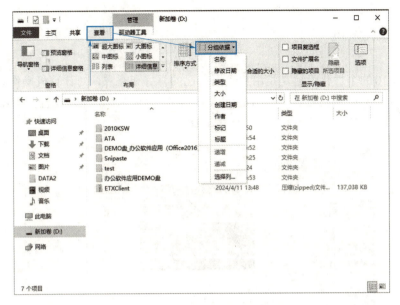

图1-17　文件与文件夹分组依据

任务二 ■ 设置Windows系统

 任务描述

在Windows 10操作系统中，系统的设置与配置是用户日常使用中不可或缺的一部分。通过合理的系统设置，不仅可以提升操作系统的运行效率，还能更好地满足用户个性化的使用需求。本任务将学习Windows 10操作系统的基本设置方法，包括个性化设置、系统与安全设置、网络与连接设置以及控制面板的使用等。

 任务分析

本任务主要介绍Windows 10操作系统的个性化、系统安全、网络连接与控制面板设置，完成本次任务主要涉及知识点如下：◇个性化设置，◇网络与连接管理，◇控制面板的使用，◇系统设置。

任务准备

一、个性化设置

Windows 10 的个性化设置是指用户根据自己的喜好和需求，对计算机操作系统或其他软件界面进行自定义调整的过程。在 Windows 10 操作系统中，个性化设置允许用户更改桌面背景、窗口颜色、主题、字体大小等，如图 1-18 所示。

图 1-18　个性化设置

① 背景设置：用户可以选择喜欢的图片作为桌面背景，或者设置图片幻灯片，让桌面背景定期自动更换。

② 颜色设置：用户可以调整窗口边框、任务栏和任务栏图标的颜色，以及开始菜单和任务视图的背景色，以匹配个人审美。

③ 主题设置：Windows 10 提供了多种预设主题供用户选择，也可以自定义主题，包括窗口颜色、声音、鼠标光标等。

④ 锁屏设置：用户可以更改锁屏界面的图片和显示的信息，以及设置锁屏界面的应用通知显示。

⑤ 开始菜单设置：用户可以调整开始菜单的布局和显示内容，包括固定和取消固定常用应用，以及更改开始菜单的磁贴大小。

⑥ 任务栏设置：用户可以自定义任务栏的图标、通知区域的内容，以及调整任务栏的位置和大小。

⑦ 字体设置：用户可以选择和调整设备的字体样式、大小、粗细以及颜色，以满足自己的阅读需求和审美要求。

二、网络与连接设置

网络与连接设置是计算机操作系统中用于配置和管理网络连接的重要部分。它允许用户根据自己的需求和网络环境，设置和建立稳定、安全的网络连接，以便访问互联网、共享文件或与其他设备进行通信。

1. 网络适配器

网络适配器，通常被称为网卡，是计算机中用于连接网络的硬件设备，如图1-19所示。

网络适配器充当计算机与网络之间的桥梁，使得计算机可以发送和接收网络上的数据。它的主要功能如下：

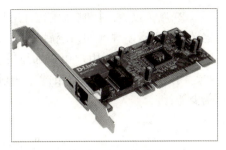

图1-19 网络适配器

① 数据转换与传输：网络适配器负责将计算机中的数据转换为适合网络传输的格式，并通过网络线缆或无线信号发送到其他设备。同时，它也能接收来自网络的数据并转换回计算机可以理解的格式。

② 地址识别：每个网络适配器都有一个唯一的MAC地址。当数据在网络中传输时，目标设备的网络适配器会识别与自己MAC地址匹配的数据包，从而确保数据能够准确地传输到目的地。

③ 网络协议支持：网络适配器支持多种网络协议，如以太网、无线局域网（WLAN）等，这使得计算机可以连接到不同类型的网络，如局域网、广域网或互联网。

④ 性能优化：现代的网络适配器通常具有一些高级功能，如流量控制、数据包过滤和优先级设置等，这些功能可以优化网络性能，提高数据传输的效率和可靠性。

2. IP地址

IP地址是计算机在网络中的唯一标识符，用于进行网络通信。用户可以选择手动设置IP地址，这需要输入IP地址、子网掩码、默认网关等信息，确保与网络中其他设备的IP地址不冲突。另外，大多数设备也支持动态主机配置协议（DHCP）自动获取IP地址，简化设置过程。

3. DNS

DNS（Domain Name System）用于将域名转换为IP地址，以便进行网络通信。用户可以手动设置首选DNS服务器和备用DNS服务器的IP地址，或者使用自动获取DNS服务器的功能。在浏览器中输入网址或访问网络资源时，计算机会向DNS（域名系统）服务器发送请求，将网址解析为对应的IP地址。然后，计算机使用这个IP地址与目标设备进行通信，获取所需的数据或服务。

三、控制面板

控制面板是Windows操作系统的核心组成部分，它的设计初衷是提供一个直观且用户友好的界面，使用户可以方便地进行系统配置、设备管理和安全设置，如图1-20所示。

1. 个性化的系统设置

控制面板提供了丰富的系统设置选项，让用户可以根据个人需求调整计算机的工作环境。

① 显示设置：用户可以通过控制面板调整屏幕的分辨率、刷新率，选择适合自己的显示模式。此外，用户还可以更改主题、背景、窗口颜色等，为计算机界面增添个性色彩。

②声音设置：控制面板允许用户调整计算机的音量大小，选择默认的音频设备，甚至自定义各种声音事件（如系统启动声、错误提示声等）的音效，从而营造出独特的听觉体验。

③电源管理：用户可以通过控制面板设置电源计划，以平衡计算机的性能和能耗。例如，用户可以创建一个"节能"计划，在电池电量低时自动降低屏幕亮度、关闭部分硬件以减少能耗。

2. 设备管理

控制面板为设备管理提供了详尽的选项，帮助用户更好地了解和控制计算机上的硬件设备。

①设备列表：单击控制面板中的"硬件和声音"，然后单击"硬件和声音"窗口中"设备和打印机"下方的"设备管理器"，打开设备管理器，该窗口中会显示计算机上已安装的所有硬件设备，包括处理器、内存、硬盘、显卡等。用户可以查看这些设备的详细信息，如型号、制造商、驱动程序版本等，如图1-21所示。

图1-20 控制面板

图1-21 设备管理器

②驱动程序管理：用户可以通过控制面板更新或卸载设备的驱动程序。当设备驱动程序出现问题时，控制面板通常会提供修复或回滚到之前版本的选项，确保设备的稳定运行。

③设备状态监测：控制面板提供了设备状态监测功能，用户可以查看设备的当前状态（如是否正在运行、是否存在错误等），以便及时发现并解决潜在问题。

3. 网络和Internet设置

控制面板在网络和Internet设置方面提供了灵活且强大的功能。

①网络连接配置：用户可以通过控制面板查看和配置计算机的网络连接，包括有线连接和无线连接，并设置IP地址、子网掩码等网络参数，使计算机能够顺利接入网络。

②Internet选项设置：控制面板提供了Internet选项设置，通过调整浏览器的安全级别、隐私设置、代理服务器等，可以保证在浏览网页时的安全性和便捷性。

③网络适配器管理：通过控制面板可以管理网络适配器，包括查看适配器的状态、更新驱动程序、配置高级设置等，保证网络连接的稳定性和高效性。

4. 高级用户账户管理

控制面板在用户账户管理方面提供了丰富的功能，满足不同用户的安全和隐私需求。

①用户账户创建与删除：通过控制面板可以创建新的用户账户或删除现有的用户账户，方便管理员对计算机的使用者进行精细化的权限管理。

②密码设置与更改：通过控制面板可以设置或更改用户账户的密码，提高账户的安全性。还可以设置密码策略，包括密码长度、密码复杂度等，增强账户的保护力度。

③家长控制：对于家庭用户而言，控制面板提供了家长控制功能。家长可以通过设置限制条件（如使用时间、访问网站等），对孩子的计算机使用进行监控和管理，保证孩子的安全和健康使用计算机。

5. 程序与功能管理

程序与功能管理允许用户查看、管理、修复和卸载计算机上安装的软件程序。

①通过控制面板的程序和功能选项，可以查看已安装的程序列表。这个列表通常会列出所有已安装的软件程序，包括操作系统自带的程序以及用户自行安装的应用程序。用户可以根据自己的需要，对列表进行排序、筛选或搜索，以便快速找到特定的程序。

②对于不再需要或已经过时的软件可以选择卸载它们，这样可以释放硬盘空间并提高系统的性能。在卸载程序时，控制面板通常会提供详细的卸载选项，用户可以选择保留或删除程序的配置文件和数据。

③控制面板还提供了一些其他程序管理功能。例如，通过控制面板可以查看程序的安装日期、大小、版本等信息，方便更好地了解和管理计算机上的软件。同时，控制面板还提供了修复程序的功能，当某个程序出现问题或无法正常运行时，用户可以尝试使用控制面板的修复功能来解决问题。

四、系统安全威胁与防护措施

系统安全威胁是指任何可能破坏系统正常运行、损害系统数据完整性、泄露敏感信息或影响系统可用性的潜在风险或恶意行为。这些威胁可能来源于内部或外部的攻击者，包括个人、组织或国家，他们可能利用系统的漏洞、弱点或配置不当来执行非法活动。

1. 常见的系统安全威胁

①病毒和恶意软件：这些是最常见的电脑安全威胁之一，它们通过下载不安全的文件、点击恶意链接或访问感染的网站而进入电脑系统。一旦侵入系统，它们可能会破坏文件、窃取信息或使系统变得不稳定。

> 蠕虫病毒：这种病毒能够自我复制，并通过网络传播到其他计算机。
> 特洛伊木马：这是一种看似无害但实际上包含恶意代码的程序。
> 间谍软件：这种软件会在用户不知情的情况下收集用户的个人信息。
> 广告软件：它会在用户设备上显示广告，有时还会导致设备性能下降。

②勒索病毒：一种特殊的恶意软件，它通过加密用户设备上的文件，限制对其访问，然后勒索用户支付赎金来获取解密密钥。这种病毒对个人和企业数据安全构成严重威胁，可能导致巨额损失和严重的隐私问题。

> Cryptolocker：这是一种知名的勒索病毒，通过加密用户文件并要求支付赎金来解锁。
> WannaCry：2017年爆发的全球性勒索病毒，影响了包括政府、医疗和商业机构在内的众多组织。

③网络钓鱼：网络钓鱼本身并不是一种具体的病毒或恶意软件，而是一种欺诈行为。攻击者伪装成合法机构或个人，通过电子邮件、短信或社交媒体等渠道，诱骗用户点击恶意

链接或提供敏感信息。

④ 二维码病毒：这是一种利用人们扫描二维码的行为进行传播的恶意软件。一旦用户扫描了被感染的二维码，可能导致恶意软件下载、个人信息泄露或远程攻击。

2. 系统安全威胁防护措施

① 安装可靠的杀毒软件和防火墙：及时更新病毒库，通过防火墙监控和控制网络流量，仅允许受信任的网络连接和应用程序进行通信。

② 定期更新系统和软件：确保操作系统、应用程序和安全补丁以及防病毒软件的更新和修补程序是最新的，修复已知漏洞和弱点。

③ 避免下载不明文件或点击可疑链接：特别要注意防范网络钓鱼攻击，不轻易相信来自陌生人或不明来源的电子邮件、短信或社交媒体信息。

④ 加强安全意识培训：提高对网络攻击和安全风险的认识，有利于增强自己的安全意识和防范能力。

⑤ 使用多因素身份验证：在登录过程中要求用户提供一个额外的身份验证因素，如手机验证码、指纹或面部识别，增加账户的安全性。

⑥ 定期备份重要数据：确保备份数据存储在安全位置，防止数据丢失或被恶意软件加密。

任务实施

一、个性化设置

个性化设置包含了"背景""颜色""锁屏界面""主题""开始"和"任务栏"等设置类别。在桌面上单击鼠标右键，在弹出的快捷菜单中选择"个性化"，可以打开"个性化"设置窗口。或单击"开始"菜单按钮，再单击"设置"，在"Windows 设置"窗口选择"个性化"选项，也可以打开"个性化"设置窗口。或在搜索框中输入"控制面板"，单击"控制面板"，再选择"外观和个性化"选项，最后选择"任务栏和导航"选项，也可以打开"个性化"设置窗口。

1. 桌面背景设置

任务要求：将"D:\2010KSW\DATA2\TuPian1-21.jpg"位置的图片设置为桌面背景，效果如图1-22所示。

① 打开"个性化"设置窗口，并在设置窗口左侧单击"背景"选项。

② 单击"选择图片"下方的"浏览"按钮，打开"打开文件"对话框，如图1-23所示。

③ 在文件选择对话框中导航到"D:\2010KSW\DATA2\"文件夹，找到并选择"TuPian1-17.jpg"，如图1-24所示，单击"选择图片"按钮。

④ 返回桌面后可以看到桌面背景设置效果。

图1-22　桌面背景设置效果

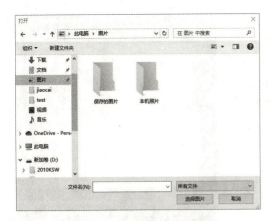

图1-23 打开文件对话框

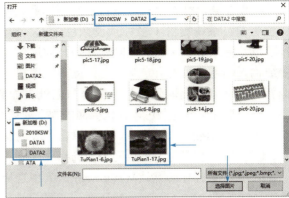

图1-24 选择图片

小提示

① 将背景设置为"图片",可在"选择图片"列表中选择对应的图片。如果要使用的图片不在该列表中,则可以单击"浏览"按钮,查找需要的图片。在"选择契合度"选项中可以设置图片的契合度,模式有填充、适应、拉伸、平铺、居中、跨区。

② 将背景设置为"纯色",可在"选择你的背景色"列表中选择对应的颜色,或单击"自定义颜色"按钮,设置其他颜色。

③ 将背景设置为"幻灯片放映",系统会默认使用"图片"库中的图片作为背景,也可以单击"浏览"按钮,选择其他文件夹作为背景图库。在"图片切换频率"选项中可以设置图片的切换频率,切换时间有1分钟、10分钟、30分钟、1小时、6小时、1天等。在"无序播放"选项中可以设置图片是按顺序还是随机播放。"选择契合度"中可以设置图片的契合度。

2. 颜色设置

任务要求:将系统颜色设置为自定义浅色、暗模式,关闭透明效果,自定义颜色为RGB(100,100,255),窗口效果如图1-25所示。

图1-25 颜色设置效果

在设置颜色时，用户可以自定义操作系统窗口的颜色主题。系统提供了多种预设颜色方案，如深色、浅色以及特色节日主题，同时允许用户通过颜色选择器或输入颜色代码来自定义颜色。此外，用户还可以选择自动从壁纸提取颜色，使界面与壁纸更加和谐。同时，调整透明度选项可以优化界面的视觉效果。

① 在"个性化"设置窗口左侧单击"颜色"。

② 在"选择颜色"下拉列表中选择"自定义"。

③ 在"选择你的默认Windows模式"中选择"浅色"单选按钮。

④ 在"选择默认应用模式"中选择"暗"单选按钮。

⑤ 在"透明效果"中将开关按钮设置为"关"。

⑥ 单击"Windows颜色"下方的"自定义颜色"，弹出"选择自定义主题色"对话框。

⑦ 在"选择自定义主题色"对话框中单击"更多"，并设置RGB颜色为（100，100，255），如图1-26所示，然后单击"完成"按钮。

⑧ 返回桌面，打开资源管理器窗口，观察颜色设置效果。

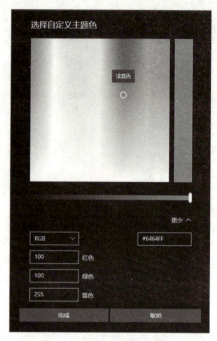

图1-26　自定义主题色

3. 屏幕保护程序设置

任务要求：将屏幕保护程序设置为"彩带"，等待时间"1分钟"，并"在恢复时显示登录屏幕"，效果如图1-27所示。

屏幕保护程序可以避免屏幕长时间显示相同的内容而产生的"屏幕烧红"现象，特别是对于CRT显示器，静止的Windows画面会让电子束持续轰击屏幕的某一处，可能会造成对荧光粉的伤害，而屏幕保护程序可以阻止电子束过多地停留在一处，从而延长显示器的使用寿命。此外，屏幕保护程序可以防止他人窥视计算机中的敏感信息。当用户暂时离开电脑时，屏幕保护程序可以启动，并可以通过设置密码来保护计算机信息，使得他人在没有密码的情况下无法进入桌面，从而保护个人隐私。

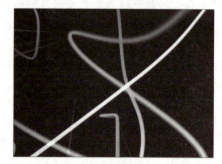

图1-27　屏幕保护程序效果

① 在"个性化"设置窗口左侧单击"锁屏界面"，并点击右侧"屏幕保护程序设置"链接。

② 在"屏幕保护程序设置"对话框的"屏幕保护程序"列表中选择"彩带"，将"等待"时间设置为"1"，勾选"在恢复时显示登录屏幕"复选框，如图1-28所示。

③ 单击"预览"按钮，可以查看屏幕保护程序效果。

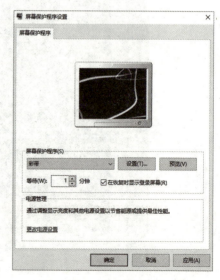

图1-28　设置屏幕保护程序

④ 单击"确定",对电脑不进行任何操作,1分钟后即可出现屏幕保护效果。

4. 添加字体

任务要求:为系统添加Magneto字体,字体文件所在位置为"D:\2010KSW\DATA2\ZiTi1-7.ttf"。

字体是文字的外在形式特征,也可以理解为文字的风格或外衣。字体的艺术性体现在其完美的外在形式与丰富的内涵之中,它不仅是文化的载体,也是社会的缩影。Windows 10系统内置了多种字体,每种字体都有其独特的设计特点和适用场景。在Windows 10中添加字体有多种方法。

① 方法一:
- 在"个性化设置"窗口单击左侧的"字体"选项。
- 打开资源管理器并导航到"D:\2010KSW\DATA2"文件夹。
- 按个性化设置窗口的"添加字体"提示,将"ZiTi1-7.ttf"文件拖放到虚线框进行安装,如图1-29所示。

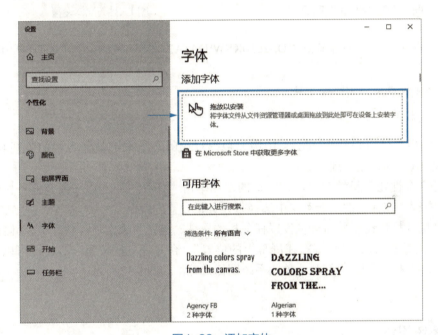

图1-29 添加字体

② 方法二:
- 打开资源管理器并导航到"D:\2010KSW\DATA2"文件夹。
- 找到"ZiTi1-7.ttf"文件并双击鼠标。
- 在字体预览窗口中单击"安装"按钮,如图1-30所示。

③ 方法三:
- 打开资源管理器并导航到"D:\2010KSW\DATA2"文件夹。
- 在"ZiTi1-7.ttf"文件上单击鼠标右键,在弹出的快捷菜单中选择"安装"。

④ 方法四:
- 单击"开始"菜单按钮,找到并单击"Windows系统"选项,单击"控制面板"命令,打开控制面板(或在任务栏的搜索框中输入"控制面板",在搜索结果中单击"控制面板")。
- 控制面板的查看方式有类别、大图标、小图标三种方式。在"类别"查看方式下,单击"外观和个性化",再单击"字体"。在"大图标"或"小图标"查看方式下,单击"字体",打开"字体设置"窗口。

➢ 选中一种字体,可以对该字体进行预览、删除或隐藏操作,如图1-31所示。

图1-30　字体预览窗口

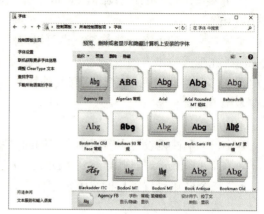

图1-31　字体设置

➢ 打开资源管理器并导航到"D:\2010KSW\DATA2"文件夹,找到"ZiTi1-7.ttf"文件并复制。

➢ 在字体设置窗口中粘贴字体。

5. 设置任务栏

设置任务栏属性可以让Windows 10用户根据自己的需求来定制任务栏的外观和功能,从而提高工作效率和使用便捷性。

① 打开"个性化"设置窗口,在窗口的左侧单击"任务栏"选项(或在任务栏的空白处单击鼠标右键,在弹出的快捷菜单中选择"任务栏设置"命令)。

② 在"任务栏"设置界面可以设置任务栏的属性,包括"锁定任务栏""自动隐藏任务栏""使用小任务栏按钮""任务栏在屏幕上的位置""合并任务栏按钮"等,还可以"选择哪些图标显示在任务栏上""打开或关闭系统图标"等,如图1-32所示。

二、系统设置

1. 启用Windows 10防火墙

Windows 10防火墙是微软为Windows 10操作系统内置的一款网络安全工具,它的主要作用是防止未授权访问、恶意软件入侵,并限制特定应用程序的网络访问权限,保护用户隐私和数据安全。

① 打开控制面板,单击"系统和安全"选项。

② 在"系统和安全"窗口的右侧单击"Windows Defender防火墙"选项。

③ 在"Windows Defender防火墙"窗口左侧单击"启用或关闭Windows Defender防火墙"。

④ 在"自定义设置"窗口中选择"专用网络设置"和"公用网络设置"的"启用Windows Defender防火墙"单选按钮,并勾选"Windows Defender防火墙阻止新应用时通知我"复选框,如图1-33所示。

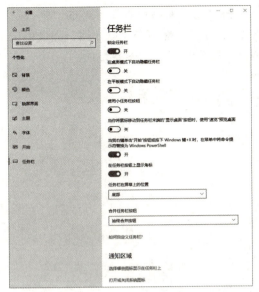

图1-32 任务栏设置

图1-33 防火墙设置

⑤ 单击"确定"按钮，完成Windows防火墙设置。

2. 启用病毒和威胁防护

在Windows 10中，病毒和威胁防护功能通常集成在Windows安全中心中，用户可以方便地访问和管理安全设置。Windows安全中心会定期扫描设备，检测并清除潜在的病毒、木马、间谍软件等恶意程序。同时，它还会监控网络活动，防止恶意软件通过网络连接进行攻击。

① 单击"开始"菜单按钮，在菜单中选择"设置"命令（或在"开始"菜单按钮上单击鼠标右键，在弹出的快捷菜单中选择"设置"命令）。

② 在"设置"窗口单击"更新和安全"选项。

③ 在"更新和安全"窗口的左侧单击"Windows安全中心"选项。

④ 在"Windows安全中心"窗口单击"病毒和威胁防护"选项。

⑤ 在"病毒和威胁防护"窗口单击"管理设置"。

⑥ 在"病毒和威胁防护"设置窗口将"实时保护""云提供的保护""自动提交样本""篡改防护"的开关按钮均设置为"开"，如图1-34所示。

三、IP地址设置

任务要求：为系统设置静态IP地址192.168.1.10，子网掩码为255.255.255.0，网关为192.168.1.1，首选DNS服务器为114.114.114.114，备选DNS服务器为8.8.8.8。

① 在任务栏的系统托盘"网络"图标上单击鼠标右键，单击"打开'网络和Internet'设置"命令，打开"网络和Internet"设置窗口。

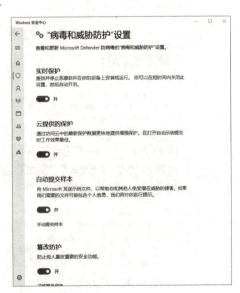

图1-34 病毒和威胁防护设置

② 在"网络和Internet"窗口的"状态"界面单击"高级网络设置"下方的"更改适配器选项",或在"网络和Internet"窗口左侧单击"以太网",然后在"以太网"界面单击"相关设置"下方的"更改适配器选项",打开"网络连接"窗口,如图1-35所示。

图1-35　网络连接窗口

③ 在"Ethernet0"(网络适配器)上单击鼠标右键,打开"Ethernet0属性"对话框,如图1-36所示。

④ 在"Ethernet0属性"对话框的项目列表中选中"Internet协议版本4(TCP/IPv4)",单击"属性"按钮,打开"Internet协议版本4(TCP/IPv4)属性"对话框,单击"使用下面的IP地址"和"使用下面的DNS服务器地址"单选按钮,并设置IP地址、子网掩码、网关、DNS服务器等,如图1-37所示。设置完成后单击"确定"按钮。

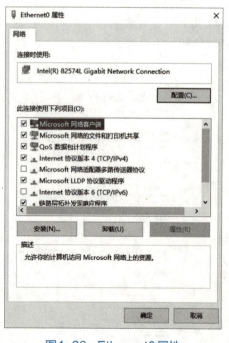

图1-36　Ethernet0属性

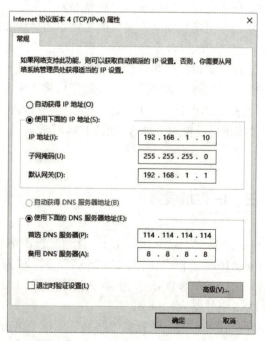

图1-37　Internet协议版本4(TCP/IPv4)属性

小提示：在更改IP地址之前，需确保了解这些更改可能带来的影响，并确保新的IP地址与电脑所在的网络环境兼容。如果不确定如何设置，需要咨询网络管理员或相关技术人员来获取帮助。

四、卸载程序与应用

随着时间的推移，系统中可能会安装很多应用程序，而这些程序会占用大量的硬盘空间。卸载不需要的或很少使用的程序与应用，可以有效释放存储空间，为重要文件或数据腾出更多空间。同时能减少后台程序对系统资源的占用，提升计算机的运行速度和响应能力，使操作更为流畅。此外，卸载不必要的程序还能减少软件冲突和系统错误，提高系统的稳定性，有助于系统维护，使系统更新、备份或恢复更为便捷，减少潜在问题。在保护个人隐私方面，卸载可能收集个人信息的程序，能防止信息泄露和滥用。

1. 卸载"Microsoft OneDrive"程序

① 打开控制面板，并在"控制面板"窗口中单击"程序"选项下的"卸载程序"命令，如图1-38所示。

图1-38 控制面板

② 在"程序和功能"窗口的"卸载或更改程序"列表中单击"Microsoft OneDrive"，然后单击"卸载"，如图1-39所示，等待系统卸载完成或按提示卸载程序。

2. 卸载"Skype"功能

① 单击"开始"菜单按钮，选择"设置"，打开"Windows设置"窗口，并单击"应用"选项。

② 在"应用"窗口中，单击左侧的"应用和功能"选项。

③ 在右侧的搜索栏中输入"Skype"并搜索，或拖动右侧滚动条，找到Skype软件后单击该软件。

④ 在弹出的窗口中单击"卸载"按钮，如图1-40所示。

⑤ 在弹出的对话框中单击"卸载"按钮，如图1-41所示，等待系统完成卸载操作后，退出对话框。

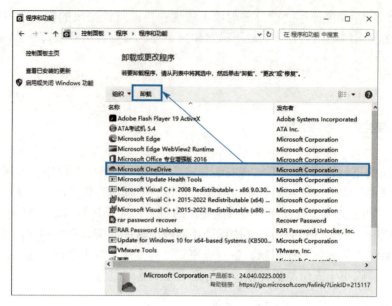

图1-39 卸载程序

图1-40 查询Skype应用

图1-41 卸载Skype应用

五、添加或删除输入法

一般情况下，Windows 10系统中默认的输入法通常是微软自带的"微软拼音"或"英语（美国）键盘布局"，这两种输入法基本能够满足大部分用户的日常输入需求。然而，由于个人习惯的不同，有些用户可能更偏好使用其他输入法，比如五笔、手写输入或是其他语言的输入法。我们可以根据自己的使用习惯和偏好，在系统中添加相应的输入法，并设置为默认输入法，以便更加便捷地进行输入操作。同时，删除不再使用或不符合个人习惯的输入法，可以优化系统的输入环境并提高输入效率。

任务要求：在语言栏中添加"微软五笔"输入法。

① 单击"开始"菜单按钮，再单击"设置"按钮，打开"Windows设置"窗口，在该窗口中单击"时间和语言"选项。

② 如图1-42所示，在"时间和语言"设置窗口的左侧单击"语言"选项，在右侧单击"中文（简体，中国）"。

③ 单击弹出来的"选项"按钮。

④ 如图1-43所示，在"语言选项：中文（简体，中国）"设置界面中单击"键盘"栏目下的"添加键盘"选项。

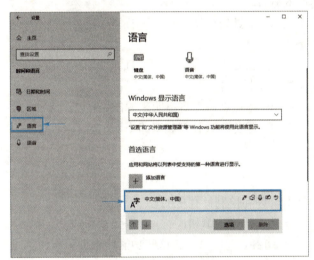 

图1-42　时间和语言设置　　　　　　　　图1-43　添加输入法

⑤ 在弹出的选项中单击"微软五笔"，完成添加微软五笔输入法。

⑥ 在"键盘"栏目下的输入法上单击鼠标，然后单击"删除"按钮，可以将选中的输入法删除。

小提示： 在"时间和语言"设置界面，可以设置系统的日期和时间，包括自动设置时间、自动设置时区、手动设置日期和时间、同步时钟、设置时区、在任务栏中显示其他日历等。

模块考核与评价

一、选择题

1. 以下属于计算机输入设备的是（　　）。
   A. 扫描仪　　　　　B. 绘图仪　　　　　C. 打印机　　　　　D. 显示器
2. 在Windows 10操作系统中，（　　）不是桌面布局的元素。
   A. 任务栏　　　　　B. 开始菜单　　　　C. 窗口　　　　　　D. 浏览器

3.（　　）不是操作系统的功能。
　A. 进程管理　　　　B. 存储管理　　　　C. 设备管理　　　　D. 网络管理
4. 在 Windows 操作系统中，（　　）快捷键用于复制选定的文本或文件。
　A. Ctrl+C　　　　B. Ctrl+X　　　　C. Ctrl+V　　　　D. Ctrl+A
5. 计算机主要由（　　）组成。
　A. 输入设备和输出设备　　　　　　B. 软件和硬件
　C. 中央处理器和存储器　　　　　　D. 主板和显卡
6.（　　）不是计算机的基本功能。
　A. 数据处理　　　　B. 信息存储　　　　C. 发送电子邮件　　　　D. 通信和控制
7. 在 Windows 10 中，（　　）操作不是窗口的基本操作。
　A. 打开　　　　B. 最小化　　　　C. 放大图片　　　　D. 移动
8. Windows 10 操作系统是（　　）类型的软件。
　A. 系统软件　　　　B. 应用软件　　　　C. 工具软件　　　　D. 游戏软件
9. 以下选项中可以用于命名文件夹的是（　　）。
　A. ab/c　　　　B. ab:c　　　　C. ab–c　　　　D. ab？c
10. 为了防范系统安全威胁，（　　）做法是不推荐的。
　A. 定期更新系统和软件　　　　　　B. 随意点击来自不明来源的链接
　C. 安装可靠的杀毒软件和防火墙　　D. 避免下载和安装来路不明的软件

二、填空题

1. 操作系统是计算机的核心软件，它负责管理和控制计算机的（　　）和（　　）资源。
2. Windows 10 操作系统的桌面主要由任务栏、开始菜单和（　　）等元素组成。
3. 计算机的基本功能包括（　　）、（　　）和（　　）等，这些功能使得计算机成为现代社会不可或缺的工具。
4. 蠕虫病毒具有（　　）的能力，并通过网络传播到其他计算机。
5. DNS（Domain Name System）是互联网的一项核心服务，它将用户易于记忆的（　　）转换为计算机可识别的 IP 地址，从而实现对网站的访问。

三、简答题

1. 操作系统有哪些主要功能？
2. 什么是计算机病毒？请列举至少两种常见的计算机病毒类型，并说明它们的特点。
3. 什么是恶意软件？它有哪些常见的表现形式？

模块二

文档处理软件 Word 2016

Microsoft Word 2016 是微软公司推出的 Office 2016 套件中的核心成员,作为目前广泛使用的文字处理软件,以与 Windows 10、Microsoft OneDrive 云存储服务以及 Office 365 的无缝集成而著称。它在用户界面、文档管理、图形处理、艺术字处理、表格处理等方面功能强大,智能化程度高,是一款功能强大的办公软件。

📋 知识目标

- ◇ 掌握 Word 2016 的基本操作
- ◇ 掌握文本编辑功能和格式设置方法
- ◇ 掌握插入表格、图片、图表、页眉页脚和公式等元素的方法
- ◇ 掌握使用页面布局和打印设置功能
- ◇ 掌握样式的新建、修改和应用功能
- ◇ 掌握插入目录、脚注和尾注操作

素质目标

- ◇ 培养良好的文档处理习惯
- ◇ 提高信息处理能力
- ◇ 增强沟通表达能力
- ◇ 提高自主学习能力
- ◇ 培养团队协作精神
- ◇ 增强保护个人隐私和知识产权意识
- ◇ 培养良好的职业道德

任务一 ■ 制作举办"纪念五四运动"主题活动的通知

 任务描述

在五四青年节到来之际,信息学院团委计划举行一系列旨在纪念五四运动的主题活动。为此,需要您利用 Microsoft Word 2016 的强大功能来编辑一份富有感染力的活动通知,样文如图 2-1 所示。

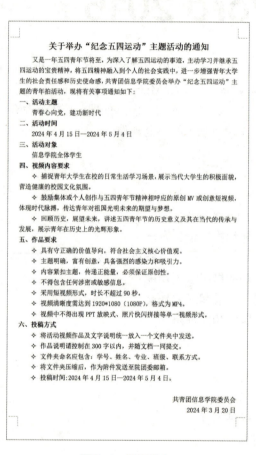

图 2-1　通知样文

 任务分析

本任务的重点是实现文字录入、格式设置、文字排版编辑等,完成本次任务主要涉及 Word 2016 的知识点如下:◇新建文档,◇输入文档内容,◇字符格式设置,◇段落格式设置,◇项目符号设置,◇页面格式设置,◇打印设置。

任务准备

一、新建文档

1. 启动 Word 2016 程序

① 启动 Word 2016 程序的方法有多种，最常用的方法有两种。一种是双击桌面上"Word 2016"快捷方式；另一种是单击"开始"按钮，打开"开始"菜单，选择"所有应用"——"Word 2016"命令，如图2-2所示，启动 Word 2016。

② 选择"空白文档"选项，如图2-3所示，新建一个名为"文档1"的空白文档。

图2-2　启动 Word 2016

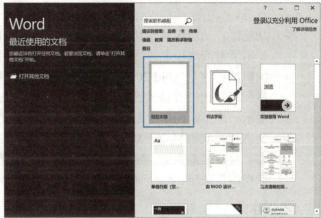

图2-3　新建空白文档

③ 新建空白文档后，将打开 Word 2016 工作界面，如图2-4所示，主要由标题栏、快速访问工具栏、功能选项卡、智能搜索框、功能区、编辑区和状态栏等区域构成。

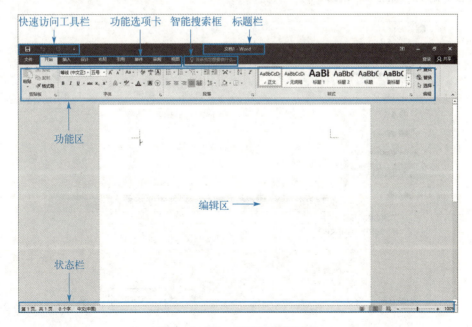

图2-4　Word 2016 操作界面

➢ 标题栏：位于窗口的最上方，显示了当前文档的名称。
➢ 功能选项卡：位于标题栏下方，是一个包含多个选项卡的带状区域，常用功能选项卡有8个，"开始""插入""设计""布局""引用""邮件""审阅"和"视图"等。每个选项卡下都有一组相关的功能按钮，这些按钮提供了用户使用Office程序时所需的几乎所有功能。
➢ 快速访问工具栏：默认位于标题栏的左侧，可以自定义一些常用命令的快捷方式，以便快速访问。
➢ 智能搜索框：智能搜索是Word 2016新增的一项功能，通过该搜索框可以轻松找到相关的操作说明。例如，想知道在文档中插入页码的操作方法，便可直接在搜索框中输入关键字"页码"，此时会显示一些关于页码的信息，将鼠标指针定位至"添加页码"选项上，在打开的子列表中就可以选择页码的添加位置、设置页码格式等。
➢ 功能区：功能区位于功能选项卡的下方，其作用是对文档进行快速编辑。功能区中显示了对应选项卡的功能集合，包括一些常用按钮或下拉列表。
➢ 编辑区：这是Word 2016文档的主要工作区域，用户可以在这里输入文本、插入表格和图片、进行格式设置等操作。新建一个空白文档后，在文档编辑区的左上角将显示一个不断闪烁的光标，该光标所在位置便是文本的起始输入位置。
➢ 状态栏：状态栏位于Word 2016工作界面的底端，主要用于显示当前文档的工作状态，包括当前页数、字数、输入状态等，右侧依次排列着视图切换按钮，包括"阅读视图"按钮、"页面视图"按钮、比例调节滑块。

2. 保存文档

① 单击快速访问工具栏的"保存"或按"Ctrl+S"组合键，"另存为"界面选择"浏览"选项，打开"另存为"对话框。在对话框左侧的导航栏中选择文档的保存位置，在"文件名"下拉列表中输入文本，如"通知"；在"保存类型"下拉列表中选择"Word"文档，然后单击右下角的"保存"，如图2-5所示。

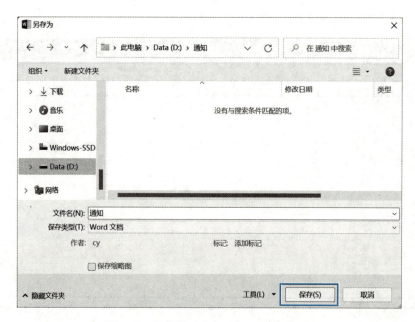

图2-5　保存并重命名Word 2016文档

② 返回 Word 2016 工作界面后，标题栏的名称将同步发生变化。若文档修改后，单击快速访问工具栏的"保存"或按"Ctrl+S"组合键即可完成保存操作。

二.输入文档内容

1. 文本录入

用户可以直接在文档中输入英文字符。如果要输入汉字，需要确保输入法已切换至中文状态，多数情况下，通过按键盘上的"Ctrl+Shift"可以切换输入法。文本录入时须注意以下事项。

① 可运用 Word 2016 的即点即输功能将标题文字居中，将鼠标指针移至文档上方的中间位置，当鼠标指针变成"I"形状时双击，将文本插入点定位到鼠标指针所在的位置。

② 每行输入到右边界时会自动换行，当段落结束处按"Enter"键，此时产生一个段落标识符"↵"，表示一个段落结束。

③ 段落开始的首行缩进两个字符，不要通过按空格键的方式实现，可通过按键盘上"Tab"键或段落格式设置"首行缩进"实现。

2. 输入特殊字符

在 Word 2016 中，输入特殊字符可以丰富文档的内容和格式，满足不同的编辑需求。输入特殊字符的方法主要有以下两种。

① 使用软键盘：单击中文输入法工具条中的"键盘"按钮并选择"软键盘"，再选择符号类型，最后单击要输入的符号录入该符号，如图2-6所示。

② 单击"插入"选项卡"符号"组中"Ω符号"按钮，在下拉列表中选择"Ω 其他符号（M）"命令。在弹出的"符号"对话框中选择要输入的符号，单击"插入"命令即可输入，如图2-7所示。

3. 复制与移动文本

Word 2016 文档中的文本选中后，可以轻松通过复制或移动等方式简化文本的输入与编辑，操作方法如下。

① 定位光标和选中是 Word 2016 文档编辑操作的基础，用鼠标在文档中单击即可将光标定位到相应处。

② 在文档中单击鼠标后拖动，可框选相应文本。将光标定位到要选定文本的起始处，按住键盘上"Shift"键再单击结束处，可选定连续区域；按住键盘上"Ctrl"键，用鼠标可选定不连续文本。

③ 选定需要复制的文本，单击"开始"选项卡"剪切板"组中"复制"命令或按"Ctrl+C"组合键将文本复制到剪切板中。光标定位要复制到的位置，单击"开始"选项卡"剪切板"组中"粘贴"命令或按"Ctrl+V"组合键，即可完成移动操作。

图2-6 软键盘方式输入特殊字符

图2-7 插入特殊符号

④ 选定需要移动的文本，单击"开始"选项卡"剪切板"组中"剪切"命令或按"Ctrl+X"组合键将文本剪切到剪切板中。光标定位要移动到的位置，单击"开始"选项卡"剪切板"组中"粘贴"命令或按"Ctrl+V"组合键，即可完成移动操作。

⑤ 选定相应文本，按"Delete"键或剪切到剪切板中不进行粘贴操作，可实现对文档内容的删除操作。

4. 查找与替换文本

如果文档中多个位置出现相同的文字需要进行相同替换或设置格式操作时，可以使用查找/替换功能快速实现，查找功能只找到位置，需要手动操作；替换功能可以把找到内容自动替换。

单击"开始"选项卡"编辑"组中"替换"按钮，在"查找内容"文本框内输入要搜索的文字，在"替换为"文本框内输入替换文字，单击"查找下一处"按钮、"替换"按钮或者"全部替换"按钮，实现替换操作。如图2-8所示，将文档中所有"青年学生"文本替换为"青年大学生"文本。

图2-8　替换

5. 撤销与重复

在Word 2016中，"撤销"和"重复"命令是非常重要的编辑工具，可以帮助用户轻松地更正错误或恢复误删除的内容，操作方法如下。

在快速访问工具栏中，单击"撤销"下拉按钮，Word 2016将显示最近执行的可撤销操作的列表，选择要撤销的操作，即可恢复，如图2-9所示。撤销操作可以使用快捷键完成：按下键盘上的"Ctrl+Z"组合键可以撤销前一个操作，反复按"Ctrl+Z"组合键可以连续撤销前面的多步操作。

重复操作用于重复上一次的操作。例如，刚刚设置了一段文本的字体格式，想要对另一段文本做同样的设置，就可以单击快速访问工具栏中的"重复"按钮来实现，或者按下键盘上的"Ctrl+Y"组合键执行重复操作。

图2-9　撤销操作

6. 拼写和语法

Word 2016提供了强大的拼写和语法检查功能，帮助用户在编写文档时发现并更正拼写错误、语法问题以及提高整体的写作质量。在Word 2016中，拼写检查是自动进行的，当检测到可能的拼写错误时，它会在单词下方用红色波浪线标出；当检测到语法问题时，问题部分会被绿色波浪线标出。拼写和语法检查操作方法如下。

将光标置于文档的开头，选择"审阅"选项卡"校对"组中"拼写和语法"命令，或直接按F7键，在右侧打开的"语法"空格中，会自动添加有疑问的文本，如图2-10所示。如果确认需要修改，选择建议修改成的文字，单击"更改"按钮；如无须修改，选择"忽略"按钮继续检查。

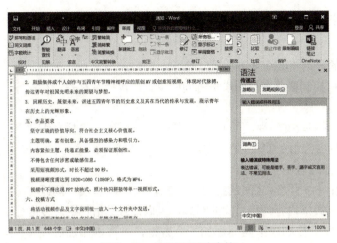

图 2-10　拼写和语法窗格

三、字符格式设置

Word 2016 文档中字符的格式包括中西文字体、字号、字形、字体颜色、着重号、效果、字符间距、文字动态效果等，操作方法如下。

① 选项卡方式：适用于设置字体、字号、字形、字体颜色等常用的字符格式，单击"开始"选项卡"字体"组中"字体"下拉列表中选择相应字体选项，如图 2-11 所示。采用同样方法可设置字号、字体颜色等。

图 2-11　设置字体

② 对话框方式：适用于设置所有字符格式，单击"开始"选项卡"字体"组右下角的按钮，如图 2-12 所示，在弹出的"字体"对话框的"字体"标签页中进行设置中文字体、字形和字号等。

③ 在"字体"对话框的"高级"标签页中，单击"字符间距"选项组的"间距"下拉列表设置字符间距，如图 2-13 所示。

④ 设置文字效果：单击"字体"对话框底部的"文字效果"按钮，在弹出的"设置文本效果格式"对话框中，可以设置文本的填充效果，以及为文本添加边框，如图 2-14 所示。

图 2-12　设置字体、字形和字号

图 2-13　设置字符间距　　　图 2-14　文字效果设置

四、段落格式设置

Word 2016中的段落格式有对齐方式、缩进、特殊格式、段落间距、行距、边框与底纹等。
- 对齐方式：控制段落在页面水平方向的位置，包括左对齐、右对齐、居中、分散对齐和两端对齐。
- 缩进：控制整段文字距离页面左、右边距的距离，包括左缩进和右缩进。
- 特殊格式：控制段落第一行的缩进方式，包括首行缩进、悬挂缩进等。中文文档通常设置首行缩进两个字符。
- 段落间距：控制段落之间的距离，包括段前间距和段后间距。
- 行距：控制段落内行与行之间的距离，可以设置单倍行距、多倍行距、固定值行距等。
- 边框与底纹：控制段落四周添加一个方框，方框内添加底纹。

① 段落格式设置之前需要选中段落，如果只设置一个段落，只需将光标定位到该段落中即可。

② 选项卡方式：适用于设置所选段落的对齐方式、缩进、段落间距和行距等，如图2-15所示，单击"开始"选项卡"段落"组中"居中对齐"命令按钮进行对齐方式设置；单击"布局"选项卡"段落"组中相应命令按钮进行段落缩进与间距设置，如图2-16所示。

图2-15　设置对齐方式

图2-16　设置段落缩进与间距设置

③ 对话框方式：适用于设置所选段落的全部格式，单击"开始"选项卡"段落"组右下角的按钮，在弹出的"段落"对话框中进行对齐方式、缩进、特殊格式、段落间距、行距等设置，如图2-17所示。

④ 设置段落边框。单击"开始"选项卡"段落"组中"边框"右侧小三角下拉按钮，在弹出的下拉菜单中选择"边框和底纹"命令，打开"边框和底纹"对话框，在"边框"标签页的"设置"选项组中选择"方框"选项，在"样式"列表框中选择"单实线"选项，在"颜色"下拉列表中选择"自动"选项，在"宽度"下拉列表中选择"0.5磅"选项，在"应用于"下拉列表中选择"段落"选项，如图2-18所示，单击"确定"按钮为选中段落添加边框。

⑤ 设置段落。在"边框和底纹"对话框的"底纹"标签页中选择"填充"下拉列表，选择"白色，前景1，深色15%"选项，在"应用于"下拉列表中选择"段落"选项，如图2-19所示，单击"确定"按钮为选中段落添加底纹。

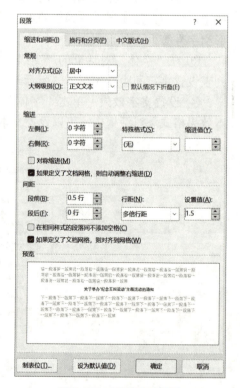

图2-17　段落格式设置

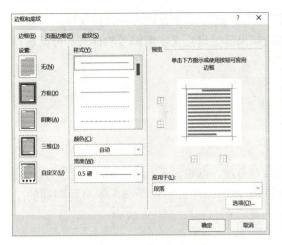
图2-18 设置段落边框

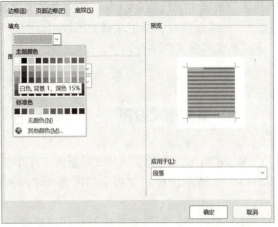
图2-19 设置段落底纹

⑥ 格式刷。"格式刷"按钮可以实现快速复制字符格式或复制整个段落的所有格式。当需要将某个格式应用于其他文本时,应先选择设置好格式的源文本,再单击"格式刷"按钮,选择需要设置相同格式的文本进行格式的刷取,如图2-20所示。当需要将某个格式应用于多处文本时,应先选择设置好格式的源文本,再双击"格式刷"按钮,选择需要设置相同格式的文本进行格式的刷取,在对多处文本应用格式后,单击"格式刷"按钮或按"Esc"键即可。使用"格式刷"按钮不仅可以直接复制字符格式,而且可以复制整个段落格式。

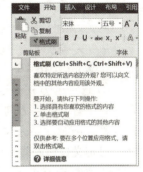
图2-20 使用"格式刷"功能设置格式

五、项目符号设置

Word 2016可以在输入内容的同时自动创建项目符号、编号及多级编号,也可以在文本的原有行中添加项目符号、编号及多级编号,操作方法如下。

① 插入"♠"符号开始一个项目符号列表或输入"1."开始一个编号列表,按空格键或"Tab"键,接着输入所需的任意文本,按"Enter"键添加下一个列表项,Word 2016会自动插入下一个项目符号或编号。

② 按"Enter"键两次,或通过按"Backspace"键删除列表中的最后一个项目符号或编号来结束该列表。请注意,按"Enter"键两次会在文档中新增一个空白行,而按"Backspace"键则是移除当前行的项目符号或编号。

③ 在原有文本添加项目符号或编号时,首先选中要添加项目符号或编号的文本,单击"开始"选项卡"段落"组中的"项目符号"按钮或"编号"按钮,选择所需的项目符号或编号样式,如图2-21所示。如果原有文本已具有项目符号或编号,想要更改样式,可以先选中文本,然后在项目符号库或编号库中选择新的样式应用。

④ 对于需要层级结构的列表,可以使用多级编号。在

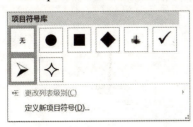
图2-21 设置项目符号或编号

"开始"选项卡"段落"组中,单击"多级列表"按钮,选择一个合适的多级列表样式,然后通过增加缩进或减少缩进来调整不同层级的编号。如果需要自定义多级编号的样式,可以选择"定义新编号格式"进行设置。

六、页面格式设置

Word 2016常用的页面格式设置内容有页边距、装订线、纸张大小、纸张方向、文字方向等。
- 页边距:控制文档中的所有文字距离页面上、下、左、右的距离,即页面四周的空白范围。
- 装订线:设置装订线及装订线位置。
- 纸张大小:控制打印用纸的类型,一般可从列表中选择,亦可自定义。
- 纸张方向:分纵向和横向两种,默认为纵向。
- 布局:一般在此设置页眉/页脚的位置、页面垂直对齐方式等。
- 文档网格:一般在此定义每页的行列数、页面文字的排列方向。
- 文字方向:可以设置文字沿水平或者垂直两个方向排列。

在Word 2016中,页面格式的设置主要有以下两种方式。

① 选项卡方式:这种方式适合快速设置常用的页面格式。在"布局"选项卡"页面设置"组中有"文字方向""页边距""纸张方向"和"纸张大小"等按钮,单击相应的按钮进行设置。例如,要更改页边距,单击"页边距"按钮,然后选择一个预设的页边距选项或选择"自定义页边距"来输入自定义的数值。

② 对话框方式:这种方式适合更全面的页面格式设置。在"布局"选项卡"页面设置"组中单击右下角的小箭头打开"页面设置"对话框。在这个对话框的"页边距"标签页中设置边距值,如图2-22所示;在"纸张"标签页中设置纸张大小,如图2-23所示,单击"确定"更改。

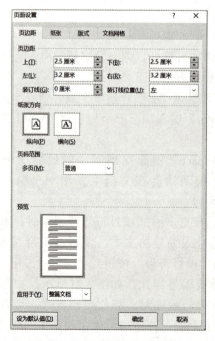
图2-22 页面格式设置

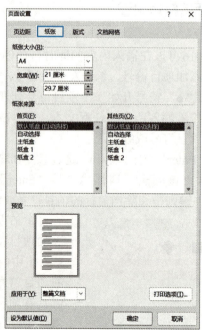
图2-23 纸张大小设置

七、打印设置

选择"文件"——→"打印"命令，在出现的"打印"界面中可以调整预览比例、上下翻页，单击"打印"按钮可实现打印输出，如图2-24所示，按"Esc"键退出预览状态。

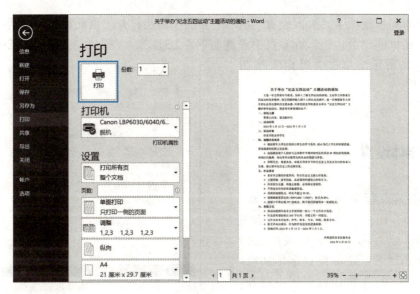

图2-24　打印设置

任务实施

一、新建Word 2016文档，并录入文本

① 新建Word 2016文档，以"关于举办'纪念五四运动'主题活动的通知"为文件名，保存至D盘"通知"文件夹下，如图2-25所示。

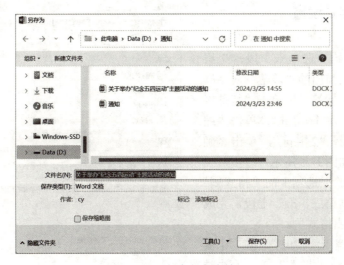

图2-25　保存任务文档

② 按图2-1样文所示，录入通知内容文本。

二、页面设置

单击"布局"选项卡"页面设置"组右下角的小箭头打开"页面设置"对话框。在"页面设置"对话框的"页边距"标签页中设置上下各2.5厘米，左右各3.2厘米，纸张方向为纵向，如图2-26所示，单击"确定"按钮应用更改。

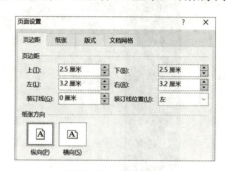

图2-26　页面设置

三、字体设置

① 选中第一行文字，单击"开始"选项卡"字体"组中"字体"下拉列表中选择"宋体"、"字号"下拉列表中选择"三号"、单击"B"图标设置字体加粗。单击段落组中" "按钮设置居中对齐，如图2-27所示。

② 选中正文的第一段，单击"开始"选项卡"字体"组右下角的按钮，在弹出的"字体"对话框的"字体"标签页中单击"中文字体"下列表选择"宋体"，单击"字形"下列表选择"常规"，单击"字号"下列表选择"小四"，单击"确定"按钮应用，如图2-28所示。

图2-27　设置字体、居中对齐

四、段落格式设置

① 单击"开始"选项卡"段落"组右下角的按钮，在弹出的"段落"对话框的"缩进和间距"标签页中单击"特殊格式"下列表选择"首行缩进"，单击"缩进值"下列表选择"2字符"，单击"确定"按钮应用，如图2-29所示。

② 双击"开始"选项卡的"格式刷"按钮，分别应用到第三、五、七段，完成后按"Esc"键退出格式刷。

③ 按住键盘上"Ctrl"键，用鼠标选中"一、活动主题""二、活动时

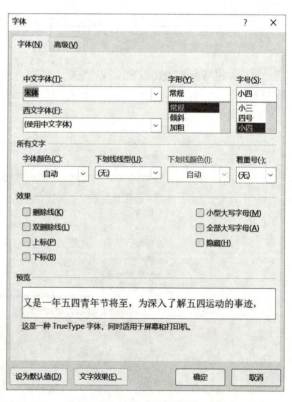

图2-28　设置字体

间""三、活动对象""四、视频内容要求""五、作品要求""六、投稿方式"等不连续的段落，单击"开始"选项卡"字体"组中"字体"下拉列表中选择"宋体"、"字号"下拉列表中选择"小四"、单击" B "图标设置字体加粗。

五、项目符号设置

① 选中"四、视频内容要求"下面的 3 个自然段，单击"开始"选项卡"字体"组中"字体"下拉列表中选择"宋体"、"字号"下拉列表中选择"小四"。单击"开始"选项卡"段落"组中 按钮，选择"◇"符号为项目符号，如图 2-30 所示。

② 单击"开始"选项卡"段落"组右下角的 按钮，在弹出的"段落"对话框的"缩进和间距"标签页中单击"特殊格式"下列表选择"悬挂缩进"，单击"缩进值"下列表选择"2 字符"，单击"缩进"——"左侧"设置为"2 字符"，单击"确定"按钮应用，如图 2-31 所示。

③ 双击"开始"选项卡的"格式刷"按钮，分别应用到"五、作品要求"下面的 7 个自然段、"六、投稿方式"下面的 5 个自然段，完成后按"Esc"键退出格式刷。

六、段落对齐设置以及保存文件

① 选中最后 2 段，单击"开始"选项卡"段落"组中" "按钮设置右对齐。
② 按"Ctrl+S"组合键，保存所有操作。

图 2-29　设置首行缩进

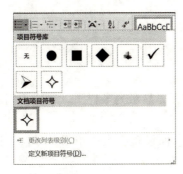

图 2-30　设置项目符号

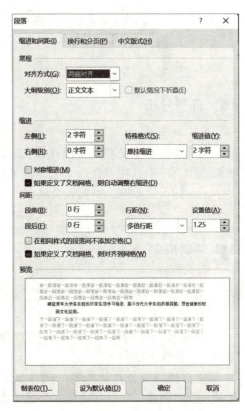

图 2-31　设置缩进

任务二 ■ 制作"中国美食文化"主题画报

 任务描述

某学校将举办"中国美食文化节"活动,现面向全体学生征集"中国美食文化"主题画报,需要您为该文化节编排符合主题的画报,样文如图2-32所示。

图2-32　画报样文

 任务分析

本任务的重点是对文字进行图文混排,排版编辑,完成本次任务主要涉及Word 2016的知识点如下:◇分栏设置,◇页面背景设置,◇首字下沉与悬挂,◇插入图片,◇插入艺术文字,◇插入文本框,◇插入公式。

 任务准备

一、分栏设置

Word 2016文档默认显示为一栏,分栏操作可让页面显示为多栏,以适应不同的文档排版需求,操作方法如下。

① 选择需要分栏的内容,在"布局"选项卡"页面设置"组中单击"分栏"按钮可选择预设的"两栏""三栏""偏左"或"偏右"等分栏选项。

② 更详细的分栏设置,可以单击"分栏"按钮下方的"更多分栏"选项。在弹出的对

话框中设置具体的栏数、栏宽和间隔等参数，如图2-33所示。

③ 在"分栏"对话框中调整好所有设置后，单击"确定"按钮将显示分栏效果。

④ 若要取消分栏，选中文本后在"分栏"对话框中选择"一栏"或使用"清除分栏"的选项。

⑤ 不选中任何文本可对全文进行分栏，但分栏后文本会优先排满左边的栏，再排右边的栏。如果内容不足以填满右边的栏，就会出现分栏后两边内容不对称的情况，要想两栏内容均等，分栏前在文本末尾插入一个连续的分节符即可实现。

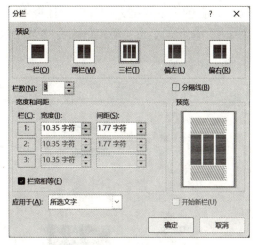

图2-33 分栏设置

二、页面背景设置

1. 页面水印设置

文档添加水印能够突出文档的重要性或原创性，还能防止未经授权的复制和使用等，操作方法如下。

① 在"设计"选项卡"页面背景"组中，单击"水印"选项，在弹出下拉菜单中可选择"机密1""严禁复制1"等默认的水印文字。

② 单击"自定义水印"命令输入文字或者添加图片作为水印。在弹出的"自定义水印"对话框中，设置水印的文本内容、字体、字号、颜色以及版式等属性。单击"应用"按钮，水印将添加到文档的每一页上，如图2-34所示。

③ 若设置图片水印，可以调整图片的大小和透明度等。

2. 页面颜色设置

Word 2016文档添加个性化的背景来提升文档的整体美观度，操作方法如下。

① 在"设计"选项卡"页面背景"组单击"页面颜色"，在打开的下拉菜单中，可以选择不同的颜色作为页面背景。

② 设置更复杂的背景效果，可以单击"填充效果"按钮，在"填充效果"对话框中，可以选择渐变、纹理、图案或图片作为背景。

③ 选择"双色"或其他渐变样式，在颜色组合中设置相应的颜色，以及设置好底纹样式创建渐变效果背景，如图2-35所示。

④ 在"纹理"或"图案"选项中可以选择相应的纹理和图案作背景样式。

⑤ 在"图片"选项中，单击"选择图片"

图2-34 设置水印

命令，在弹出的"插入图片"对话框中，单击"从文件"命令，浏览选择电脑上图片后单击"插入"命令，单击"确定"命令将背景效果应用于整个文档，如图2-36所示。

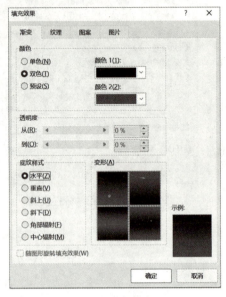

图2-35　渐变页面颜色设置　　　　图2-36　图片背景设置

3. 页面边框设置

Word 2016提供了多种边框样式和艺术型边框，使文档更加美观和专业，操作方法如下。

① 在"设计"选项卡的"页面背景"组，单击"页面边框"按钮。在弹出的"边框和底纹"对话框中选择"页面边框"标签页，边框的样式、颜色、宽度等设置与段落边框等相同。

② 单击"艺术型"下拉框来设置艺术型的页面边框。设置好边框后，可以在右侧区域中设置边框元素显示的侧边数，可以实时预览效果，最后单击"确定"按钮应用边框，如图2-37所示。

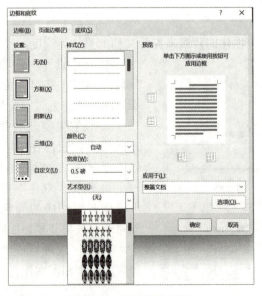

图2-37　页面边框设置

三、首字下沉与悬挂

首字下沉与悬挂是文档排版中常用来吸引读者注意的技巧，尤其在文章、章节的开头使用，可以增加文档的美观性和可读性，操作方法如下。

① 首字下沉与首字悬挂是对整个段落而言的，将光标定位到要设置首字下沉或悬挂的段落，单击"插入"选项卡"文本"组中"首字下沉"按钮，选择"下沉"或"悬挂"命令快捷设置。

② 选择"首字下沉选项"命令，在弹出的对话框中调整字体、下沉行数和距正文的距离等参数，如图2-38所示。

③ 在"首字下沉"对话框中选择"无"，则可取消首字下沉与悬挂效果。

图2-38　首字下沉设置

四、插入图片

1. 插入形状图形

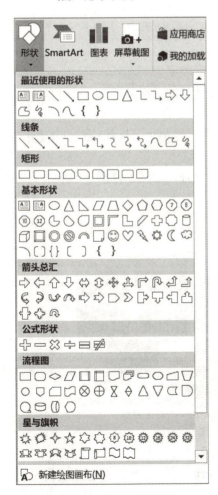

图2-39　插入形状图形

形状是指具有某种规则形状的图形，如线条、正方形、椭圆、箭头等，在文档中插入形状可以突出重点、增强文档的视觉效果和信息传达，操作方法如下。

① 在"插入"选项卡"插图"组单击"形状"按钮，弹出线条、矩形、基本形状、箭头、星形等，如图2-39所示。

② 单击"基本形状"中"椭圆"选项，在文档中单击并拖动鼠标来绘制椭圆图形，若单击但不拖动鼠标绘制的是默认大小的图形。插入形状后单击并拖动形状边缘上的控制点可调整其大小，单击形状上方的"旋转箭头"点并拖动可旋转形状。

③ 在"绘图工具格式"选项卡"形状样式"组中可以设置填充颜色、线条样式、效果等。选择椭圆图形，单击"形状填充"按钮右侧的下拉按钮，选择"主题颜色"中"白色，背景1"选项，如图2-40所示，为椭圆填充白色。

④ 保持椭圆图形处于选择状态，单击鼠标右键选择"添加文字"命令，输入"开始"两个字。在"绘图工具格式"选项卡"艺术字样式"组可以设置文字颜色、线条样式、效果等，单击"文本填充"按钮右侧的下拉按钮，选择"主题颜色"中"黑色，文字1"选项设置图中文字为黑色。

⑤ 使用相同的方法绘制同样大小的椭圆图形，添加文字为"结束"。

⑥ 单击"箭头"选项，按住鼠标左键拖动绘制一个箭头连接两个椭圆图形。如果按住"Shift"键，向右拖动鼠标将绘制一条水平的箭头；向下拖动鼠标将绘制一条垂直的箭头；向斜方向拖动鼠标将绘制一条45度夹角的箭头。

⑦ 按住"Ctrl"键同时选择两个椭圆图形和箭头，在"绘图工具格式"选项卡"排列"组中单击"组合"按钮，在打开的下拉列表中选择"组合"选项，如图2-41所示。

⑧ 组合后的图形可以当一个图形来移动、复制、旋转等。选择组合后的图形，在"绘图工具格式"选项卡"排列"组中单击"组合"按钮，在打开的下拉列表中选择"取消组合"选项，可以拆分成原来的单个图形。

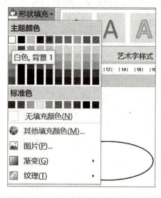

图2-40　图形形状填充设置

图2-41　组合图形

2. 插入SmartArt图形

SmarArt图形主要用于在文档中制作流程图、结构图或关系图等图示内容，具有结构清晰、样式美观等特点，操作方法如下。

① 在"插入"选项卡"插图"组单击"SmartArt"按钮，在弹出"选择SmartArt图形"对话框可选择列表、流程、循环、层次结构等模板。

② 在该对话框左侧选择"列表"，选择"垂直框列表"选项，如图2-42所示，单击"确定"按钮，SmartArt图形将被插入到文档中。

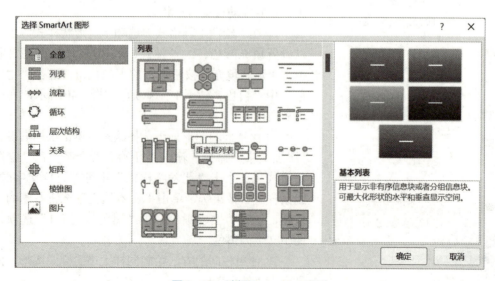

图2-42　选择SmartArt图形

③ 选择插入的图形，单击左侧边框上的"展开"按钮打开"在此处键入文字"文本窗格，在窗格文本框中输入相应文本，并将文本的字体格式设置为"方正舒体、28"。

④ 在"SmartArt工具"的"设计"选项卡中单击"更改颜色"按钮，在弹出的下拉列表中，单击"彩色范围-个性色4-5"设置图形颜色，如图2-43所示。

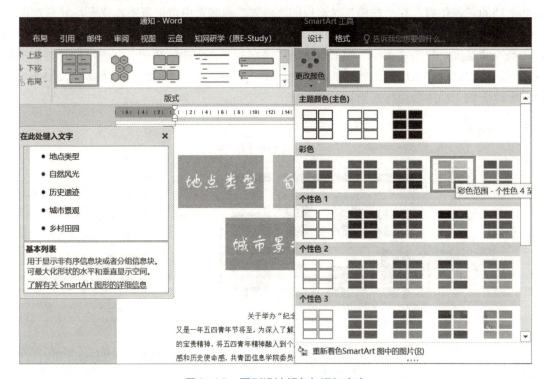

图2-43　图形设计颜色与添加文字

3. 屏幕截图

屏幕截图是Word 2016中一个非常实用的功能，特别适合需要快速插入屏幕内容到文档中的情况，无需使用其他截图工具可以直接在Word 2016文档中插入屏幕截图，操作方法如下。

① 在"插入"选项卡"插图"组中，单击"屏幕截图"按钮，弹出下拉列表提供两种截图方式。一种是"可用视窗"截图方式，Word 2016会显示所有当前打开的程序和窗口的缩略图，可以选择需要插入的截图，如图2-44所示。

② 另一种是"屏幕剪辑"截图方式，单击这个选项可以自定义截图的区域，Word 2016会隐藏界面，使用鼠标拖动选择屏幕上的任意区域进行截图。选择好截图方式后，相应的截图将自动插入到Word 2016文档中的光标位置。

4. 插入图片

在适当的位置插入图片可以丰富文档内容，使其更加生动和引人注意，并可以通过良好的视觉效果提升读者的阅读体验，操作方法如下。

① 在"插入"选项卡"插图"组中单击"图片"按钮，在弹出的对话框中，选择想要插入的图片文件，单击"插入"命令，如图2-45所示。

图2-44　可用视窗截图

② 选择插入的图片，在"图片工具格式"选项卡"排列"组中单击"环绕文字"按钮，在打开的下拉列表中选择"上下型环绕"选项，如图2-46所示。单击"其他布局选项"按钮，在弹出的"布局"对话框的"文字环绕"标签页中可详细设置多种环绕方式。如图2-47所示，选择"四周型"使文本围绕在图片的四周，选择"浮于文字上方"使图片可以自由移动到文档的任何位置。在"布局"对话框的"位置"标签页中可设置图片位置及对齐方式。

③ 在图片被选中的状态下，在"图片工具格式"选项卡"大小"组中可以精确设置图片的高度和宽度。单击"大小"组右下角的"高级版式：大小"按钮，在弹出的对话框中精确设置图片的高度、宽度和缩放，如图2-48所示。调整图片大小的另一种方法是使用图片四周的缩放手柄手动调整图片大小。

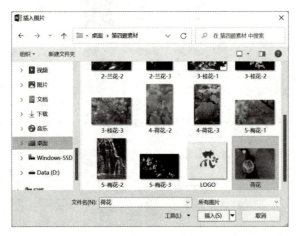

图2-45　插入图片

图2-46　图片环绕设置

图2-47　对话框图片环绕设置

图2-48　图片大小设置

五、插入艺术文字

艺术字可以使文本呈现出不同的效果，提高文本美观度，Word 2016提供了丰富的艺术字样式和编辑工具，操作方法如下。

① 在"插入"选项卡"文本"组中单击"艺术字"按钮，在打开的下拉列表中选择艺术字样式。如图2-49所示，选择"填充-水绿色，着色1，轮廓-前景1，清晰阴影-着色1"样式。

② 修改艺术字文本内容和设置字体格式，在"绘图工具格式"选项卡"艺术字样式"组中设置文本填充、轮廓、阴影、映像、发光等效果。

③ 艺术字环绕方式、位置、大小等格式的设置方法与图片格式设置一致。

六、插入文本框

文本框是一种特殊的图形对象，它除具备图形的属性外，还可以在其中输入文本内容或插入图片等，以达到最佳的视觉效果，操作方法如下。

① 在"插入"选项卡"文本"组中单击"文本框"按钮，在打开的下拉列表中选择预设的文本框样式，或者选择"绘制文本框"后，在文档中单击并拖动鼠标来绘制文本框，来自定义文本框的大小和位置，如图2-50所示。

② 插入文本框后，可以输入文本，并根据需要调整文本框的大小、位置和格式。选择文本框并单击鼠标右键，在弹出菜单中选择"设置形状格式"来进一步自定义文本框的外观，如边框颜色、填充效果等。

七、插入公式

Word 2016提供了丰富的数学符号和公式模板，以达到所需的数学表达效果，操作方法如下。

① 在"插入"选项卡"符号"组中单击"公式"按钮，在打开的下拉列表中选择多种内置的公式模板，或者选择"插入新公式"自定义公式的每个部分，如图2-51所示。

② 选择"插入新公式"后，选择文档中"在此处键入公式"，在"公式工具设计"选项卡中，可以选择各种数学结构和符号来构建公式。

③ 在文档中引用已插入的公式，可以使用Word 2016的"交叉引用"功能。

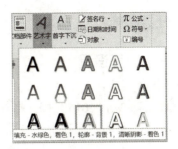

图2-49 艺术字样式

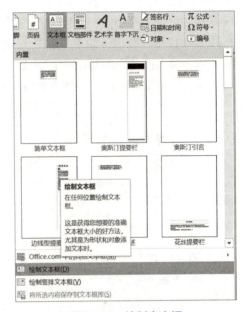

图2-50 绘制文本框

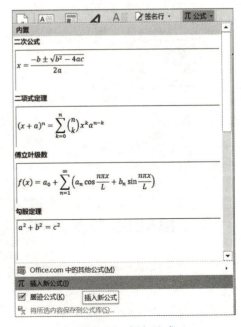

图2-51 插入公式

 **任务实施**

一、页面设置

① 启动 Word 2016 文档，打开"中国美食文化.docx"素材文件。

② 在"布局"选项卡"页面设置"组中单击右下角的"页面设置"按钮，弹出"页面设置"对话框。在"纸张"标签页中单击"纸张大小"下拉列表选择"A3"，在"页边距"标签页中设置上下左右页边距均为"2.5厘米"，纸张方向设置为"横向"，单击"确定"按钮应用，如图2-52所示。

③ 在"设计"选项卡"页面背景"组单击"页面颜色"，在打开的下拉菜单中单击"填充效果"按钮，弹出"填充效果"对话框。选择"图片"标签页，单击"选择图片"命令，在弹出"插入图片"对话框中，单击"从文件"命令，浏览选择素材"1.jpg"图片文件后单击"插入"命令，单击"确定"命令将背景效果应用于整个文档，如图2-53所示。

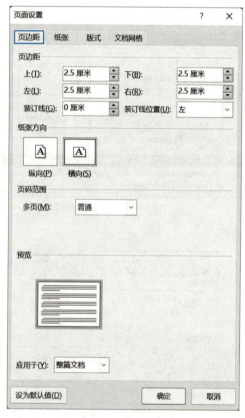

图2-52　页面设置　　　　　　　图2-53　设置页面背景

二、插入图片"2.png"和"3.jpg"

① 在"插入"选项卡"插图"组中单击"图片"按钮，在弹出对话框中，选择素材"2.png"图片文件，单击"插入"命令，插入到文档的左上方。

② 选择"2.png"图片，在"图片工具格式"选项卡"排列"组中单击"环绕文字"按钮，选择"其他布局选项"按钮，在弹出"布局"对话框的"文字环绕"选项卡中设置文字

环绕类型为"衬于文字下方"。在"大小"选项卡中单击"锁定纵横比",去掉其前面的"√"。调整高度绝对值4.2厘米、宽度绝对值22.88厘米,如图2-54所示。

③ 插入素材"3.jpg"文件,设置环绕文字为"衬于文字下方"。将"传统美食"及其正文的文本框移至图像素材上方,调整位置和大小。

三、插入文本框

在每个圆形内分别插入"横排文本框",并输入"中国美食文化",设置字体格式为:方正小标宋,72号,填充-深红色,轮廓-白色。

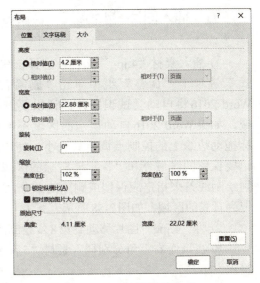

图2-54　设置图片格式

四、绘制图形

① 绘制一个单圆角矩形框,图形高11.8厘米,宽23.51厘米,形状填充为"白色,背景1,深色5%",如图2-55所示。

② 形状轮廓颜色设置为"深红色"、粗细设置为"2.25磅"、虚线,如图2-56所示。

③ 将图形设置环绕文字为"衬于文字下方",将"饺子"及其正文内容的文本框移动至该图形上,为文本"饺子"添加拼音,如图2-57所示。

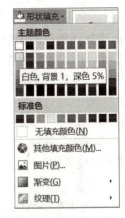

图2-55　单圆角矩形框填充颜色

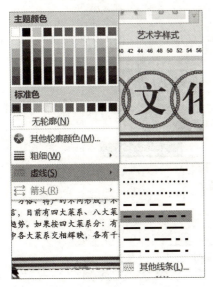

图2-56　单圆角矩形框形状轮廓设置

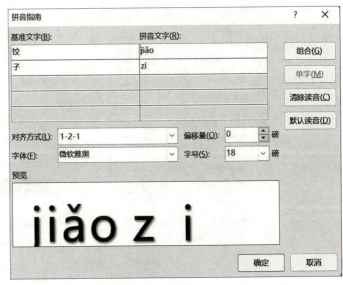

图2-57　文本添加拼音

五、插入图片"4.jpg"、"5.png"和"6.png"

① 插入素材"4.jpg"文件,选择该图片,在"格式"选项卡"调整"组中单击"删除背景"按钮。Word 2016将自动尝试识别并标记出要删除的背景区域,如果Word 2016自动识别的区域不准确,可用鼠标拖动边缘上的控制点调整其大小。使用出现的"标记要保留的区域"和"标记要删除的区域"工具,分别绘制线条来指定应保留或删除的部分,最后单击"保留更改"按钮,Word 2016将删除标记为背景的区域,如图2-58所示。

图2-58　删除图片背景

② 将"4.jpg"图片移动到第8步绘制的单圆角矩形框的左上角,合理调整大小及位置。

③ 在页面右上角分别插入素材"5.png"和"6.png"文件,参照效果文件,合理调整位置和大小。

六、绘制圆角矩形图形

① 绘制圆角矩形图形,形状填充为"白色,背景1,深色5%"。在"绘图工具格式"选项卡"形状样式"组单击"形状轮廓"按钮,在下拉列表中选择"虚线"→"其他线条",窗口右侧弹出的"设置形状格式"窗格中,设置为实线、深红色、4.75磅、双线复合类型,如图2-59所示。

② 将"粽子"及其正文内容的文本框移动至之前绘制的圆角矩形上。选中文本"粽子",在"开始"选项卡"字体"组中单击"带圈字符"。在弹出"带圈字符"对话框中,设置样式为"增大圈号",如图2-60所示,单击"确定"应用。

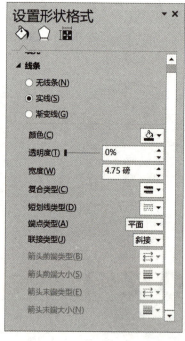

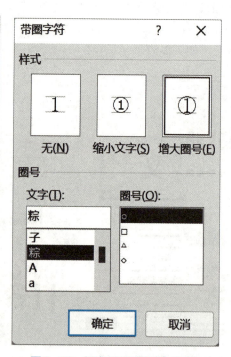

图2-59　圆角矩形形状格式设置　　图2-60　圆角矩形形状格式设置

七、插入图片"7.jpg"

在页面右下角插入"7.jpg"图片,合理调整"7.jpg"图片的大小及位置。在"图片工具格式"选项卡"图片格式"组中单击"图片效果"按钮。在下拉列表中选择"柔化边缘"——"柔化边缘选项",窗口右侧弹出的"设置图片格式"窗格中,设置柔化边缘大小为"45磅",如图2-61所示。

图2-61 图片柔化边缘设置

八、调整整体布局,保存文件

调整文档所有元素的整体布局,体现主题和谐、美观。按"Ctrl+S"组合键,保存所有操作。

任务三 ■ 制作个人求职简历表

 任务描述

某同学即将毕业,其在求职中需要制作一份简历为自己谋得一份较好的工作。为此,需要利用Microsoft Word 2016的表格功能来编辑一份结构严谨、效果直观、简明扼要的个人求职简历,样文如图2-62所示。

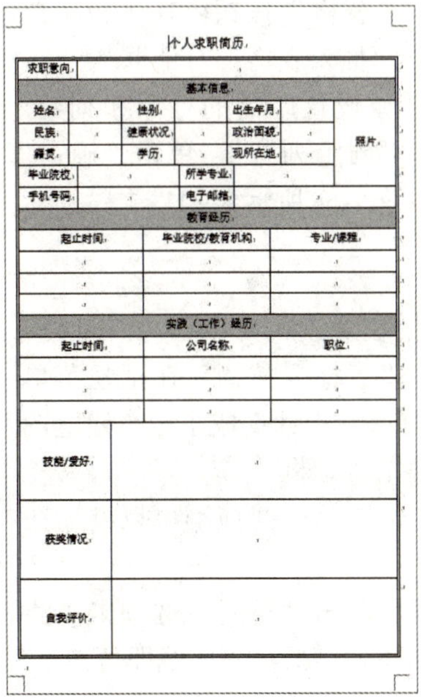

图2-62 个人求职简历样文

💡 任务分析

本任务的重点是实现表格创建、编辑、格式设置和边框与底纹等，完成本次任务主要涉及 Word 2016 的知识点如下：◇创建表格，◇编辑表格，◇表格与文字之间转换，◇表格边框与底纹，◇排序表格数据，◇表格数据计算，◇设置与美化表格。

👥 任务准备

一、创建表格

表格是由单元格组成的，是通常用来组织和展示信息的工具。Word 2016 提供了多种创建表格的方式，这些方式的选择取决于用户的工作习惯以及所需表格的复杂程度。

1. 以拖动方式绘制表格

① 光标定位到要创建表格的位置。

② 单击"插入"选项卡中"表格"按钮，在下拉菜单中展开示意表格，其中的单元格数表示可以创建的列数和行数。将鼠标指针移动到该示意表格上，选择需要的行数和列数，如图 2-63 所示。

③ 选中所需的行列数后，单击鼠标左键，表格便会插入到文档中。

2. 对话框方式创建表格

① 光标定位到要创建表格的位置。

② 单击"插入"选项卡中"表格"按钮，在下拉菜单中单击"插入表格"按钮，弹出"插入表格"对话框。

③ 在"表格尺寸"选项区域设置所需的行数和列数，在"自动调整"操作区域设置"固定列宽"，单击"确定"按钮表格便会插入到文档中，如图 2-64 所示。

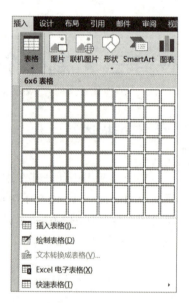

图 2-63 创建 6×6 的表格

3. 手绘表格

① 光标定位到要创建表格的位置。

② 单击"插入"选项卡中"表格"按钮，在下拉菜单中单击"绘制表格"按钮，此时鼠标指针变成了一个铅笔图标，单击鼠标并拖动以创建表格的外边框。

③ 释放鼠标后，在需要的位置单击并拖动可以继续在表格内部绘制行和列。

④ 若要清除一条或一组线，单击"布局"选项卡"绘图"组中的"橡皮擦"按钮，再单击需要擦除的线即可。

图 2-64 对话框方式创建表格

二、编辑表格

1. 表格中的选中操作

在 Word 2016 中,表格的行号由1、2、3等阿拉伯数字表示,列标由A、B、C等英文字母表示,单元格的名称则是由其所在的列标和行号组合而成,例如,位于第一列第二行的单元格会被命名为A2。这种命名方式与Excel中的单元格命名方式相同,使得用户可以很容易地理解和定位表格中的数据。

① 选中行。
- 将鼠标指针移动至表格左侧空白处,直到光标变为向右上方的空心箭头,单击某行即可选中该行。按住鼠标左键拖动可连续选中多行,按住"Ctrl"键再单击可选中不连续的多行。
- 将光标置于要选择行的某个单元格中,单击"布局"选项卡"表"组中"选择"按钮,在弹出的菜单中选择"选择行"命令选中该行。

② 选中列。
- 将鼠标指针移动至需选择的列的上方,直到光标变为向下的黑色实心箭头,单击鼠标可以快速选中整列。按住鼠标左键拖动可连续选中多列,按住"Ctrl"键再单击可选中不连续的多列。
- 将光标置于要选择列的某个单元格中,单击"布局"选项卡"表"组中"选择"按钮,在弹出的菜单中选择"选择列"命令选中该列。

③ 选中单元格。
- 将鼠标光标移至单元格左侧边缘,当光标变为实体黑色箭头时,单击鼠标可以选择整个单元格。
- 直接在单元格内的任何位置双击鼠标左键,选中该单元格。
- 将光标定位在某单元格中,单击"布局"选项卡"表"组中"选择"按钮,在弹出的菜单中选择"选择单元格"命令选中该单元格。
- 先选择一个单元格,然后按住鼠标左键向上下左右拖动,即可选择多个连续的单元格。
- 先选择一个单元格后,再按住"Ctrl"键,依次单击其他想要选择的单元格。这样就可以选中不连续的多个单元格。

④ 选中整个表格。
- 将鼠标指针移动到表格左上角,待出现四个角的控制柄时,单击鼠标左键,即可选中整个表格。
- 将鼠标放在表格的左侧框线外,当鼠标指针出现斜箭头形状时,拖动鼠标选中整个表格。
- 将光标定位在某单元格中,单击"布局"选项卡"表"组中"选择"按钮,在弹出的菜单中选择"选择表格"命令选中整个表格。

2. 行、列添加和删除

① 添加行和列。
- 将光标定位在某单元格中,单击"布局"选项卡"行和列"组中的"在下方插入"按钮,可在当前单元格所在行的下方添加一行;单击"在上方插入"按钮,可在当

前单元格所在行的上方添加一行；单击"在右侧插入"按钮，可在当前单元格所在列的右侧添加一列；单击"在左侧插入"按钮，可在当前单元格所在列的左侧添加一列。

- 将光标定位在某单元格中，单击鼠标右键弹出菜单。在弹出菜单中选择"插入"按钮弹出二级菜单中，选择命令插入行和列，如图2-65所示。
- 将鼠标指针移至某行左下角，单击出现的"+"按钮，增加行，如图2-66所示。将鼠标指针移至某列右上角，单击出现的"+"按钮，增加列。

图2-65　右键菜单增加行　　　　　图2-66　鼠标增加行

② 删除行和列。

- 将光标定位在某单元格中，单击"布局"选项卡"行和列"组中的"删除"按钮下的小三角，在下拉菜单中选择"删除行"命令，可删除光标所在行；在下拉菜单中选择"删除列"命令，可删除光标所在列。
- 将光标定位在某单元格中，单击鼠标右键弹出菜单。在弹出菜单中选择"删除单元格"按钮，在弹出对话框中，选择"删除整行"命令可删除光标所在行，选择"删除整列"命令可删除光标所在列，如图2-67所示。
- 在"删除单元格"对话框中，选择"右侧单元格左移"命令可删除光标所在单元格，其右侧单元格全部左移；选择"下方单元格上移"命令可删除光标所在单元格，其下方单元格全部上移。

③ 复制、移动行和列。

表格的行、列、单元格和普通文本一样可以复制，具体方法同文本的复制。即选中要复制的行、列或单元格，单击"复制"命令，移动光标到目标位置，单击"粘贴"命令。

表格的行、列、单元格和普通文本一样可以移动，具体方法同文本的移动。即选中要移动的行、列或单元格，单击"剪切"命令，移动光标到目标位置，单击"粘贴"命令。

3. 单元格合并与拆分

① 合并单元格。合并单元格是指将所选中的多个单元格合并成一个单元格，操作方法如下。

- 单击鼠标并拖动选择连续的单元格，在"布局"选项卡"合并"组中单击"合并单元格"命令，可将选中的单元格合并成一个较大的单元格。

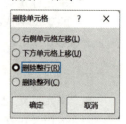

图2-67　删除整行

➤ 选择连续的单元格，单击鼠标右键，在弹出菜单中选择"合并单元格"命令，如图2-68所示，即可合并单元格。

② 拆分单元格。拆分单元格是指将选中的一个或多个单元格重新平均拆分成多个单元格。选中要拆分的单元格（一个或多个），单击鼠标右键，或者在"布局"选项卡"合并"组中单击"拆分单元格"命令，在弹出"拆分单元格"对话框中设置拆分后的行数和列数，单击"确定"按钮，如图2-69所示。

③ 拆分表格。拆分表格命令的作用是将一个表格拆分成两个或多个独立的表格，使用户可以更有效地组织和展示数据，使得每个表格都能针对特定的信息或主题进行优化。将光标定位于要拆分成下一个表格的第一行中的任意单元格中，单击"表格工具/布局"选项卡"合并"组中的"拆分表格"按钮功能，即可将表格从当前位置拆分成两个独立的表格。

图2-68 合并单元格

图2-69 拆分单元格

4. 设置行高、列宽

① 设置固定行高、列宽。

➤ 将光标定位在某单元格中，在"布局"选项卡"单元格大小"组中设置"高度""宽度"的具体数值，即可调整行高和列宽，如图2-70所示。

➤ 将光标定位在某单元格中，单击鼠标右键弹出"表格属性"对话框。对话框中选择"行"标签页，设置"指定高度"的值，单击"确定"按钮即可设置行高，如图2-71所示。对话框中选择"列"标签页，设置"指定宽度"的值，单击"确定"按钮即可设置列宽。

图2-70 设置行高、列宽

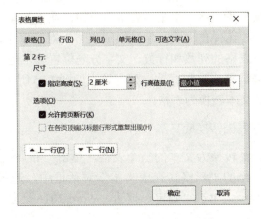

图2-71 对话框设置行高、列宽

② 设置适当行高、列宽。

➤ 将鼠标悬停在两行之间，光标会变成中间等号、两侧的箭头分别指向上方和下方，单击鼠标上下拖动可以调整鼠标上方行的行高。同样的方法，将鼠标悬停在两列之间可以调整鼠标左侧列的列宽。

➤ 将光标定位在某单元格中，单击"布局"选项卡"单元格大小"组中"自动调整"按钮下的小三角，在下拉菜单选择"根据内容自动调整表格"选项，如图2-72所示，Word 2016会根据表格中的内容自动调整列宽和行高，使得表格的大小能够更好地适应表格内容。

➢ 将光标定位在某单元格中，单击"布局"选项卡"单元格大小"组中"自动调整"按钮下的小三角，在下拉菜单选择"根据窗口自动调整表格"选项，Word 2016根据当前文档页面的大小自动调整表格，从而确保表格的宽度与页面宽度相匹配，列宽保持相等，或者根据内容的长度自动调整列宽和行高。这样，无论是在编辑时还是打印时，表格都能更好地适应文档的布局，保持整齐的外观。

图2-72　自动调整表格行高、列宽

③ 平均分布行高、列宽。在Word 2016中平均分布行高和列宽，使得每一行、每一列的宽度或高度保持一致，从而让表格看起来更加整洁和美观，操作方法如下。

将光标定位在某单元格中，单击"布局"选项卡"单元格大小"组中"分布行"按钮或"分布列"按钮，表格将平均各行的行高或各列的列宽。

选中要调整的表格或其中连续的多行、多列，单击鼠标右键，在弹出菜单中选择"平均分布各行"或"平均分布各列"命令，如图2-73所示，表格将平均各行的行高或各列的列宽。

图2-73　平均分布各行

三、表格与文字之间转换

1. 将文本转换成表格

选中要转换为表格的文本，文本之间必须有逗号、空格或制表符等分隔符，单击"插入"选项卡"表格"组中"表格"按钮，在下拉菜单中选择"文本转换成表格"命令，如图2-74所示。在弹出"将文字转换成表格"对话框中，Word 2016已经自动根据文本分隔符自动设置了表格的列数和行数、文字分隔位置等，也可以依据实际需求手动输入数字或使用上下箭头来调整列数和行数、列宽等，如图2-75所示。单击"确定"按钮，Word 2016将自动将选定的文本转换为表格。

2. 将表格转换成文本

选择要转换为文本的整个表格，单击"布局"选项卡"数据"组中"转换为文本"按钮。在弹出的"表格转换成文本"对话框中，选择适合的数据分隔符，例如"逗号"，如图2-76所示。单击"确定"按钮，Word 2016将自动将选定的表格转换为文本。

图2-74　文本转换成表格

图2-75　将文字转换成表格

图2-76　表格转换成文本

四、表格边框与底纹

1. 表格边框设置

表格边框设置前，需要先设置边框样式，主要有以下3种操作方法。

① 在"表格工具/设计"选项卡"边框"组中单击"边框样式"按钮下的小三角，在下拉菜单的"主题边框"中选择预设的边框样式，如图2-77所示。

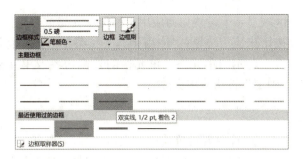

图2-77 边框样式设置

② 单击"边框"组中"笔样式"的下拉列表选择线型，单击"笔划精细"的下拉列表选择线粗细，单击"笔颜色"的下拉列表选择线颜色设置边框样式。

③ 在"表格工具/设计"选项卡"边框"组中单击"边框样式"按钮下的小三角，在下拉菜单中选择"边框取样器"命令，鼠标变成吸管形状，单击设置好格式的源边框，即设置好边框样式。

边框样式的应用主要有以下2种操作方法。

① 在"表格工具/设计"选项卡"边框"组中单击"边框刷"命令，鼠标变成一支画笔形状，在边框线上拖动鼠标画线，边框样式将被复制并应用到新位置。单击"Esc"键可取消"边框刷"模式。

② 选中要设置边框的表格、行、列或其中单元格，在"表格工具/设计"选项卡"边框"组中单击"边框"按钮下的小三角，在下拉菜单可以选择设置顶部边框、底部边框、左侧边框、右侧边框、所有边框等，如图2-78所示。

除以上方法设置边框外，还可以通过"边框和底纹"对话框来设置。

选中要设置边框的表格、行、列或其中单元格，在"表格工具/设计"选项卡"边框"组中选择"边框"按钮下的小三角，单击下拉菜单底部的"边框和底纹"命令。如图2-79所示，在弹出"边框和底纹"对话框的"边框"标签页中，"样式"列表中选择线型，如直线、虚线等；"颜色"下拉菜单中选择边框的颜色；"宽度"下拉菜单中选择边框的粗细；"预览"

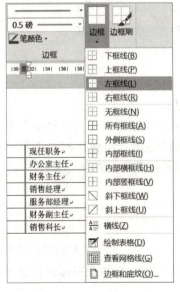

图2-78 边框应用　　　　图2-79 对话框方式设置边框

区域显示了设置如何应用于所选单元格或表格，可单击图示或使用周围按钮来应用边框；"应用于"下拉菜单，选择将边框设置应用于整个表格、选定的单元格、单元格的外侧边界或单元格的内部边界等，单击"确定"按钮应用更改。

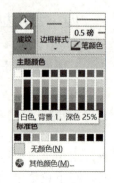

图2-80　设置底纹

2. 表格底纹设置

① 选中要设置边框的表格、行、列或其中单元格，在"表格工具/设计"选项卡"表格样式"组中选择"底纹"按钮下的小三角，在下拉菜单的颜色选择器中，选择底纹颜色，如图2-80所示。或单击"其他颜色"命令弹出"颜色"对话框，在"颜色"对话框的"标准"标签页中选择颜色，也可以在"自定义"标签页中通过拖动色彩选择器上的滑块或直接输入RGB值来精确选择想要的颜色，如图2-81所示。

② 在"边框和底纹"对话框的"底纹"标签页中，"填充"下拉按钮中选择底纹颜色，或在"图案"→"样式"下拉按钮中选择图案底纹，"预览"区域显示了设置如何应用于所选单元格或表格，"应用于"下拉菜单，选择将边框设置应用于整个表格、选定的单元格、单元格的外侧边界或单元格的内部边界等，单击"确定"按钮应用更改，如图2-82所示。

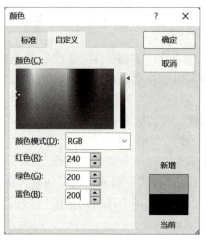

图2-81　自定义颜色

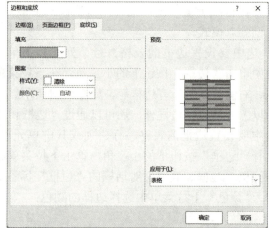

图2-82　对话框方式设置底纹

五、排序表格数据

在Word 2016中可以进行简单的表格数据排序，操作方法如下。

选择表格，在"开始"选项卡"段落"组中单击排序图标按钮，弹出"排序"对话框。或者，在"表格工具/布局"选项卡"数据"组单击排序图标按钮，同样可以打开"排序"对话框。在"排序"对话框中，如图2-83所示，可以根据需要设置以下参数：

- 主要关键字：选择作为第一排序依据的列名称。
- 类型：根据所选列的内容（如笔划、数字、日期、拼音等），选择合适的排序类型，例如拼音→升序表示按拼音顺序从小到大排序。
- 次要关键字和第三关键字：如果需要进一步排序，可以设置第二和第三顺位的排序列。
- 列表：如果表格具有标题行，请确保勾选"有标题行"项，以避免将标题行纳入排序范围。

设置好排序参数后，单击"确定"按钮，Word 2016将根据设置对表格数据进行排序。

六、表格数据计算

Word 2016表格具备简单的计算功能，可以完成一些简单的计算操作，如求和、求平均值等，操作方法如下。

① 将光标定位在需要显示计算结果的单元格中，在"表格工具/布局"选项卡"数据"组中单击"公式"按钮，打开"公式"对话框。

② 在"公式"对话框中，"粘贴函数"下拉列表中选择预定义的计算公式，如求和、平均值等。如果需要进行更复杂的计算，也可以自己编写公式。如果选中的单元格位于一行数值的右端，需要计算左边数值之和，则在公式栏中编写公式=SUM(LEFT)进行计算，如图2-84所示。

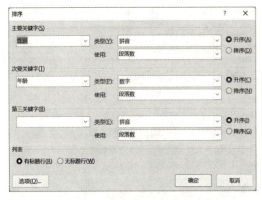

图2-83　数据排序

图2-84　公式计算

③ 设置数字格式：如果需要保留特定的小数位数或设置数字格式，可以在"编号格式"中进行设置。例如，设置为"#,##0.00"将保留两位小数。

④ 设置好公式后，单击"确定"按钮，公式的计算结果将会显示在选择的单元格中。

⑤ 需要对多个单元格进行相同的计算，可以使用自动填充功能。计算出一个单元格的结果后，选中该单元格下方单元格，按键盘上"F4"键，公式就会自动填充到选中的单元格中，从而快速完成批量计算。

⑥ 表格中数据修改后，选中整个表格，按键盘上"F9"键可以一次性更新所有的计算结果。

七、设置与美化表格

为了更好地发挥表格展示信息的功能，往往需要对表格进行适当的美化设置，从而提高表格的可读性，使其更加美观。

1. 设置单元格内容的字体格式

先选中单元格，再设置字体格式，方法与文档中普通内容的字体格式设置相同。

2. 设置单元格内容的对齐方式

单元格内容的对齐方式包括水平对齐方式和垂直对齐方式两大类。在"表格工具/布局"选项卡"对齐方式"组中，包括靠上两端对齐、靠上居中对齐、靠上右对齐等9个按钮，选择所需的对齐方式设置文本对齐，如图2-85所示。

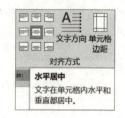

图2-85 对齐方式设置

3. 设置表格的对齐方式

表格的对齐方式是指整个表格在页面中的水平对齐方式，操作方法如下。

选中表格，单击鼠标右键选择"表格属性"命令，弹出"表格属性"对话框。如图2-86所示，在对话框中的"表格"标签页中，选择对齐方式栏中的"居中"选项，选择"文字环绕"栏中的"环绕"选项，单击"定位"按钮。在弹出的"表格定位"对话框中设置表格与正文的上、下、左、右距离以及水平、垂直位置，如图2-87所示。

图2-86 表格对齐设置

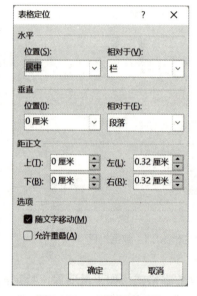

图2-87 表格定位设置

4. 表格样式

选中表格，在"表格工具/设计"选项卡"表格样式"组中，单击"表格样式"列表框右边的小三角，在弹出全部表格样式列表中选择"网格表4-着色1"选项，应用表格样式，如图2-88所示。

任务实施

一、新建Word 2016文档，插入表格

① 新建Word 2016文档，以"个人求职简历"为文件名保存文件。

② 在文档的第1行录入"个人求职简历"，宋体、四号、居中对齐。将光标定位到第2行，单击"插入"选项卡中"表格"按钮，在下拉菜单中单击"插入表格"按钮，弹出"插入表格"对话框。在对话框中设置7列、10行，根据窗口调整表格，如图2-89所示。

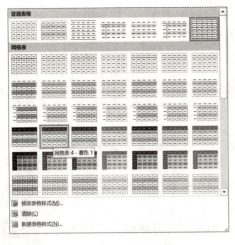
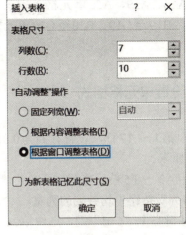

图2-88 表格样式设置　　　　　　　　图2-89 插入表格

二、合并单元格

① 在A1单元格中录入"求职意向",合并B1至G1单元格;合并第2行,并在单元格中录入"基本信息";合并G3至G6单元格,并在单元格中录入"照片",并适当调整该单元格列宽。

② 合并B6至C6、B7至C7、E6至F6、E7至G7单元格,并录入相应文字,完成后效果如图2-90所示。

三、复制行

选中第2行,单击"复制"命令,选中第8行,单击"粘贴"命令2次,将粘贴的2行文字内容分别修改为:"教育经历""实践(工作)经历"。

四、合并与拆分单元格

① 选中"教育经历"行,在其下方插入一行。选中新插入的行,在"布局"选项卡"合并"组中单击"拆分单元格"命令。在弹出"拆分单元格"对话框中设置拆分行数为4、列数为3,如图2-91所示,单击"确定"按钮。同样方法在"实践(工作)经历"的下方插入一行并拆分为3列4行,按图2-62所示录入相应文字内容。

图2-90 合并及录入文字效果图　　　　图2-91 拆分单元格

② 在A18、A19、A20单元格分别录入"技能/爱好""获奖情况""自我评价",合并B18至G18、B19至G19、B20至G20单元格。

五、设置单元格格式

① 选中第1～17行,设置行高为0.8厘米;选中第18～20行,设置行高为3厘米。
② 选中A3～F5单元格区域,单击"布局"选项卡"单元格大小"组中"分布列"按钮平均各列的列宽。
③ 按住键盘上"Ctrl"键,选中第2、8、13行,设置底纹为"白色,背景1,深色15%",如图2-92所示。
④ 选中整个表格,设置字体为宋体、小四,对齐方式为"水平居中",外边框设置双实线。
⑤ 调整表格所有元素的整体布局,体现主题和谐、美观。按"Ctrl+S"组合键,保存所有操作。

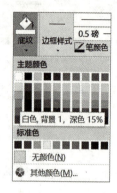

图2-92 底纹设置

任务四 ■ 长文档排版

 任务描述

某科研机构针对我国的矿产资源进行调查研究后,形成了文本资料和基础数据(素材源于中华人民共和国自然资源部发布的《中国矿产资源报告(2022)》)。请您对调查报告进行综合排版,做到排版大方精美,样文如图2-93所示。

 任务分析

本任务的重点是实现样式应用、页眉和页脚设置、生成目录等,完成本次任务主要涉及Word 2016的知识点如下:◇视图模式,◇样式的应用、新建及修改,◇脚注、尾注、题注和批注,◇分页符与分节符,◇页眉和页脚设置,◇生成目录,◇共享文档。

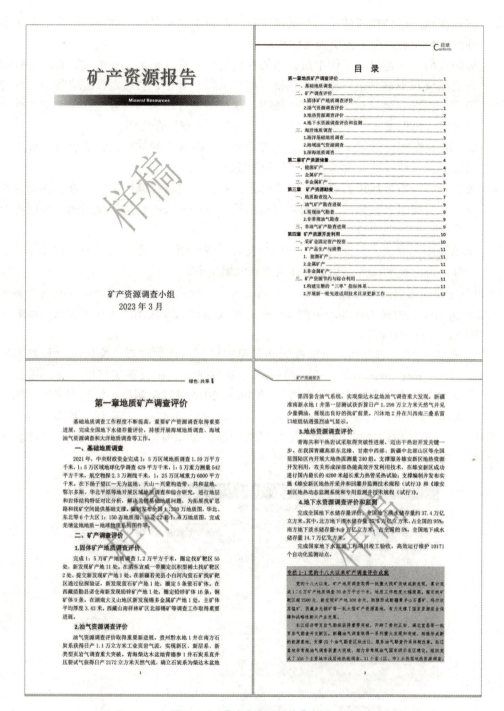

图2-93 "矿产资源报告"样文

一、视图模式

Word 2016提供了阅读视图、页面视图、Web版式视图、大纲视图和草稿视图等五种主要的视图模式,通过灵活运用这些视图,用户可以更有效地完成各种文档处理任务。

> 阅读视图：这种模式便于用户阅读文档，类似于翻阅书籍的体验，隐藏了除文本之外的所有元素，使阅读更为集中和舒适。
> 页面视图：这是日常工作中最常用的视图之一，它显示了文档的实际布局与打印出来的结果几乎是完全一样的，包括页眉、页脚、分栏、页边距、段落间距等，使得用户可以直观地看到文档的最终外观。这对于进行精确的排版工作非常有帮助，因为它可以确保文本、图像和其他元素的位置及分布符合预期。
> Web版式视图：适用于创建网页或查看文档在网页上的外观，它能够模拟Web浏览器来显示文档，适合发送电子邮件和创建网页。
> 大纲视图：主要用于查看和编辑文档的结构，如设置标题的大纲级别、移动文本段落，并直接输入和修改文档的各级标题等，方便对长文档进行快速浏览和结构上的调整。
> 草稿视图：取消了页面边距、分栏、页眉页脚和图片等元素，是最节省计算机系统硬件资源的视图模式，适合快速录入和编辑文本。

这些不同的视图模式可以根据用户的不同需求进行切换，以提供最合适的编辑和阅读体验。例如，当需要集中精力阅读或审阅文档时，可以选择阅读视图；而在进行文档排版和设计时，则通常使用页面视图。

在长文档排版时，结合使用页面视图和导航窗格可以极大地提高文档编辑和管理的效率。导航窗格是Word 2016中的一个功能，它可以帮助快速在长篇文档中导航。通过选择"视图"选项卡"显示"组的"导航窗格"，在Word 2016窗口左侧显示导航窗格，如图2-94所示。在导航窗格中可以查看文档中的全部章节、标题与副标题，单击任何章节元素，就能快速跳转到文档中的相应区域。这对于长文档的快速浏览和编辑尤为重要，尤其是在需要回到特定章节或部分时，可以节省大量查找时间。

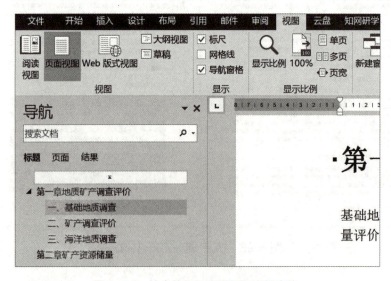

图2-94　结合使用页面视图和导航窗格

二、样式的应用、新建及修改

样式功能是Word 2016的一个非常强大工具，它不仅可以帮助用户保持文档的一致性和专业性，还可以大大提高文档编辑的效率。样式包含了字体格式、段落格式、段落边框、编号样式等元素，是应用于文档中的文本、表格等的一套格式编排组合，能迅速改变文档的格式。

应用样式与使用格式刷都可以实现格式一致，二者的不同点在于一旦格式需要修改，使用格式刷的地方还得重新再刷一遍，而应用样式的地方则可以自动同步更新。通过掌握样式的设置和管理，用户可以更加轻松地处理各种文档格式要求。

1. 套用内置样式应用

Word 2016中内置了一套标准样式，如标题1、标题2、正文等，输入的文字默认为正文样式。

① 将鼠标光标定位到想要套用样式的文本上。

② 单击"开始"选项卡"样式"组样式列表框的下拉按钮，展开样式列表，如图2-95所示，单击要应用的样式的名称，选中的文本就会自动应用该样式。

③ 例如，将光标定位到"第一章地质矿产调查评价"文本，单击选择"标题1"样式，文档编辑区可查看应用标题样式后的效果，在导航窗格内会显示相应的标题内容，如图2-96所示。

图2-95　样式列表　　　　　　　　图2-96　应用标题1样式

2. 新建样式

若Word 2016内置的样式无法满足文档的制作需求，用户可以选择自行创建样式，操作方法如下。

① 将鼠标光标定位到想要设置样式的文本上，单击"开始"选项卡"样式"组样式列表框的下拉按钮，在展开样式列表下方选择"创建样式"命令，如图2-97所示。

② 打开"根据格式设置创建新样式"对话框，在"名称"文本框中输入样式名称，如"新建正文样式"，如图2-98所示。单击对话框下方的"修改"命令全部展开"根据格式设置创建新样式"对话框，如图2-99所示。

③ "根据格式设置创建新样式"对话框是在Word 2016中自定义样式的重要工具。该对话框允许用户根据自己的需求设置字体、段落以及其他格式选项，从而创建一个适合文档主题的新样式。该对话框主要功能：

➢ 名称：用户可以为新样式命名，如"新建正文样式"。

➢ 样式类型：选择是字符样式、段落样式还是链接到表格和列表的样式。

➢ 格式设置：对话框中间的格式设置可以快捷设置字体、段落的部分格式。也可以通过"格式"按钮，在弹出菜单中，用户可以选择设置字体、段落、边框等格式类型。

➢ 样式预览：在对话框的预览区域中，用户可以随时查看所设置的样式效果来判断是否符合预期。

➢ 自动更新：勾选相应的复选框，文档中所有使用该样式的地方都会随着样式修改而

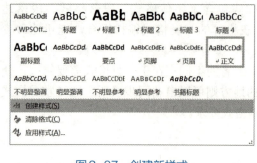

图2-97 创建新样式

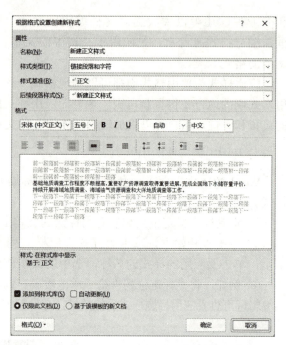

图2-98 根据格式设置创建新样式对话框　　图2-99 全展开的根据格式设置创建新样式对话框

图2-100 修改样式的字体

自动更新，适用于需要维护一致性的场景。

> 添加至样式库：勾选后，新建样式将被添加至功能区的样式列表中，使得这个样式能够在当前文档中被重复使用。
> 仅限此文档：表示所创建或修改的样式仅在当前文档中有效，不会影响其他文档或模板。
> 基于该模板的新文档：指的是当根据某个模板创建新文档时，所做的样式更改将应用于以后基于该模板生成的所有新文档中。

④ 单击"格式"按钮，在弹出菜单中选择"字体"选项。打开"字体"对话框，选择"字体"选项卡，在"中文字体"下拉列表中选择"仿宋"，在"字号"列表框中选择"小四"选项，单击"确定"按钮，如图2-100所示。

⑤ 单击"格式"按钮，在弹出菜单中选择"段落"选项。打开"段落"对话框，选择"缩进和间距"选项卡，在"间距"栏中设置"段前""段后"均为"0.5行"，在"特殊格式"栏中设置"首行缩进2字符"，在"行距"栏中设置"1.5倍行距"，单击"确定"按钮。

⑥ 同样的方式设置"编号和项目符号"和"边框和底纹"等，选定"自动更新""基于该模板的新文档"等，单击"确定"按钮，新建样式的同时应用了该样式。

3. 修改样式

① 单击"开始"选项卡"样式"组样式列表框的下拉按钮，在展开样式列表下方选择要修改的样式。例如，选择"标题1"样式，单击鼠标右键从弹出的菜单中选择"修改"命

令，如图2-101所示。

② 弹出的"修改样式"对话框等同于新建样式的"根据格式设置创建新样式"对话框，如图2-102所示。

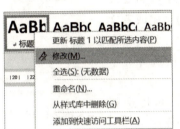
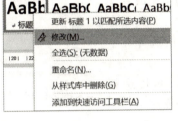

图2-101　修改样式　　　　图2-102　修改样式设置

③ 修改格式设置后，勾选"自动更新"前面的复选框，单击"确定"按钮，保存样式的同时，文档中所有使用该样式的地方都会随着样式修改而自动更新为新的格式设置。

4. 删除样式

① 单击"开始"选项卡"样式"组样式列表框的下拉按钮，展开样式列表。在样式窗格中，鼠标悬停在删除的样式上，单击鼠标右键，在弹出的菜单中选择"从样式库中删除"命令，样式将被删除。

② 当删除某个样式后，文档中原来应用该样式的文本将保留其格式不变。

5. 清除样式应用

① 将鼠标光标定位到想要清除样式应用的文本处。

② 单击"开始"选项卡"样式"组样式列表框的下拉按钮，展开样式列表。在样式窗格中，单击"清除格式"命令。执行"清除格式"命令后，选中文本格式为默认的"正文"样式。

三、脚注、尾注、题注和批注

在Word 2016中，脚注、尾注、题注和批注都是用于补充说明文档内容的工具，它们各自有不同的用途和特点。

➢ 脚注：脚注出现在页面的底部，用于提供对页面上特定文本的附加信息或解释。

➢ 尾注：尾注则出现在文档的末尾或者每个章节的结尾，通常用于列出参考文献或者对整页或章节内容的补充说明。

➢ 题注：题注是添加到图片、表格、图表、公式等项目下方的标题或编号，用于描述或解释这些项目的内容。

> 批注：批注是指读者或审阅者在文档边缘或文本旁边添加的注释，用于提出问题、建议或反馈。

1. 插入脚注和尾注

① 将光标定位在想要插入脚注或尾注的文本位置。

② 单击"引用"选项卡中"脚注"组右下角的对话框启动按钮，弹出"脚注和尾注"对话框，如图2-103所示。

③ 在弹出的"脚注和尾注"对话框中，可以选择要插入"脚注"或"尾注"。对于脚注，可以选择是在页面底部还是文字下方显示。对于尾注，通常选择在节的结尾或者文档的末尾显示。

④ 在对话框中，可以设置编号的格式，一般选择数字序号格式，如"1,2,3,…"等。

⑤ 如果这些设置仅对当前选定的节有效，可以选择"将更改应用于"下拉菜单中的"所选节"；如果要应用到整个文档，则选择"整篇文档"。

图2-103 脚注和尾注设置

⑥ 单击"确定"按钮，输入脚注或尾注文本内容完成插入。

⑦ 在插入脚注或尾注后，可以选择脚注或尾注文本，单击鼠标右键，在弹出菜单中选择"转换至尾注""转换为脚尾注"实现脚注与尾注之间的互换。

⑧ 选择脚注或尾注文本，单击鼠标右键，在弹出菜单中选择"字体""段落"等对脚注或尾注文本进行格式设置。

2. 插入题注

① 将光标定位在想要添加题注的图表、图片或其他对象旁边。

② 单击"引用"选项卡"题注"组中"插入题注"按钮，弹出"题注"对话框，如图2-104所示。

图2-104 题注对话框

③ 在"题注"对话框中，可以设置题注的编号、标签和位置。编号可以按照章节进行排序，也可以选择不同的编号样式。标签则是用来描述对象的词汇，如"图""表"等，单击"新建标签"命令，在弹出对话框中设置新标签"表"，如图2-105所示。

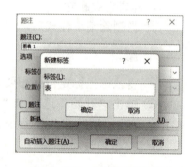

图2-105 修改题注标签

④ 单击"确定"按钮将题注插入到文档中光标定位的相应位置。如果需要为其他对象添加题注，可以重复上述步骤。

⑤ 在文档的其他部分引用刚刚创建的题注，可以使用"交叉引用"功能。将光标定位在要插入引用位置，单击"引用"选项卡"题注"组中"交叉引用"按钮，弹出"交叉引用"对话框。

⑥ 在弹出的"交叉引用"对话框中，如图2-106所示，选择"表"作为引用类型，在"引用哪一个题注"列表中选择之前创建的题注，单击"插入"按钮将引用插入到文档中。

⑦ 文档中题注发生添加或删除导致引用编号发生变化时，需要选中引用的内容，单击鼠标右键，在弹出菜单中选择"更新域"来更新引用内容，如图2-107所示。

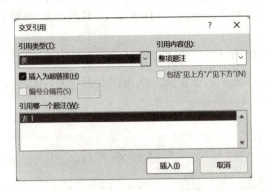
图2-106 交叉引用设置

图2-107 交叉引用更新

3. 插入批注

① 选中要添加批注的文本，单击"审阅"选项卡"批注"组中"新建批注"按钮，文档右侧会出现一个空白批注框，可以在里面输入批注内容。

② 选中批注，单击"审阅"选项卡"批注"组中"删除"按钮，可以删除批注，或者单击"删除"按钮下的小三角，在下拉菜单中选择"删除""删除文档中的所有批注"命令分别删除选中批注、文档中所有批注，如图2-108所示。

③ 选中批注并单击鼠标右键，在弹出菜单中选择"答复批注"按钮，如图2-109所示，可以对批注内容答复和点评，方便团队间的沟通与合作。

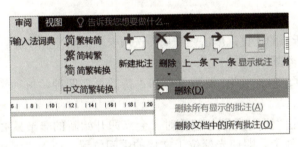
图2-108 删除批注

图2-109 答复批注

四、分页符与分节符

在Word 2016中，分页符和分节符都是用来控制文档中内容布局的工具，它们存在一定的区别，具体分析如下：

> 分页符：用于将文档中的文本分隔到下一页，但仍然属于同一节。这意味着使用分页符后，虽然内容会在新的一页开始，但是章节的格式设置（如页眉、页脚、字体格式等）会保持连续不变。

> 分节符：用于创建文档中的新节，新节可以有独立的格式设置。使用分节符后，可以在新的节中设置不同的页眉、页脚、页面方向、纸张大小等格式，提供了更大的灵活性。例如，在长文档编排时，可能需要在不同的章节中使用不同的页眉或页码样式，此时就需要使用分节符。

1. 分页符

① 将光标定位在需要分页的位置，单击"布局"选项卡"页面设置"组中"分隔符"按钮，在下拉菜单中选择"分页符"，如图2-110所示，可在光标位置插入一个分页符。

② 单击"开始"选项卡"段落"组中" "按钮，可以显示或隐藏编辑标记，包括分页符、空格、回车符等，如图2-111所示，显示出分页符。当再次单击" "按钮时，将隐藏这些编辑标记。

图2-110 插入分页符

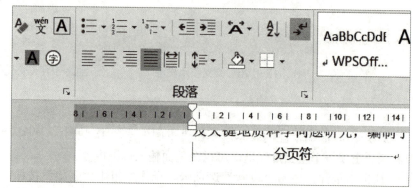
图2-111 显示或隐藏编辑标记

③ 分页符显示可见时，将光标放置在要删除的分页符上，然后按"Delete"键或"Backspace"键进行删除。

2. 分节符

① 将光标定位在需要开始新节的位置，单击"布局"选项卡"页面设置"组中"分隔符"按钮，在下拉菜单中选择分节符类型。

② 分节符的类型有"下一页""连续""偶数页"和"奇数页"四种，每种类型都有其特定的用途。

> "下一页"分节符：使用"下一页"分节符时，会立即开始新的一节，并将该节的第一页移到一个新的页面上。即使光标位于文档的中间位置，插入"下一页"分节符后，后续的内容也会从新的一页开始。

> "连续"分节符：使用"连续"分节符时，新节会在同一页开始，不会强制文档跳到下一个页面。这种类型的分节符适用于那些想要在同一页内改变节的格式设置，但不需要物理分页的情况。

> "偶数页"分节符：使用"偶数页"分节符时，如果当前页是奇数页，那么新节会从下一偶数页开始，即下一页。如果当前页是偶数页，则新节会从下一个偶数页码开始，例如当前页码为2，则下一节会从页码为4的页开始。这种分节符通常用于确保章节始终从偶数页开始，这是某些出版要求的格式。

> "奇数页"分节符：与"偶数页"分节符相反，"奇数页"分节符会确保新节始终从奇数页开始。文档中的特定部分始终从奇数页码的页面开始，可以使用这种类型的分节符。

③ 选择好分节符类型后，单击即可在光标位置插入分节符。分节符的显示、隐藏、删除操作方法与分页符相同。

五、页眉和页脚设置

1. 添加页眉和页脚

① 在"插入"选项卡"页眉和页脚"组中,单击"页眉"按钮或"页脚"按钮,在下拉菜单中选择"编辑页眉"或"编辑页脚"命令,即可进入页眉页脚编辑模式,同时展现"页眉和页脚工具/设计"选项卡。

② 在"页眉和页脚工具/设计"选项卡"选项"组中,可以勾选"首页不同"和"奇偶页不同"。

> 设置首页不同:在页眉页脚编辑模式中,勾选"设计"选项卡下的"首页不同"复选框,第一页的页眉或页脚就可以单独编辑,与后续页面区分开来。

> 设置奇偶页不同:在设置了首页不同之后,还可以勾选"奇偶页不同"复选框,以便为奇数页和偶数页设置不同的页眉或页脚内容。

③ 在"页眉和页脚工具/设计"选项卡"位置"组中,可以设置页眉顶端距离和页脚眉底端距离,如图2-112所示。

④ 单击"页眉和页脚工具/设计"选项卡"页眉和页脚"组中"页眉"按钮,在下拉菜单中选择内置的"空白(三栏)",如图2-113所示。

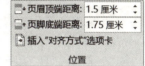

图2-112 页眉和页脚位置设置

⑤ 单击页眉编辑区域,在左右两边输入页眉文字"矿产资源报告""第一章地质矿产调查评价"。选中整个页眉区域,单击"开始"选项卡"段落"组中"边框"按钮,选择"边框和底纹"。在弹出的对话框中,选择所需的线型、颜色和宽度等,应用于所选内容给整个页眉添加线,效果如图2-114所示。

⑥ 在"页眉和页脚工具/设计"选项卡中,单击"导航"组的"转至页脚"按钮,转入页脚编辑。页眉和页脚完成后,单击"关闭页眉和页脚"命令,或在文档编辑区中双击,退出页眉页脚编辑模式。

2. 分节设置页眉与页脚

① 根据需要在文档中插入分节符后,进入页眉页脚编辑模式设置完第1节的页眉和页脚。在"页眉和页脚工具/设计"选项卡中,单击"导航"组的"下一节"按钮。

② 光标定位在第2节页眉编辑区,单击"导航"组的"链接到前一条页眉"按钮。如图2-115所示右下角的"与上节相同"将消失,可以为该节设置单独的页眉内容、样式和位置等,例如设置页眉内容为"矿产资源报告""第二章矿产资源储量"。

③ 光标定位在第2节页脚编辑区,同样需要单击"导航"组的"取消链接到前一条页眉"按钮,才能设置单独的页脚内容。

图2-113 插入页眉

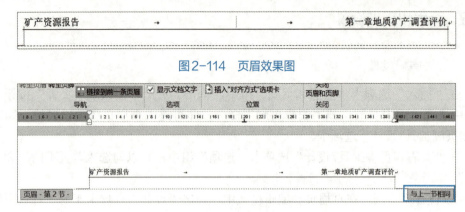

图2-114　页眉效果图

图2-115　取消链接到前一条页眉

3. 设置页码

① 在页眉或页脚编辑模式中，单击"页眉和页脚工具/设计"选项卡"页眉和页脚"组的"页码"按钮，下拉菜单中可选择页码的位置（如页眉或页脚）以及样式。

② 单击"页码"下拉菜单中选择"设置页码格式"按钮，在弹出的"页码格式"对话框中，"编号格式"下拉列表中可以选择页码格式。在"页码编号"处若选择"续前节"，页码编号将连续上一节的编号，若选择"起始页码"可独立设置本节起始页码，如图2-116所示。

4. 页眉或页脚的修改与删除

① 进入页眉页脚编辑模式，直接编辑现有的内容，如更改文本、插入图片或调整格式等实现页眉和页脚的修改。

② 进入页眉页脚编辑模式，选中想要删除的内容并按"Delete"键，实现页眉和页脚的删除。

③ 完成页眉或页脚的修改与删除后，单击文档正文区域或在"设计"选项卡中选择"关闭页眉和页脚"，退出页眉页脚编辑模式。

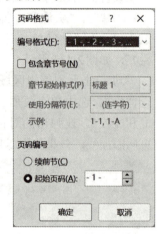

图2-116　取消链接到前一条页眉

六、生成目录

① 在插入目录之前，需要通过"开始"选项卡"样式"组中选择相应的标题样式（如"标题1""标题2"等）为文档中的每个标题应用适当的标题样式，以及为文档设置好相应页码等。

② 将光标定位到想要插入目录的位置，单击"引用"选项卡"目录"组中的"目录"按钮，在弹出菜单中选择目录样式，如"自动目录1"，如图2-117所示，Word 2016将自动根据之前应用的标题样式生成目录。

③ 单击"引用"选项卡"目录"组中"目录"按钮，在弹出菜单中选择"自定义目录"命令。在弹出的"目录"对话框"目录"标签页中，可以调整目录的级别、格式等。例如，选择格式为"正式"、显示级别为"3级"、显示页码、页码右对齐等，如图2-118所示，单击"确定"命令生成目录。

④ 文档进行编辑后可能出现添加或删除标题、篇幅增加或减少，需要更新目录以反映这些更改时，单击"引用"选项卡"目录"组中"更新域"按钮，在弹出的"更新目录"对话框中，可选择"只更新页码"命令更新目录的页码，也可以选择"更新整个目录"命令更新整个目录，如图2-119所示。

图2-117　插入目录

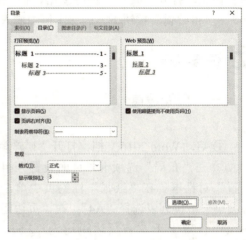

图2-118　插入自定义目录

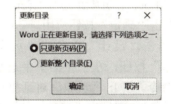

图2-119　更新目录

七、共享文档

文档制作完成后，还需要将其分享给相关人员，操作方法如下。

① 单击"文件"→"另存为"命令，打开"另存为"界面，选择"OneDrive"选项，如图2-120所示，再单击"登录"按钮，登录Microsoft Office账号（若无账号，则可单击

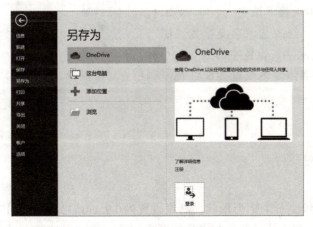

图2-120　登录OneDrive

"注册"超链接注册账号)。

② 在共享文档时,可以设置不同的权限,例如允许他人查看或编辑。如果希望他人能够直接在文档上进行实时编辑,可以开启"允许编辑"的选项。

③ 成功登录后,将文档另存到 OneDrive 中,然后单击 Word 2016 工作界面右上角的"共享"按钮,打开"共享"任务窗格,在"邀请人员"文本框中输入对应人员的电子邮件地址,在"可编辑"按钮下方的文本框中输入邀请信息,单击"共享"按钮即可。

任务实施

一、页面设置

① 启动 Word 2016 文档,打开"矿产资源报告.docx"素材文件。

② 在"布局"选项卡"页面设置"组中单击右下角的"页面设置"按钮,弹出"页面设置"对话框。在"纸张"标签页中单击"纸张大小"下拉列表选择"A4";在"页边距"标签页中设置上下左右页边距均为"2.5厘米"、装订线宽0.5厘米;在"版式"标签页中设置页眉距边界1.5cm、页脚距边界1.5cm,如图2-121所示,单击"确定"按钮应用。

③ 单击"设计"选项卡"页面背景"组的"水印"按钮,在下拉菜单中选择"自定义水印"命令。弹出"水印"对话框中,设置文字为"样稿"、字号为"100",如图2-122所示,单击"应用"按钮,水印添加到文档的每一页。

图 2-121 页面设置

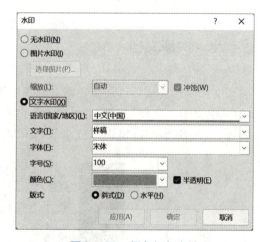

图 2-122 保存任务文档

二、艺术字设置

光标定位至文档的封面(第1页),在"插入"选项卡"文本"组中单击"艺术字"按钮,在打开的下拉列表中选择"填充-黑色,文本1,阴影"艺术字样式,修改艺术字文字为"矿产资源报告"。选中艺术字,设置字体为方正小标宋简体,字号48,字体颜色设置为深红色,调整合适位置。

三、封面设置

① 在标题下方绘制一个矩形形状,高度设置为0.95cm,宽度设置17.65cm,调整合适位置。矩形设置为无轮廓、填充红色与白色的渐变颜色,角度为180°,如图2-123所示。

② 在矩形形状中输入"Mineral Resources",字号为五号,字体为 Arial Black,白色。

③ 在封面页下方添加"矿产资源调查小组""2023 年 3 月"落款,字体为方正粗宋简体,字号为二号,居中对齐。

四、插入分节符

将光标定位到封面最下面,单击"布局"选项卡"页面设置"组中"分隔符"按钮,在下拉菜单中选择"下一页"类型分节符。将光标定位到"第一章地质矿产调查评价"文字前面,同样插入分节符。

图 2-123　保存任务文档

五、页眉页脚设置

① 在第二页(目录页)插入页眉,取消"链接到前一条页眉"。在"插入"选项卡"插图"组单击"形状"按钮,插入一条直线,宽度设置为 2.25 磅,长度为 14.63cm,颜色为红色。在线条右侧插入两个文本框,分别输入"Contents"和"目录",如图 2-124 所示,设置文字大小、字体和颜色。

图 2-124　目录页的页眉效果

② 在第三页上方开始设置正文页眉,取消"链接到前一条页眉",设置"奇偶页不同"。在奇数页插入一条直线,宽度设置为 2.25 磅,长度为 14.63cm,颜色为红色;右侧插入 1 个文本框,录入页眉内容;页眉文字后面插入一个小矩形,填充红色,并调整位置,奇数页页眉效果如图 2-125 所示。在偶数页插入多条装饰线,录入页眉内容,偶数页页眉效果如图 2-126 所示。

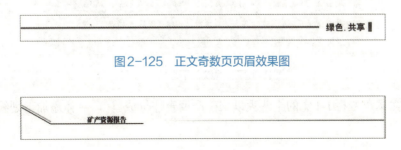

图 2-125　正文奇数页页眉效果图

图 2-126　正文偶数页页眉效果图

③ 在第三页的页脚处设置页码,取消"链接到前一条页眉",页码样式为"1,2,3,…"起始页码从 1 开始。设置完成后单击文档正文区域或在"设计"选项卡中选择"关闭页眉和页脚",退出页眉页脚编辑模式。

六、样式设置

① 通过选择“视图”选项卡“显示”组的“导航窗格”，在Word 2016窗口左侧显示导航窗格。单击“开始”选项卡“样式”组样式列表框的下拉按钮，在展开样式列表下方选择“标题1”样式，单击鼠标右键从弹出的菜单中选择“修改”命令，将“标题1”样式修改为：黑体、红色、二号、居中、段前分页、段后0.5行，并应用于所有一级标题。

② 将“标题2”样式修改为：黑体、三号、左对齐、段后0.5行，应用于所有二级标题。

③ 将“标题3”样式修改为：宋体、三号、加粗、左对齐、段后0.5行，应用于所有三级标题。

④ 将鼠标光标定位到正文第一段文本上，单击“开始”选项卡“样式”组样式列表框的下拉按钮，在展开样式列表下方选择“创建样式”命令，新建“新正文”样式，格式设置为宋体、四号，行间距为固定值21磅，首行缩进2字符，应用于正文。

七、底纹设置

① 选中第2～3页专题部分文本“专栏1-1党的十八大以来矿产调查评价成就”，以及下面的两段，单击“开始”选项卡“段落”组中的“边框”下拉按钮，在弹出的下拉菜单中选择“边框和底纹”命令，打开“边框和底纹”对话框。在“边框和底纹”对话框的“底纹”标签页中选择“填充”下拉列表，选择“蓝-灰色，文字2，淡色40%”，效果如图2-127所示。

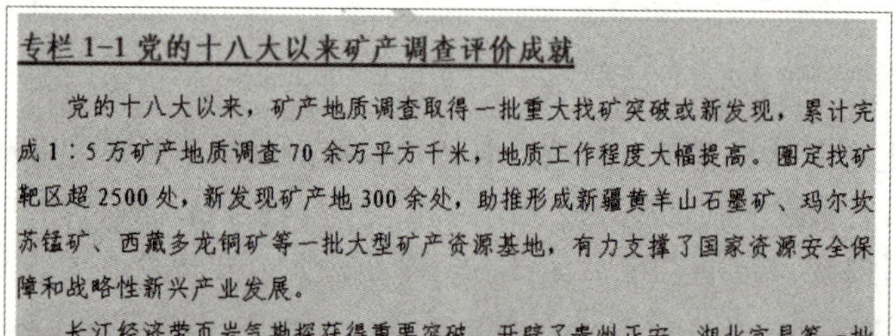

专栏 1-1 党的十八大以来矿产调查评价成就

党的十八大以来，矿产地质调查取得一批重大找矿突破或新发现，累计完成1∶5万矿产地质调查70余万平方千米，地质工作程度大幅提高。圈定找矿靶区超2500处，新发现矿产地300余处，助推形成新疆黄羊山石墨矿、玛尔坎苏锰矿、西藏多龙铜矿等一批大型矿产资源基地，有力支撑了国家资源安全保障和战略性新兴产业发展。

长江经济带页岩气勘探获得重要突破，开辟了贵州正安、湖北宜昌等一批页岩气勘查开发新区。新疆油气调查取得一系列重大发现和突破，助推形成新的能源基地，支撑25个油气勘查区块出让，服务油气勘查开采体制改革。松辽盆地非常规油气调查获重大突破，助力非常规油气国家级示范区建设。组织完成了336个主要城市浅层地热能调查，31个省（区、市）水热型地热资源调查，

图2-127 底纹和下划线效果图

② 选择文本“专栏1-1党的十八大以来矿产调查评价成就”，字体添加下划线。

八、表格格式设置及生成图表

① 选中第4页正文在二级标题下方表格，套用表格样式“网络表4-着色2”，行高为0.6cm，效果如图2-128所示。

② 选中表格，单击“复制”命令。将光标定位到表格注示下方，单击“插入”选项卡“插图”组的“图表”按钮。在“插入图表”对话框中选择“柱形图”，单击“确定”命令。在弹出的“Microsoft Word 中的图表”对话对话框中，粘贴表格数据，效果如图2-129所示。

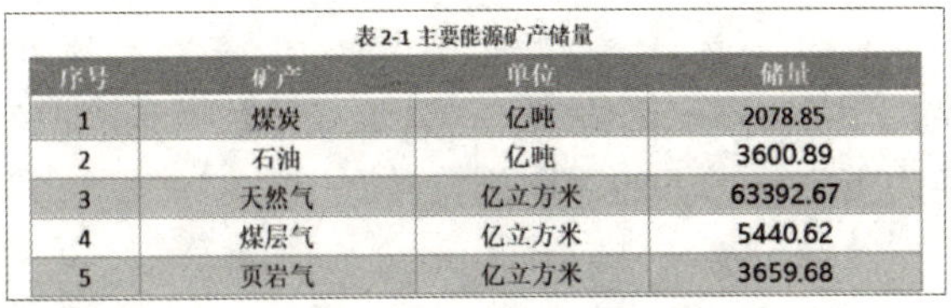

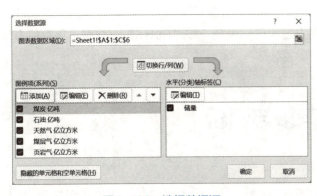

表2-1 主要能源矿产储量

序号	矿产	单位	储量
1	煤炭	亿吨	2078.85
2	石油	亿吨	3600.89
3	天然气	亿立方米	63392.67
4	煤层气	亿立方米	5440.62
5	页岩气	亿立方米	3659.68

图2-128　表格效果图

	A	B	C
1	矿产	单位	储量
2	煤炭	亿吨	2078.85
3	石油	亿吨	3600.89
4	天然气	亿立方米	63392.67
5	煤层气	亿立方米	5440.62
6	页岩气	亿立方米	3659.68

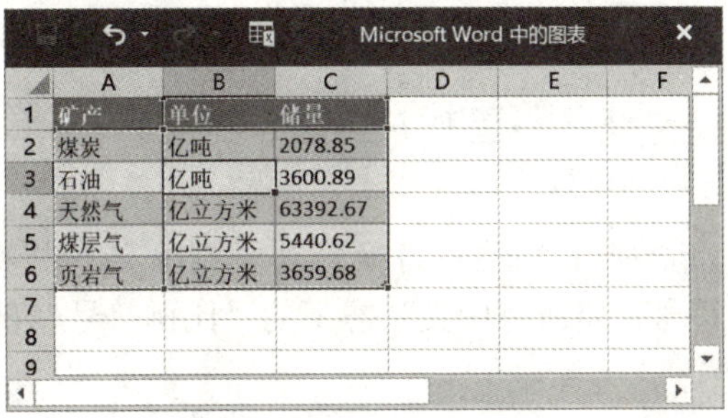

图2-129　表格数据粘贴

③ 单击“图表工具/设计”选项卡“数据”组中“选择数据”按钮，在弹出菜单“选择数据源”对话框中，单击“切换行/列”按钮切换行列标签等，如图2-130所示，单击“确定”命令。

④ 添加图表标题和数据标签等，图表大小设置为高度5.78cm，宽度11.52cm，效果如图2-131所示。

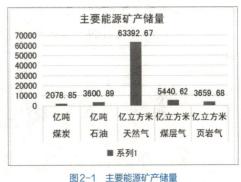

图2-130　选择数据源

图2-1　主要能源矿产储量

图2-131　图表效果图

⑤ 选中其他所有表格，套用表格样式“网络表4-着色2”，行高为0.6cm。

九、插入图片

将光标定位到“三、非金属矿产”表格下方，单击“插入”选项卡“插图”组中“图片”按钮，在弹出的对话框中，选择素材“1.png”图片文件，单击“插入”命令，设置文字环绕类型为“嵌入型”。将光标定位到“自2013年以来首次实现正增长（图3-1）。”下方，插入素材“2.png”图片文件，设置文字环绕类型为“嵌入型”。将光标定位到“占总量的1.8%，增长15.4%（图3-2）。”下方，插入素材“3.png”图片文件，设置文字环绕类型为“上下型环绕”。将光标定位到“占总量的31.8%，增长7.4%（图3-3）。”下方，插入素材“4.png”图片文件，设置文字环绕类型为“上下型环绕”。为图添加图注，合理调整图片大小和位置，确保页面美观和谐。

十、底纹设置

第13页专题文本"专栏4-1党的十八大以来矿产资源节约与综合利用的工作取得积极成效",参照步骤七进行设置。

十一、查找/替换

利用"查找/替换"功能删除文本中多余的"空格符",将文中"[]"符号替换为"﹝﹞"符号,将所有中文状态下的"比例符号"替换为英文状态下的"比例符号"。

十二、生成目录

(1)将光标定位到第二页第一行,录入文字"目录",设置相应字体。将光标定位到第二页第二行,单击"引用"选项卡"目录"组中"目录"按钮,在弹出菜单中选择"自定义目录"命令。在弹出的"目录"对话框"目录"标签页中,选择格式为"来自模板"、显示级别为3级、前导符为点、显示页码、页码右对齐等,单击"确定"命令,Word 2016自动根据之前应用的标题样式生成目录。

调整文档所有元素的整体布局,体现主题和谐、美观。按"Ctrl+S"组合键,保存所有操作。

模块考核与评价

一、选择题

1. 文字处理软件的基本功能之一是(   )。
A. 对文字字符进行编辑
B. 识别手写出来的文字,把它们转换成为文本文件
C. 识别印刷出来的文字,把它们转换成为文本文件
D. 根据用户的语音产生相应的文字字符

2. 以下不属于Word 2016文档视图的是(   )。
A. Web版式视图　　B. 大纲视图　　　C. 放映视图　　　D. 阅读视图

3. 在Word 2016文档中,不可以直接操作的是(   )。
A. 插入图片　　　　　　　　　　　B. 录制屏幕操作视频
C. 插入Excel图表　　　　　　　　 D. 插入SmartArt图形

4. Word 2016中,文本编辑区内有一个闪动的粗竖线,它表示(   )。
A. 插入点,可在该处输入字符　　　B. 文章结尾符
C. 字符选取标志　　　　　　　　　D. 鼠标光标

5. 在Word 2016中插入脚注、尾注时，最好使当前视图为（　　）。
A. 全屏视图　　　B. 大纲视图　　　C. 页面视图　　　D. 普通视图
6. 要取消设置的分栏，应（　　）。
A. 将分栏的部分选定，打开"页面布局"→"页面设置"→"分栏"命令，调出"分栏"对话框，选择"一栏"后单击"确定"按钮
B. 将分栏的部分选定，打开页面布局"→"页面设置"→"分栏"命令，调出"分栏"对话框，单击"取消"按钮
C. 将分栏的部分选定，单击常用工具栏上的"撤消"按钮
D. 将分栏的部分选定，按"Delete"键
7. Word 2016中，当前已打开一个文件，若想打开另一文件（　　）。
A. 首先关闭原来的文件，才能打开新文件
B. 打开新文件时，系统会自动关闭原文件
C. 直接双击打开文件即可
D. 新文件的内容将会加入原来打开的文件
8. 小明完成了自己的毕业论文的编写，现需要在正文前添加论文目录以便检索和阅读，则最优的操作方法是（　　）。
A. 不使用内置标题样式，而是直接基于自定义样式创建目录
B. 利用Word 2016提供的"手动目录"功能创建目录
C. 将文档的各级标题设置为内置标题样式，然后基于内置标题样式自动插入目录
D. 直接输入作为目录的标题文字和相对应的页码创建目录

二、填空题

1. Word 2016文档的默认扩展名是（　　）。
2. Word 2016程序中的视图方式有（　　）、（　　）、（　　）、（　　）、（　　），其中（　　）视图是Word 2016的默认视图。
3. 保存Word 2016文件的快捷键是（　　）。
4. 先选定第一部分，再按住（　　）键不放，对其他部分进行选定，可以选定多个非连续的文本。
5. Delete键可以删除插入点（　　）的字符，Backspace键可以删除插入点（　　）的字符。
6. 当需要对某一段落进行格式设置时，首先要（　　）该段落，或者将（　　）放在该段落中，才可以开始对此段落进行格式设置。
7. 所有的特殊符号都可以通过（　　）菜单中"符号"命令打开的对话框实现。
8. Word 2016在进行拼写和语法检查时，红色波浪线表示（　　），绿色波浪线表示（　　）。

三、操作题/简答题

1. Word 2016的视图有哪些？
2. 如何在Word 2016中替换文本？
3. 如何保存Word 2016文档？
4. 简述自动生成文档目录的操作过程。
5. 制作自己的表格式简历。

模块三

电子表格处理软件 Excel 2016

　　Excel 2016是Microsoft Office 2016的主要应用程序之一，是微软公司推出的一款功能强大的电子表格处理软件。它具有直观的界面、出色的计算功能和图表工具。它可以对数据进行复杂的计算，将计算结果显示为可视性极佳的表格或美观的商业图表，极大地提高数据的表现性。

 知识目标

- ✧ 掌握工作簿和工作表的基本概念
- ✧ 掌握Excel 2016各种不同类型数据的输入方法
- ✧ 掌握公式和函数的使用方法
- ✧ 掌握数据的格式设置、工作表的格式化方法
- ✧ 掌握数据的排序、筛选、分类汇总等操作方法
- ✧ 掌握图表、数据透视表和数据透视图等操作方法

 素质目标

- ✧ 培养规范、严谨的工作态度和责任心
- ✧ 增强信息保密意识
- ✧ 倡导高效工作的作风
- ✧ 培养不断学习和适应发展的能力
- ✧ 培养团队协作精神
- ✧ 增强保护个人隐私和知识产权意识

任务一 ▪ 制作学生信息表

任务描述

为了利用信息化手段来收集和保存新生的基本信息，学校需要利用Excel 2016整理一份“大一新生基本信息表”，以便以后能够快速、准确地查询新生的相关信息，最终效果如图3-1所示。

大一新生基本信息表

学号	姓名	性别	班级	入学日期	联系电话	家庭住址
001	李平	男	数据1班	2024年9月1日	130****0001	湖南省长沙市开福区
002	江海	男	软件1班	2024年9月2日	131****0002	湖南省株洲市石峰区
003	张玲铃	男	网络1班	2024年9月1日	132****0003	湖南省湘潭市月塘区
004	许如润	女	物联网1班	2024年9月1日	133****0004	湖南省株洲市荷塘区
005	麦孜	女	数据1班	2024年9月2日	134****0005	湖南省株洲市天元区
006	高峰	男	数据1班	2024年9月2日	135****0006	湖南省株洲市芦淞区
007	刘小丽	女	软件1班	2024年9月1日	136****0007	湖南省衡阳市石鼓区
008	王硕	男	物联网1班	2024年9月1日	137****0008	湖南省长沙市岳麓区
009	刘梅	女	软件1班	2024年9月1日	138****0009	湖南省长沙市岳麓区
010	赵丽娟	女	网络1班	2024年9月2日	139****0010	湖南省株洲市石峰区
011	李朝	男	网络1班	2024年9月2日	150****0011	湖南省衡阳市石鼓区
012	张江	男	物联网1班	2024年9月2日	151****0012	湖南省湘潭市月塘区

注：本书中的人名、地名、联系电话、成绩等信息均为化名和杜撰。

图3-1 “大一新生基本信息表”效果图

任务分析

本任务的重点是实现各种不同类型数据的输入，并能够实现对工作表的操作和查看。本任务涉及的知识点有：✧新建文档，命名并保存，✧输入文本、日期和数值类型等数据，✧自动填充柄，✧设置单元格格式，✧设置单元格的数字格式，✧设置表格的边框和底纹，✧设置行高和列宽，✧工作表的基本操作。

任务准备

一、Excel 2016工作界面

启动Excel 2016后，其工作界面如图3-2所示。Excel 2016的窗口主要包括快速访问工具栏、标题栏、功能区、选项卡、工作区、水平与垂直滚动条、状态栏、视图切换区和比例缩放区等。

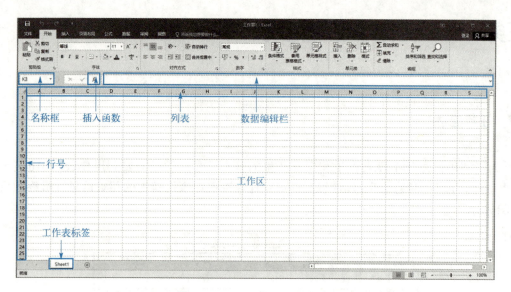

图3-2　Excel 2016工作界面

二、认识工作簿、工作表和单元格

工作簿、工作表和单元格是构成Excel 2016的框架，同时它们之间存在着包含关系。了解其概念和相互之间的关系，有助于在Excel 2016中执行相应的操作。

1. 工作簿、工作表和单元格的概念

① 工作簿：一个Excel 2016工作簿就是一个磁盘文件，Excel 2016中，用户创建的表格是以工作簿文件的形式存储和管理的。工作簿是Excel 2016创建并存放在磁盘中的文件，扩展名为".xlsx"。启动Excel 2016时，Excel 2016会自动新建一个空白工作簿，并临时将其命名为"工作簿1"。

② 工作表：工作表是单元格的集合，是Excel 2016进行一次完整作业的基本单位。打开一个Excel 2016工作簿，默认打开的是Sheet1工作表，而且Sheet1工作表处于激活状态，称为当前工作表。只有当前工作表才能进行操作，可以通过单击工作表标签切换当前工作表。

③ 单元格：工作表的基本组成是单元格，是Excel 2016操作的最小单位。工作表中间的工作区中由横线和竖线交叉形成的若干矩形方格即为单元格，表格中的数据就填写在每个单元格中。

工作区中有很多行和列，每列的顶端显示的为该列的列标，列标由A、B、C等英文字母表示；每行的行号显示在该行的左端，行号由1、2、3等数字表示。

为了区分不同的单元格，每个单元格可用列标和行号来唯一命名，位于第A列与第1行交叉处的单元格名称为"A1"，列标在前行号在后。当前选中或正在编辑的单元格称为活动单元格。用户只能在活动单元格中输入数据或进行各种格式化操作。要表示一个连续的单元格区域，可以用该区域左上角和右下角单元格表示，中间用冒号（:）分隔，例如"B3:C5"，表示从单元格B3到C5的区域，它包含B3、B4、B5、C3、C4、C5共6个单元格。

2. 工作簿、工作表和单元格的关系

工作簿中可以包含一个或多个工作表，工作表又是由排列成行或列的单元格组成的。工作簿在计算机中以文件的形式独立存在，而工作表又依附在工作簿中，单元格则依附在工作表中，因此，它们三者之间的关系是包含与被包含。

三、单元格的基本操作

用户在工作表中输入数据后，经常需要对单元格进行操作，包括选择一个单元格中的数据或者选择一个单元格区域中的数据，以及插入与删除单元格等操作。

1. 选择单元格

Excel 2016 的许多命令都是针对单元格的操作，故首先要选中单元格。选择单元格包括选择一个单元格、选择多个单元格和选择全部单元格。

① 选择一个单元格。选择一个单元格的方法有以下两种：
- 单击待选中的单元格。将鼠标指针指向待选中的单元格，然后单击，此时被选中的单元格呈粗框显示。
- 在名称框中输入单元格的名称，例如输入 D10 并按回车键，即可快速选择单元格 D10。

② 选择连续的多个单元格。单击要选择的单元格区域内的第一个单元格，鼠标变为 ✥ 时，按住鼠标左键拖动至选择区域内的最后一个单元格，释放鼠标左键后即可完成选择单元格区域。图 3-3 表示选择了一组连续的单元格 C3:F9。

③ 选择不连续的多个单元格。按住 "Ctrl" 键的同时单击要选择的单元格，即可选择不连续的多个单元格。图 3-4 表示选择了一组不连续的单元格 B3:C4、E5:F6、C8:D9。

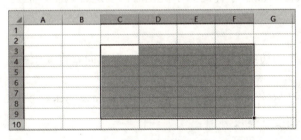

图 3-3 选择一组连续的单元格

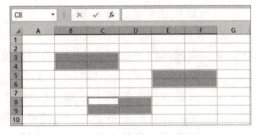

图 3-4 选择不连续区域的单元格

④ 选择全部单元格。单击列标 A 左边或行号 1 上边的 "全选" ◢ 按钮即可。

2. 插入单元格

如果工作表中输入的数据有遗漏或者准备添加新数据，可以进行插入单元格操作轻松解决。

选择要插入单元格的位置后，单击 "开始" 选项卡，在 "单元格" 选项组中单击 "插入" 按钮下边的箭头，在下拉菜单中单击 "插入单元格" 命令，打开 "插入" 对话框，在对话框中可以按需求进行选择，然后单击 "确定" 按钮。

3. 删除单元格

选择要删除单元格的位置后，单击"开始"选项卡，在"单元格"选项组中单击"删除"按钮下边的箭头，在下拉菜单中单击"删除单元格"命令，打开"删除"对话框，在对话框中可以按需求进行选择，然后单击"确定"按钮。

四、行和列的基本操作

行和列的基本操作包括选择行和列、插入与删除行和列、隐藏或显示行和列。

1. 选择行和列

单击行（列）标即可选择该行（列）。如果选择连续的行或列，先按住鼠标左键再选择行或列即可。

2. 插入与删除行和列

① 选择行或列。
② 单击鼠标右键，选择"插入"或"删除"，如图3-5所示。

3. 隐藏或显示行和列

① 选择行或列。
② 单击鼠标右键，选择"隐藏"或"取消隐藏"。

图3-5 单击鼠标右键对话框

4. 设置行高和列宽

新建工作簿文件时，工作表中每列的宽度与每行的高度都相同。如果所在列的宽度不够，而单元格数据过长，则部分数据就不能完全显示出来，这时应该对列宽进行调整，使得单元格数据能够完全显示。行的高度一般会随着显示字体的大小变化而自动进行调整，但是用户也可以根据需要进行调整。

① 使用鼠标调整行高和列宽。
  - 将鼠标指针指向要改变行高（列宽）的边线上，鼠标指针变成一个双向垂直（水平）箭头。
  - 按住鼠标左键向上或向下拖动鼠标，随着鼠标的移动，相应高度的网格线也随之移动，并且在屏幕上显示当前单元格高度（宽度）值。
  - 调整到满意的高度（宽度）时，松开鼠标即可。

② 使用行高和列宽对话框，精确调整行高列宽。使用菜单方式可以精确调整行高和列宽，使用菜单调整行高和列宽的操作步骤如下：
  - 选取要调整行高（列宽）的区域。
  - 在选中区域单击鼠标右键，选择"行高"/"列宽"命令，打开"行高"/"列宽"对话框，如图3-6所示。
  - 直接在"行高"/"列宽"文本框中输入行的高度（宽度）值。
  - 单击"确定"按钮。

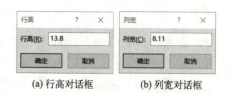

(a) 行高对话框　　(b) 列宽对话框

图3-6 行高/列宽对话框

五、输入数据

数据是表格中不可缺少的元素之一，在 Excel 2016 中常见的数据类型有文本型、数字型、日期和时间型等。下面介绍在表格中输入数据的方法。

1. 输入文本

文本是 Excel 2016 常用的一种数据类型，如表格的标题、行标题与列标题等。文本型数据包括任何字母、汉字或数字和字符，一般可直接输入。默认情况下，字符型数据沿单元格左边对齐。当用户输入的文本超过单元格宽度时，如果右侧相邻的单元格中没有任何数据，则超出的文本会延伸到右侧单元格中；如果右侧相邻的单元格中已有数据，则超出的文本会被隐藏起来，只要增大列宽或用自动换行的方式后，就能够看到全部内容。要使单元格中的数据换到下一行中，按"Alt"+"Enter"组合键即可强制换行。

如果输入数据是全部由阿拉伯数字组成的字符串，例如工号、学号、联系电话、身份证等，输入时需先在数据前加上英文状态下的单引号"'"，再输入数字，最后按"Enter"键确认输入即可。此时，你会发现单元格的左上角会出现一个绿色的三角块，如139。

2. 输入数字

① 数字可以包括数字字符 0~9 和 +、−、*、/、$、% 等。例如，8000000。
② 在数字前输入的正号"+"被忽略。例如，输入"+88"，确定后成为"88"。
③ 在负数前加上一个 − 负号"−"，例如"−12"；也可以将数值置于括号中表示负数，例如(68)。
④ 单一的句点被视为小数点。例如，在单元格中输入".89"，确定后成为"0.89"。
⑤ 为了避免把输入的分数视为日期，在分数前要输入 0 和空格，例如，"0 1/6"确定后成为"1/6"。

六、编辑数据

数据输入完成后经常需要对数据进行编辑，包括修改数据、移动和复制数据、删除格式以及删除数据内容等。

1. 修改数据

在对当前单元格中的数据进行修改，遇到原数据与新数据完全不一样时，可以重新输入；当原数据中只有个别字符与新数据不同时，可以使用两种方法来编辑单元格中的数据：一种是直接在单元格中进行编辑；另一种是在编辑栏中进行编辑。

① 在单元格中修改：双击准备修改数据的单元格，将光标定位到该单元格中，通过按"Backspace"键或"Delete"键可将光标左侧或光标右侧的字符删除，然后输入正确的内容按"Enter"键确认输入即可。

② 在编辑栏中修改：单击准备修改数据的单元格（该单元格内容会显示在编辑栏中），然后单击编辑栏，对其中的内容进行修改即可。尤其是单元格中的数据较多时，利用编辑栏进行修改很方便。

2. 移动表格数据

创建表格后，可能需要将某些单元格区域的数据移动到其他位置，这样可以提高工作效率，避免重复。下面介绍三种移动表格数据的方法。

① 选择准备移动的单元格，单击"开始"选项卡，在"剪贴板"选项组中单击"剪切"按钮；单击要将数据移动到的目标单元格，单击"剪贴板"选项组中的"粘贴"按钮即可。

② 选中准备移动的单元格，单击鼠标右键，在弹出的快捷菜单中选择"剪切"命令，然后右击目标单元格，在弹出的快捷菜单中选择"粘贴"命令，可以快速移动单元格中的数据。

③ 选择准备移动的单元格，将光标指向单元格的外边框，当光标形状变为四个方向的箭头时，按住鼠标左键向目标位置拖动，到合适的位置后释放鼠标左键即可。

3. 复制表格数据

相同的数据可以通过复制的方式输入，从而节省时间，提高效率。下面介绍三种复制表格数据的方法。

① 选择准备复制的单元格，单击"开始"选项卡，在"剪贴板"选项组中单击"复制"按钮；单击要将数据复制到的目标单元格，再单击"剪贴板"选项组中的"粘贴"按钮即可。

② 右击准备复制的单元格，在弹出的快捷菜单中选择"复制"命令；然后右击目标单元格，在弹出的快捷菜单中选择"粘贴"命令，可以快速复制单元格中的数据。

③ 选择准备复制的单元格，将光标指向单元格的外边框，当光标形状变为四个方向的箭头时，同时按住"Ctrl"键与鼠标左键向目标位置拖动，到合适的位置后释放鼠标左键即可。

4. 删除单元格内容

删除单元格中的内容是指删除单元格中的数据，单元格中设置的数据格式并没有删除，如果再次输入数据仍然以设置的数据格式显示输入的数据。例如，单元格的格式为货币型，清除内容后再次输入数据，数据格式仍为货币型数据。选择准备删除内容的单元格，单击键盘上的"Delete"键也可清除单元格中的内容。

5. 删除单元格格式

用户可以删除单元格中的数据格式，而仍然保留内容。选择要删除格式的单元格，单击"开始"选项卡，在"编辑"选项组中选择弹出的菜单"清除"按钮中的"清除格式"命令即可清除选定单元格中的格式，并恢复到 Excel 2016 默认格式。

七、单元格格式的设置

1. 合并居中

选中待合并单元格区域，在"开始"选项卡的"对齐方式"选项组中单击"合并后居中"按钮，如图 3-7 所示，选中单元格区域将合并成一个单元格。

图 3-7 "合并后居中"命令

2. 设置对齐方式

输入数据时，文本靠左对齐，数字、日期和时间靠右对齐。为了使表格看起来更加美观，可以改变单元格中数据的对齐方式，但是不会改变数据的类型。

字体的对齐方式包括水平对齐和垂直对齐两种。其中，水平对齐包括靠左、居中和靠右等；垂直对齐包括靠上、居中和靠下等。

选中单元格区域，在"开始"选项卡的"对齐方式"选项组中设置对齐方式为水平居中和垂直居中。或者单击"开始"选项卡，再单击"对齐"选项组右下角的"对齐设置"按钮，打开"设置单元格格式"对话框并选择"对齐"选项卡，如图3-8所示，根据需求设置对应的对齐方式即可。

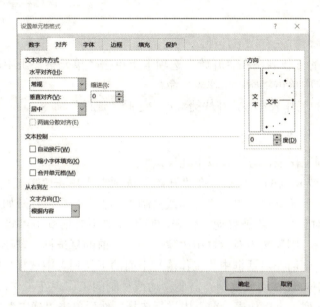

图3-8 设置字体格式对话框

3. 设置数字格式

在工作表单元格中输入的数字，通常按常规格式显示，但是这种格式可能无法满足用户的要求，例如，财务报表中的数据常用的是货币格式。Excel 2016提供了多种数字格式，并且进行了分类，如常规、数字、货币、日期、时间等。通过应用不同的数字格式，可以更改数字的外观，数字格式并不会影响Excel 2016执行计算的实际单元格值，因为实际值显示在编辑栏中。

在图3-8中选择"数字"，在"分类"中选择对应的类型即可。

八、工作表的基本操作

工作表的基本操作包括插入、删除、移动、复制、隐藏、重命名工作表等。

1. 插入工作表

默认情况下，一个工作簿中只有1个工作表，如果1个工作表不够用，可以增加工作表。插入新工作表的方法有以下几种：

① 若要在现有工作表之前插入新工作表，请先选择该工作表，在"开始"选项卡上单击"单元格"组中的"插入"按钮下边的箭头，在下拉菜单中单击"插入工作表"命令，如图3-9所示。

② 若要在现有工作表的末尾快速插入新工作表，单击"工作表标签"栏处的"新工作表"按钮，如图3-10所示。

③ 右击现有工作表的标签，在快捷菜单中选择"插入"命令，弹出如图3-11所示的"插入"对话框，在"常用"选项卡上单击"工作表"，然后单击"确定"按钮。

图3-9 "插入工作表"命令

2. 删除工作表

若要删除工作表，方法有以下几种：

① 打开要删除的工作表，在"开始"选项卡上单击"单元格"组中的"删除"按下边的箭头，在下拉菜单中单击"删除工作表"命令。

② 右击要删除的工作表标签，在快捷菜单中选择"删除"命令。

图3-10 "新工作表"按钮

3. 移动、复制工作表

若要移动或复制工作表，方法有以下几种：

① 打开要移动或复制的工作表，在"开始"选项卡上单击"单元格"组中的"格式"按钮下边的箭头，在下拉菜单中单击"移动或复制工作表"命令，打开如图3-12所示的"移动或复制工作表"对话框。若是移动工作表，则不须选中对话框中"建立副本"前的复选框；若是复制工作表，则需选中对话框中"建立副本"前的复选框。若要移动或复制工作表到不同的工作簿中，则需在对话框中"工作簿"下面的下拉列表中选择目标工作簿名称；默认是在同一工作簿中实现移动或复制。需要移动或复制的工作表在工作簿中最终存放位置，可以在对话框中"下列选定工作表之前"中进行选择，然后单击"确定"按钮。

② 右击要移动或复制的工作表标签，在快捷菜单中选择"移动或复制"命令，也可打开如图3-12所示的对话框。

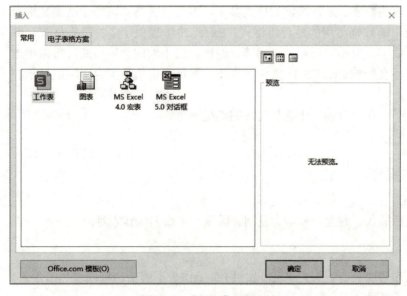

图3-11 "插入"对话框

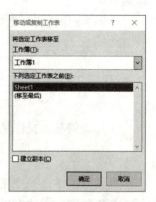

图3-12 "移动或复制工作表"对话框

4. 重命名工作表

重命名工作表的方法有以下几种：

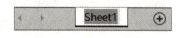

图3-13 重命名工作表

① 在"工作表标签"栏上，右击要重命名的工作表标签，在快捷菜单中选择"重命名"命令，此时当前工作表名被选中，如图3-13所示，再直接键入新的名称，例如"大一考试成绩表"即可。

② 在"工作表标签"栏上，双击要重命名的工作表标签，此时当前工作表名被选中，再直接键入新的名称即可。

5. 保护工作表

Excel 2016增加了强大而灵活的保护功能，以保证工作表或单元格中的数据不会被随意更改。设置保护工作表的具体操作步骤如下：

① 右击工作表标签，在弹出的快捷菜单中选择"保护工作表"命令，出现如图3-14所示的"保护工作表"对话框，选中"保护工作表及锁定的单元格内容"复选框。

② 若要给工作表设置密码，可以在"取消工作表保护时使用的密码"文本框中输入密码。

③ 在"允许此工作表的所有用户进行"列表框中选择可以进行的操作，或者撤选禁止操作的复选框。

图3-14 "保护工作表"对话框

要取消对工作表的保护，可以按照以下步骤进行操作：

① 单击"开始"选项卡，在"单元格"选项组中单击"格式"按钮，在弹出的下拉菜单中选择"撤销工作表保护"命令。

② 如果给工作表设置了密码，则会出现"撤销工作表保护"对话框，输入正确的密码，单击"确定"按钮。

 任务实施

一、创建"大一新生基本信息表.xlsx"文档并保存

① 选择"开始"→"所有程序"→"Microsoft Office"→"Microsoft Excel 2016"命令，启动Excel 2016，然后在窗口中间的"可用模板"列表中选择"空白工作簿"选项，如图3-15所示，系统将新建名为"工作簿1"的空白工作簿。

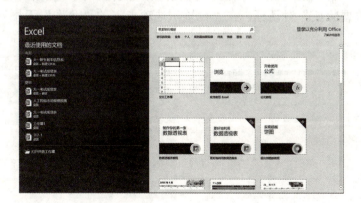

图3-15 Excel 2016"新建工作簿"窗口

② 单击"文件"选项卡，在弹出的下拉菜单中选择"保存"命令；单击"浏览"按钮，打开"另存为"对话框，如图3-16所示；选择"保存位置"为"桌面"，在"文件名"文本框中输入文档名称"大一新生基本信息表"；最后单击"保存"按钮。

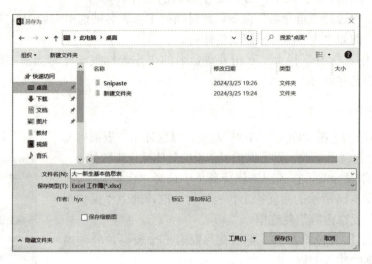

图3-16 "另存为"对话框

二、各种类型数据的输入

① 输入标题文字。选中A1单元格，并在A1单元格中输入"大一新生基本信息表"。

② 输入列标题文字。分别选中A2、B2、C2、D2、E2、F2、G2单元格，在这些单元格中依次输入列标题：学号、姓名、性别、班级、入学日期、联系电话、家庭住址。

③ 输入"学号"列数据。选中A3单元格，输入"'001"，按"Enter"键确认输入；把鼠标指针移到A3单元格右下角的填充柄上，当鼠标变成╋形状时，按住鼠标左键向下拖动鼠标指针到A14单元格，松开左键，则在A4到A14单元格区间就被填充了所需的数据，如图3-17所示。

④ 输入"姓名"列数据。在B3:B14单元格区域中依次输入如图3-18所示数据。

⑤ 输入"性别"列数据。选中C3:C14单元格区域，单击"数据"选项卡；在"数据工具"选项组中单击"数据验证"按钮下方的箭头；在弹出的下拉菜单中选择"数据验证"命令，打开"数据验证"对话框。在"设置"选项卡下的"允许"下拉列表中选择"序

图3-17 "学号"列数据的输入　　　　　　图3-18 "姓名"列数据的输入

列",在"来源"中输入"男,女",单击"确定"按钮即可返回Excel 2016界面,如图3-19所示。

单击C3:C14单元格区域中任意单元格,即可显示如图3-20所示的下拉菜单进行选择。

图3-19 "数据验证"对话框　　　　图3-20 利用数据验证制作"性别"列的下拉菜单

注意:"来源"中输入的可选项中间必须用英文状态下的逗号","隔开。

⑥ 输入"班级"列数据。"班级"列数据的输入方法和"性别"列数据的输入方法完全相同。

⑦ 输入"入学日期"列数据。选中E3单元格,输入"2024-9-1"或者"2024/9/1",单击"Enter"键确认输入;再依次在E列其他单元格中输入如图3-1中所示的"入学时间"列的数据。

⑧ 输入"联系电话"列数据。选中F3:F14单元格区域,在"开始"选项卡的"数字"选项组中单击"数字格式"下边的下拉箭头,在弹出的对话框中选择"文本",如图3-21所示;再依次在F列其他单元格中输入如图3-1中所示的"联系电话"列的数据。

图3-21 "文本格式"设置

⑨ 输入“家庭地址”列数据。选中G3单元格，直接输入文字“湖南省长沙市开福区”，单击“Enter”键确认输入；再依次在G列其他单元格中输入如图3-1中所示的“家庭住址”列的数据。最终结果如图3-22所示。

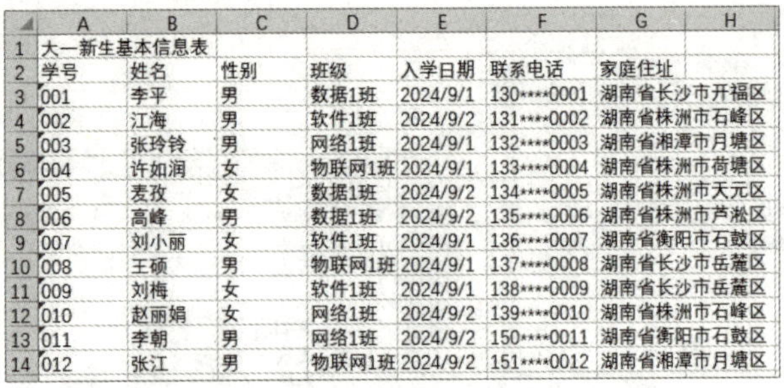

	A	B	C	D	E	F	G	H
1	大一新生基本信息表							
2	学号	姓名	性别	班级	入学日期	联系电话	家庭住址	
3	001	李平	男	数据1班	2024/9/1	130****0001	湖南省长沙市开福区	
4	002	江海	男	软件1班	2024/9/2	131****0002	湖南省株洲市石峰区	
5	003	张玲铃	男	网络1班	2024/9/1	132****0003	湖南省湘潭市月塘区	
6	004	许如润	女	物联网1班	2024/9/1	133****0004	湖南省株洲市荷塘区	
7	005	麦孜	女	数据1班	2024/9/2	134****0005	湖南省株洲市天元区	
8	006	高峰	男	数据1班	2024/9/2	135****0006	湖南省株洲市芦淞区	
9	007	刘小丽	女	软件1班	2024/9/1	136****0007	湖南省衡阳市石鼓区	
10	008	王硕	男	物联网1班	2024/9/1	137****0008	湖南省长沙市岳麓区	
11	009	刘梅	女	软件1班	2024/9/1	138****0009	湖南省长沙市岳麓区	
12	010	赵丽娟	女	网络1班	2024/9/2	139****0010	湖南省株洲市石峰区	
13	011	李朝	男	网络1班	2024/9/2	150****0011	湖南省衡阳市石鼓区	
14	012	张江	男	物联网1班	2024/9/2	151****0012	湖南省湘潭市月塘区	

图3-22 “家庭住址”列数据的输入

三、单元格格式的设置

① 合并居中表格标题。选中A1:G1单元格区域，在“开始”选项卡的“对齐方式”选项组中单击“合并后居中”按钮，如图3-23所示，将A1:G1单元格区域合并成一个大的单元格。

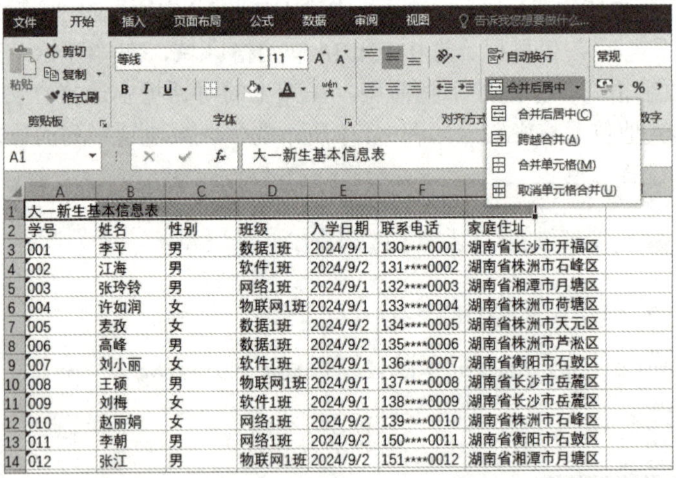

图3-23 “合并后居中”单元格

② 设置字体格式。设置字体格式包括对文字的字体、字号、颜色等进行设置，以符合表格的标准。选中A1单元格，在“开始”选项卡的“字体”选项组中设置字体为黑体，字号为14磅。或者单击“开始”选项卡，再单击“字体”选项组右下角的“字体设置”按钮，打开“设置单元格格式”对话框并选择“字体”选项卡，如图3-24所示。

采用以上方法将列标题A2:G2单元格区域字体格式设置为：黑体、12磅。

③ 设置对齐方式。选中A2:G2单元格区域，在“开始”选项卡的“对齐方式”选项组中设置对齐方式为水平居中和垂直居中。或者单击“开始”选项卡，再单击“对齐”选项组右下角的“对齐设置”按钮，打开“设置单元格格式”对话框并选择“对齐”选项卡，如图3-25所示。

图3-24 设置字体格式对话框

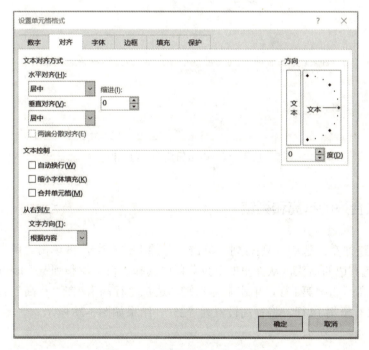

图3-25 设置对齐方式对话框

用以上方法将A3:G14单元格区域设置对齐方式为水平居中和垂直居中,最终效果如图3-26所示。

④ 设置数字格式。选中E3:E14单元格区域,单击"开始"选项卡;再单击"数字"选项组右下角的"数字格式"按钮,打开"设置单元格格式"对话框并选择"数字"选项卡,如图3-27所示,分类中选择"日期",类型中选择"2012年3月14日",单击"确定"按钮即可返回Excel 2016工作表。

	A	B	C	D	E	F	G	H
1	大一新生基本信息表							
2	学号	姓名	性别	班级	入学日期	联系电话	家庭住址	
3	001	李平	男	数据1班	2024/9/1	130****0001	省长沙市开福区	
4	002	江海	男	软件1班	2024/9/2	131****0002	省株洲市石峰区	
5	003	张玲铃	男	网络1班	2024/9/1	132****0003	省湘潭市月塘区	
6	004	许如润	女	物联网1班	2024/9/1	133****0004	省株洲市荷塘区	
7	005	麦孜	女	数据1班	2024/9/2	134****0005	省株洲市天元区	
8	006	高峰	男	数据1班	2024/9/2	135****0006	省株洲市芦淞区	
9	007	刘小丽	女	软件1班	2024/9/1	136****0007	省衡阳市石鼓区	
10	008	王硕	男	物联网1班	2024/9/1	137****0008	省长沙市岳麓区	
11	009	刘梅	女	软件1班	2024/9/1	138****0009	省长沙市岳麓区	
12	010	赵丽娟	女	网络1班	2024/9/2	139****0010	省株洲市石峰区	
13	011	李朝	男	网络1班	2024/9/2	150****0011	省衡阳市石鼓区	
14	012	张江	男	物联网1班	2024/9/2	151****0012	省湘潭市月塘区	

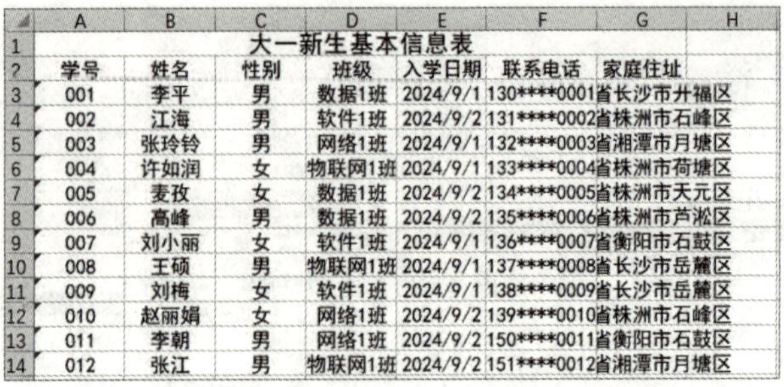

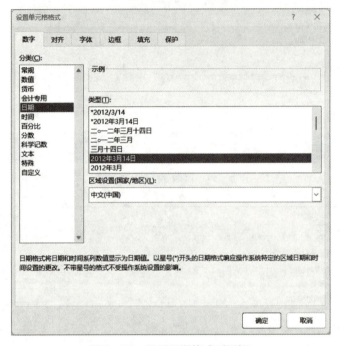

图3-26　设置对齐方式之后的效果

图3-27　设置日期格式对话框

四、设置合适的行高和列宽

① 自动调整列宽：选中A列:G列，单击“开始”选项卡，再单击“单元格”选项卡中的“格式”按钮右边的箭头，从弹出的下拉菜单中选择“自动调整列宽”即可。

② 设置行高：选中第1行，单击鼠标右键，选择“行高”，在“行高”对话框中输入值“28”。选中第2行至第14行，将行高设置为“25”。结果如图3-28所示。

五、边框的设置

① 选择A2:G14单元格区域，单击“开始”选项卡，在“字体”选项组中单击“边框”按钮右边的箭头⊞，在弹出的菜单中选择“其他边框”命令。

② 打开“设置单元格格式”对话框并切换到“边框”选项卡，如图3-29所示；选择“样式”为“双实线”样式（第7行第2列），在“预置”中单击“外边框”；再选择“样式”为“单实线”样式（第7行第1列），在“预置”中单击“内部”。

图3-28 行高、列宽设置后结果

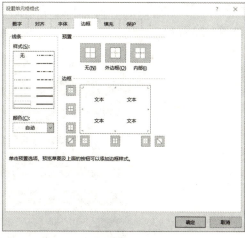

图3-29 设置边框格式对话框

③ 设置完毕后单击"确定"按钮,返回Excel 2016工作窗口即可看到设置效果,如图3-30所示。

六、底纹设置

① 选择A2:G2单元格区域,单击"开始"选项卡,再单击"字体"选项组右下角的"字体设置"按钮,打开"设置单元格格式"对话框并选择"填充"选项卡,如图3-31所示,在"图案颜色"中选择"蓝色","图案样式"中选择最后一个样式。

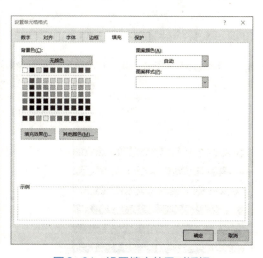

图3-30 设置边框后效果   图3-31 设置填充效果对话框

② 给学号为偶数的数据行添加底纹。选中A4:G4单元格区域,单击"开始"选项卡,在"字体"选项组中单击"填充颜色"按钮右边的箭头，在弹出的菜单中选择所需的颜色,如"蓝色",再将鼠标移动至A4:G5单元格区域右下角,鼠标变成自动填充柄➕形状时,按住鼠标左键向下拖动鼠标指针到G14单元格,释放鼠标左键;再单击右下角的自动填充选

项按钮,在弹出的子菜单中选择"仅填充格式",即可只复制格式但是数据不会发生变化,如图3-32所示。

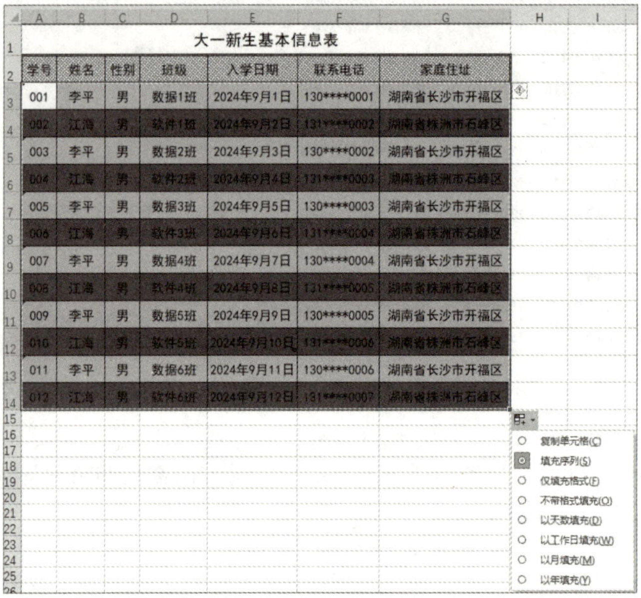

图3-32 自动填充选项

七、工作表的重命名

将鼠标移至工作表标签名Sheet1上,单击鼠标右键,在弹出的菜单中选择"重命名",此时Sheet1处于选中状态,再直接输入新的工作表名"大一新生基本信息表",单击"Enter"键即可,最终效果图如图3-33所示。

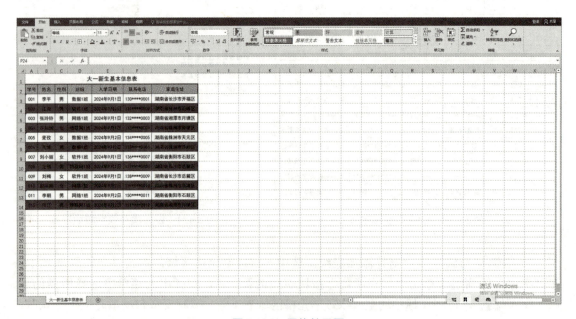

图3-33 最终效果图

任务二 ■ 制作学生成绩表

任务描述

期末考试成绩已公布,辅导员须对每位同学的总分和每科的平均分进行统计,统计后制作出一份"大一考试成绩表",以便了解每学期的最低分和学生学年平均分,并根据平均分进行确定学生成绩的名次。请根据以上要求,利用Excel 2016制作出"大一考试成绩表",最终效果如图3-34所示。

大一考试成绩表					
姓名	班级	第1学期分数	第2学期分数	平均分	名次
李平	数据1班	296	347	321.5	11
江海	软件1班	336	342	339	4
张玲铃	网络1班	335	335	335	8
许如润	物联网1班	348	343	345.5	2
麦孜	数据1班	324	322	323	10
高峰	数据1班	337	347	342	3
刘小丽	软件1班	328	348	338	5
王硕	物联网1班	341	333	337	6
刘梅	软件1班	296	331	313.5	12
赵丽娟	网络1班	310	339	324.5	9
李朝	网络1班	328	346	337	6
张江	物联网1班	357	339	348	1
学期最低分		296	322		
学期最高分		357	348		

图3-34 "大一考试成绩表"效果图

任务分析

本任务的重点是实现各种不同类型数据的输入,并能够实现对工作表的操作和查看。本任务涉及的知识点如下:◇公式、函数,◇相对地址和绝对地址的引用,◇打印工作表。

任务准备

一、公式

公式用于数据的分析与计算,可以对数据进行加、减、乘或比较等各种运算。公式可以引用同一工作表中的其他单元格、同一工作簿中的不同工作表的单元格,或者不同工作簿中的工作表的单元格。

Excel 2016中的公式遵循一个特定的语法,即最前面是等号(=),后面是参与运算的元素(运算数)和运算符。每个运算数可以是不改变的数值(常量)单元格或区域的引用名称或函数。

1. 运算符

在输入的公式时,各个参与运算的数字和单元格引用都由代表各种运算方式的符号连接而成，这些符号被称为运算符。常用的运算符有算术运算符、文本运算符、比较运算符和引用运算符。各运算符如表3-1、表3-2所示。

表3-1 算术运算符、文本运算符、比较运算符

运算符类型	运算符	运算功能	举例	运算结果
算术运算符	+	加	=5+9	14
	−	减	=10−8	2
	*	乘	=5*7	35
	/	除	=27/9	3
	%	百分号	=5%	0.05
	^	乘方	=5^2	25
文本运算符	&	文本链接	="Excel" & "2016"	Excel 2016
比较运算符	=	等于	=85=70	FALSE（假）
	>	大于	=85>70	TRUE（真）
	<	小于	=85<70	FALSE（假）
	<>	不等于	=85<>70	TRUE（真）
	>=	大于等于	=85>=70	TRUE（真）
	<=	小于等于	=85<=70	FALSE（假）

表3-2 引用运算符

运算符	含义	举例
：（冒号）	区域运算符：对两个引用之间，包括两个引用在内的所有单元格进行引用	SUM(A1:A10)
，（逗号）	联合运算符：将多个引用合并为一个引用	SUM(A1:A5, C7:C10)

在Excel 2016中，不同的运算符具有不同的优先级。在对公式进行计算时的优先顺序有以下规则：

① 括号内的运算首先进行。
② 同级别运算符按照从左到右的顺序进行。
③ 运算符的优先级如表3-3所示。

表3-3 运算符优先级

运算符	说明	优先级
−	负号	1
%	百分号	2
^	乘方	3
*、/	乘法、除法	4
+、−	加法、减法	5
&	文本运算	6
=、>、<、>=、<=、<>	比较运算符	7

2. 地址引用

① 相对地址的引用。只要在Excel 2016工作表中使用公式，就离不开单元格的引用问题。引用的作用是标识工作表的单元格或单元格式区域，并指明公式中使用的数据位置。通过引用，可以在公式中使用工作表不同部分的数据，或者在多个公式中使用同一单元格的数据，还可以引用相同工作簿中不同工作表的单元格。默认情况下，Excel 2016使用A1引用类

型，即用单元格地址表示，也可以引用单元格区域。

例如：在“大一考试沟通与写作课程成绩明细表”工作簿中计算每个学生“总评”成绩。具体操作如下：

➢ 选择G4单元格。

➢ 输入公式“=C4+D4+E4+F4”，单击“Enter”键确认输入，如图3-35所示。

	A	B	C	D	E	F	G	H
1	大一考试沟通与写作课程成绩明细表							
2	姓名	班级	平时表现			期末考试	总评	
3			考勤	课堂表现	作业			
4	李平	数据1班	7	15	6		=C4+D4+E4+F4	
5	江海	软件1班	10	18	8	56		
6	张玲铃	网络1班	9	15	9	56		
7	许如润	物联网1班	10	16	8	53		
8	麦孜	数据1班	8	18	10	49		
9	高峰	数据1班	9	18	9	56		
10	刘小丽	软件1班	7	12	5	52		
11	王硕	物联网1班	8	16	9	43		
12	刘梅	软件1班	10	15	8	56		
13	赵丽娟	网络1班	8	16	8	44		
14	李朝	网络1班	8	14	7	47		
15	张江	物联网1班	10	19	9	59		

图3-35 公式的输入

➢ 选中G4单元格。

➢ 将鼠标移至G4单元格的右下角的填充柄上，鼠标指针变成**+**时，按住鼠标左键向下拖动到G15单元格。

➢ 释放鼠标后，即可完成复制格式的操作。这些单元格中会显示相应的计算结果，如图3-36所示。

	A	B	C	D	E	F	G
1	大一考试沟通与写作课程成绩明细表						
2	姓名	班级	平时表现			期末考试	总评
3			考勤	课堂表现	作业		
4	李平	数据1班	7	15	6	44	72
5	江海	软件1班	10	18	8	56	92
6	张玲铃	网络1班	9	15	9	56	89
7	许如润	物联网1班	10	16	8	53	87
8	麦孜	数据1班	8	18	10	49	85
9	高峰	数据1班	9	18	9	56	92
10	刘小丽	软件1班	7	12	5	52	76
11	王硕	物联网1班	8	16	9	43	76
12	刘梅	软件1班	10	15	8	56	89
13	赵丽娟	网络1班	8	16	8	44	76
14	李朝	网络1班	8	14	7	47	76
15	张江	物联网1班	10	19	9	59	97

图3-36 复制带相对引用的公式

相对地址的引用是直接使用单元格或单元格区域的名称作为引用名，如B4、C4。“相对”是指当把一个公式复制到另一个位置时，公式中的单元格引用也随之变化，但相对于公式所在单元格的位置不变。例如，单元格G4中的公式“=C4+D4+E4+F4”填充到G5时，公式将随着目的位置自动变化为“=C5+D5+E5+F5”，其他单元格的填充效果也是类似的。

② 绝对地址的引用。绝对地址的引用，是指该地址不随复制或填充的目的单元格的变化而变化。绝对地址的表示方法是在行号和列标之前加上一个“$”符号，例如$H$4。在拖动填充柄填充公式的过程中，“$”后面的表示位置参数的字符或数字保持不变，与公式所在的单元格位置无关。无论此公式被复制到何处，绝对引用不发生改变，所代表的单元格或区域位置不变。

③ 混合地址的引用。混合地址的引用，是指如果单元格引用地址的一部分为绝对引用，另一部分为相对引用，例如“$F3”或“F$3”，称之为混合引用。如果“$”符号在行号前表

示该行位置是"绝对不变"的,而列位置会随目的位置的变化而变化。反之,"$"符号在列标前,表示该列位置是"绝对不变"的,而行位置会随目的位置的变化而变化。

例如,创建一个九九乘法表,具体操作步骤如下:

➤ 首先分别在A1:A9和A1:I1单元格区域内输入1～9的数字,然后在B2单元格中计算出B1与A2的乘积(=B1*A2)。

➤ 希望填充柄向下复制公式时,B1单元格中的行号不变,则应将B1修改为B$1;希望填充柄向右复制公式时,A2单元格中的列标也不变,则应将A2修改为$A2,即B2单元格中的公式更改为"=$A2*B$1"。

➤ 选择B2单元格,将鼠标移至B2单元格的右下角的填充柄上,鼠标指针变成✚时按照鼠标左键向下拖动到B9单元格后释放鼠标。采用同样的方法从B2开始用填充柄向右复制公式到I2单元格。

➤ 再分别选择C2、D2、E2、F2、G2、H2和J2,用填充柄向下进行公式的复制即可完成九九乘法表,如图3-37所示。

	A	B	C	D	E	F	G	H	I
1	1	2	3	4	5	6	7	8	9
2	2	4	6	8	10	12	14	16	18
3	3	6	9	12	15	18	21	24	27
4	4	8	12	16	20	24	28	32	36
5	5	10	15	20	25	30	35	40	45
6	6	12	18	24	30	36	42	48	54
7	7	14	21	28	35	42	49	56	63
8	8	16	24	32	40	48	56	64	72
9	9	18	27	36	45	54	63	72	81

图3-37　用混合地址的引用完成九九乘法表

二、不同单元格位置的引用

以上引用均是同一工作簿的同一工作表中单元格,除此以外,还有一些不同位置上单元格的引用。

1. 引用同一工作簿其他工作表中的单元格

如果要引用同一工作簿其他工作表中的单元格,其表达方式如下:

工作表名称!单元格地址

例如,若要在Sheet2工作表中B2单元格中计算出Sheet1工作表中A1单元格中的数据乘以3的结果,可以使用以下方法:

直接在Sheet2工作表的B2单元格中输入公式"=Sheet1!A1*3",单击"Enter"键确认即可。

2. 引用同一工作簿多张工作表中的单元格

如果要引用同一工作簿中多张工作表中的单元格或者单元格区域,其表达方式如下:

工作表名称1：工作表名称2!单元格地址

例如:在Sheet2工作表的C2单元格中输入公式"=SUM(Sheet1：Sheet3!B2)",该公式是计算Sheet1、Sheet2和Sheet3三张工作表中B2单元格的和,然后将结果显示在Sheet2工作表的C2单元格内。

三、函数

1. 函数的概念

函数是 Excel 2016 中系统已经定义好的具有特定功能的内置公式。当需要时，可在数据编辑栏中直接调用。

Excel 2016 中的函数是由函数名和用括号括起来的一系列参数构成。即

<函数名>（参数1，参数2，……）

函数名可以大写也可以小写，当有两个或两个以上的参数时，参数之间要用逗号（或分号）隔开。例如，函数 SUM（A2，F2，J2），其中 SUM 是函数名，A2、F2、J2 是参数。

2. 函数的功能

常用函数及功能如表 3-4 所示。

表 3-4 常用函数及功能

函数	功能
SUM()	计算指定区域内所有数值的总和
AVERAGE()	计算出指定区域内所有数值的平均值
MAX()	求指定区域内所有单元格中的最大数值
MIN()	求指定区域内所有单元格中的最小数值
RANK.EQ()	返回某个数字在指定区域的数值中相对于其他数值的大小排名
COUNT()	计算出指定区域内数字的个数
COUNTA()	计算出指定区域内数值个数及非空单元格数目
IF()	判断一个条件是否满足，如果满足返回一个值，如果不满足返回另一个值
COUNTIF()	计算指定区域内满足给定条件的单元格数目
ROUND()	返回按指定位数进行四舍五入的数值
MID()	从文本字符串中的指定位置开始返回指定个数的字符

3. 函数的使用

例如：用函数计算"大一考试沟通与写作课程成绩明细表"工作簿中每个学生的"总评"成绩。具体操作如下：

选择 G4 单元格，单击"公式"选项卡，在"函数库"选项组中单击"自动求和"按钮 ∑，在 G4 单元格中插入求和函数"SUM()"，同时 Excel 2016 将自动识别函数参数"C4:F4"，如图 3-38 所示。

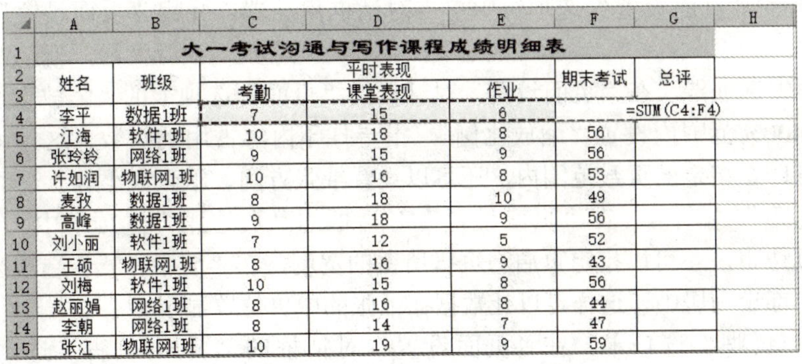

图 3-38 插入 SUM 函数

单击编辑区中的"输入"按钮，或者按键盘上"Enter"键，完成求和计算。将鼠指针移动到G4单元格右下角，当其变为╋形状时，按住鼠标左键不放向下拖曳，至G15单元格释放鼠标左键，系统将自动填充每位学生的"总评"列的数据，如图3-39所示。

	A	B	C	D	E	F	G
1			大一考试沟通与写作课程成绩明细表				
2	姓名	班级		平时表现		期末考试	总评
3			考勤	课堂表现	作业		
4	李平	数据1班	7	15	6	44	72
5	江海	软件1班	10	18	8	56	92
6	张玲铃	网络1班	9	15	9	56	89
7	许如润	物联网1班	10	16	8	53	87
8	麦孜	数据1班	8	18	10	49	85
9	高峰	数据1班	9	18	9	56	92
10	刘小丽	软件1班	7	12	5	52	76
11	王硕	物联网1班	8	16	9	43	76
12	刘博	软件1班	10	15	8	56	89
13	赵丽娟	网络1班	8	16	8	44	76
14	李朝	网络1班	8	14	7	47	76
15	张江	物联网1班	10	19	9	59	97

图3-39　用SUM函数计算"总评"列数据

其余函数的操作方法可以通过 Σ 按钮或 fx 完成。

四、打印工作表

工作表设计完成后，可以通过单击"文件"选项卡，在弹出的菜单中选择"打印"命令再单击"打印"按钮即可直接进行打印，可以通过打印机输出变为纸张上的报表。也可使用快速访问工具栏中的"快速打印"按钮 🖨 进行工作表的打印。

1. 工作表的分页

当一张工作表上的数据区域过大时，就会使打印范围超出打印纸张的边界。因此，在打印工作表之前要先能解决工作表的分页。Excel 2016既可以自动分页，也可以人工分页。但有些时候，需要自行设置分页位置，这就要使用人工分页。选择一个单元格作为分页起始位置，即从此单元格开始后续在第二页上显示。在"页面布局"选项卡的"页面设置"选项组中单击"分隔符"下拉按钮，在下拉列表中选择"插入分页符"选项，便可从当前选定的单元格开始另起一页。

2. 页面设置

工作表在打印之前，除了进行数据区域的格式设置外，还要进行页面的设置。在"页面布局"选项卡的"页面设置"选项组中单击对话框启动器，弹出"页面设置"对话框，如图3-40所示。

①"页面"选项卡。在"页面设置"对话框的"页面"选项卡的"缩放"选项组中，可以在10%～400%范围内设置"缩放比例"，指定打印内容占用的页数，这样可以将要打印的数据强制打印在指定的页数范围内，还可以设置纸张方向、纸张大小等。

②"页边距"选项卡。在"页面设置"对话框的"页边距"选项卡中，可以设定上、下、左、右页边距，还可以指定页眉与页脚所占的宽度，在"居中方式"选项组中将水平方向与垂直方向都设为居中，这样可以让数据在纸张的中央位置显示。

③"页眉/页脚"选项卡。在"页面设置"对话框的"页眉/页脚"选项卡中，通过"页"和"页脚"中的下拉列表设置简单的页眉和页脚。如果需要设置较为复杂的页眉和页

脚，可以单击"自定义页眉"按钮，弹出"页眉"对话框中间的按钮从左到右分别是"格式文本""插入页码""插入日期""插入时间"等。

④"工作表"选项卡。在"页面设置"对话框的"工作表"选项卡中，在"打印区域"文本框中可输入需要打印的单元格区域，还可以定义"顶端标题行""左端标题列"，是否打印网格线以及是否打印出行号、列标等信息，在"打印顺序"选项组中可以选中"先列后行"或"先行后列"单选按钮，其会影响到多页打印时的打印稿排列顺序，如图3-41所示。

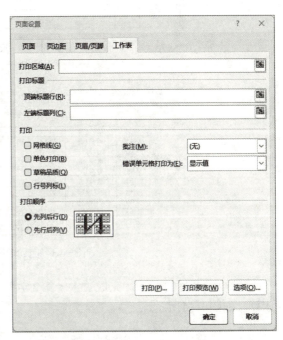

图3-40 "页面设置"对话框　　　　　　　　图3-41 "工作表"选项

全部设置完成后，单击"打印预览"按钮，在"打印预览"选项组中，Excel 2016会缩小工作表，以一页纸的形式显示工作表。如果数据区域太大，需要多页打印，页面底部可以通过滚动鼠标预览其他页码中的内容。

任务实施

一、使用求和函数SUM()

求和函数用于计算某一个单元格区域中所有数字之和，其具体操作如下：

① 打开"大一第1学期考试成绩表.xlsx"工作簿，选择H3单元格，单击"公式"选项卡，在"函数库"选项组中单击"自动求和"按钮 Σ。

② 此时，便在H3单元格中插入求和函数"SUM()"，同时Excel 2016将自动识别函数参数"D3:G3"，如图3-42所示。

③ 单击编辑区中的"输入"按钮 √，或者按键盘上"Enter"键，完成求和计算。选定H3单元格，将鼠指针移动到H3单元格右下角，当其变为 ✚ 形状时，按住鼠标左键不放向下拖曳，至H14元格释放鼠标左键，系统将自动填充每位学生的"总分"列的数据，如图3-43所示。

SUM | =SUM(D3:G3)

	A	B	C	D	E	F	G	H
1	大一第1学期考试成绩表							
2	姓名	班级	性别	沟通与写作	高等数学	大学英语	信息技术	总分
3	李平	数据1班	男	72	75	69	80	=SUM(D3:G3)
4	江海	软件1班	男	92	86	74	84	SUM(number1, [number2], ...)
5	张玲铃	网络1班	男	89	67	92	87	
6	许如润	物联网1班	女	87	83	90	88	
7	麦孜	数据1班	女	85	79	73	87	
8	高峰	数据1班	男	92	87	74	84	
9	刘小丽	软件1班	女	76	67	90	95	
10	王硕	物联网1班	男	76	88	95	82	
11	刘梅	软件1班	女	89	75	69	63	
12	赵丽娟	网络1班	女	76	67	78	89	
13	李朝	网络1班	男	76	85	84	83	
14	张江	物联网1班	男	97	83	89	88	

图3-42 插入求和函数

H3 | =SUM(D3:G3)

	A	B	C	D	E	F	G	H
1	大一第1学期考试成绩表							
2	姓名	班级	性别	沟通与写作	高等数学	大学英语	信息技术	总分
3	李平	数据1班	男	72	75	69	80	296
4	江海	软件1班	男	92	86	74	84	336
5	张玲铃	网络1班	男	89	67	92	87	335
6	许如润	物联网1班	女	87	83	90	88	348
7	麦孜	数据1班	女	85	79	73	87	324
8	高峰	数据1班	男	92	87	74	84	337
9	刘小丽	软件1班	女	76	67	90	95	328
10	王硕	物联网1班	男	76	88	95	82	341
11	刘梅	软件1班	女	89	75	69	63	296
12	赵丽娟	网络1班	女	76	67	78	89	310
13	李朝	网络1班	男	76	85	84	83	328
14	张江	物联网1班	男	97	83	89	88	357

图3-43 自动填充“总分”列数据

④ 按照上述的方法，完成“大一第2学期考试成绩表.xlsx”工作簿中“总分”列的数据计算，如图3-44所示。

	A	B	C	D	E	F	G	H
1	大一第2学期考试成绩表							
2	姓名	班级	性别	大学英语	形势与政策	体育	安全教育	总分
3	李平	数据1班	男	85	90	76	96	347
4	江海	软件1班	男	80	88	84	90	342
5	张玲铃	网络1班	男	84	80	79	92	335
6	许如润	物联网1班	女	81	86	86	90	343
7	麦孜	数据1班	女	77	76	81	88	322
8	高峰	数据1班	男	83	88	83	93	347
9	刘小丽	软件1班	女	80	85	89	94	348
10	王硕	物联网1班	男	78	80	90	85	333
11	刘梅	软件1班	女	79	87	76	89	331
12	赵丽娟	网络1班	女	90	69	87	93	339
13	李朝	网络1班	男	83	76	92	95	346
14	张江	物联网1班	男	75	89	88	87	339

图3-44 “大一第2学期考试成绩表”工作簿总分字段计算结果

二、创建“大一考试成绩表”工作簿

① 新建Excel 2016工作簿，命名为“大一考试成绩表.xlsx”。

② 打开“大一第1学期考试成绩表.xlsx”和“大一第2学期考试成绩表.xlsx”两个工作簿，将鼠标移至“大一第1学期考试成绩表.xlsx”工作簿中“大一第1学期考试成绩表”工作表的标签上，单击鼠标右键，在弹出的右键菜单栏中选择 移动或复制(M)...，打开如图3-45所示的对话框。在对话框中“将选定工作表移至工作簿”的下拉列表中选择“大一考试成绩

表”，在“下列选定工作表之前”的下拉列表中选择“移至最后”，选中“建立副本”复选框，单击“确定”按钮即可完成工作表的复制。此时，“大一考试成绩表.xlsx”工作簿中会有“sheet1”和“大一第1学期考试成绩表”2张工作表。

③ 按照上述的方法，将“大一第2学期考试成绩表.xlsx”工作簿中“总分”列复制到“大一考试成绩表.xlsx”工作表中，此时，“大一考试成绩表.xlsx”工作簿中会有“sheet1”“大一第1学期考试成绩表”和“大一第2学期考试成绩表”3张工作表，如图3-46所示。

④ 将“sheet1”工作表重命名为“大一考试成绩表”，利用以前所学的知识在“大一考试成绩表”工作表中输入如图3-47所示的数据，并设置表格格式。

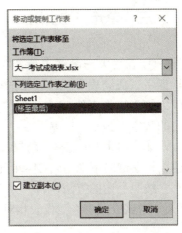

图3-45　移动或复制工作表对话框

图3-46　复制工作表后的“大一考试成绩表.xlsx”工作簿

1	大一考试成绩表					
2	姓名	班级	第1学期分数	第2学期分数	平均分	名次
3	李平	数据1班				
4	江海	软件1班				
5	张玲铃	网络1班				
6	许如润	物联网1班				
7	麦孜	数据1班				
8	高峰	数据1班				
9	刘小丽	软件1班				
10	王硕	物联网1班				
11	刘梅	软件1班				
12	赵丽娟	网络1班				
13	李朝	网络1班				
14	张江	物联网1班				
15	学期最低分					
16	学期最高分					

图3-47　“大一考试成绩表”工作表

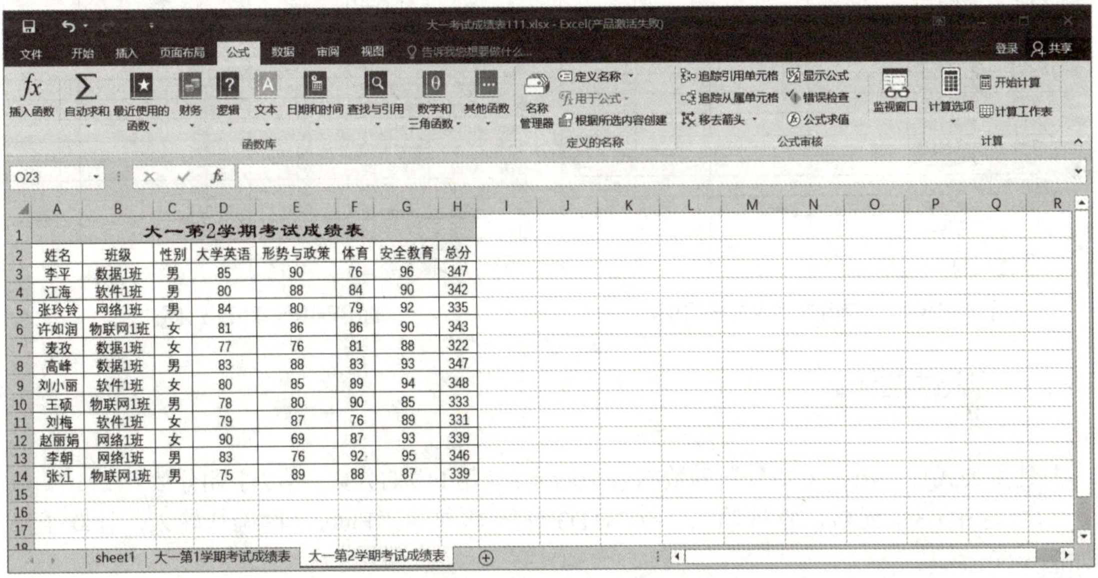

三、单元格的引用

① 在“大一考试成绩表”工作表中，选中C3单元格，输入“=”后，单击“大一第1学期考试成绩表”工作表中的G3单元格，单击“Enter”键确认输入；此时，在“大一考试成绩表”工作表的C3单元格中显示的是“大一第1学期考试成绩表”工作表中的G3单元格中的数字“296”，在编辑栏中显示的“=大一第1学期考试成绩表!G3”，如图3-48所示。

② 选中C3单元格，将鼠标移至C3单元格的右下角的填充柄上，鼠标指针变成╋时，按住鼠标左键向下拖动到C14单元格；释放鼠标后，即可完成其他单元格的引用。

按照上述的方法，将“大一第2学期考试成绩表”工作表中每位同学对应的总分引用到“大一考试成绩表”工作表相对应的单元格中，如图3-49所示。

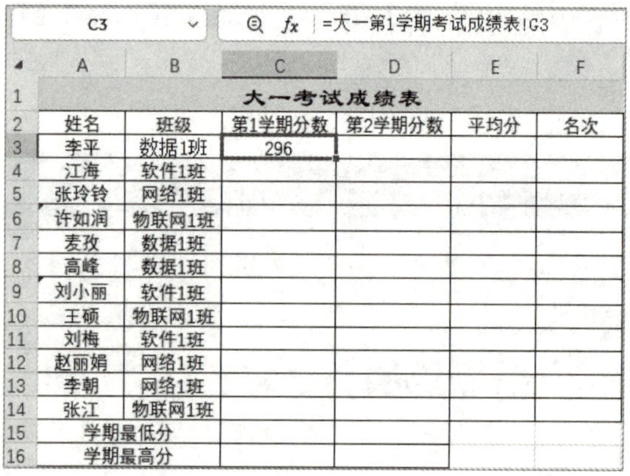

	A	B	C	D	E	F
1	大一考试成绩表					
2	姓名	班级	第1学期分数	第2学期分数	平均分	名次
3	李平	数据1班	296			
4	江海	软件1班				
5	张玲铃	网络1班				
6	许如润	物联网1班				
7	麦孜	数据1班				
8	高峰	数据1班				
9	刘小丽	软件1班				
10	王硕	物联网1班				
11	刘梅	软件1班				
12	赵丽娟	网络1班				
13	李朝	网络1班				
14	张江	物联网1班				
15	学期最低分					
16	学期最高分					

图3-48　C3单元格中数据的引用

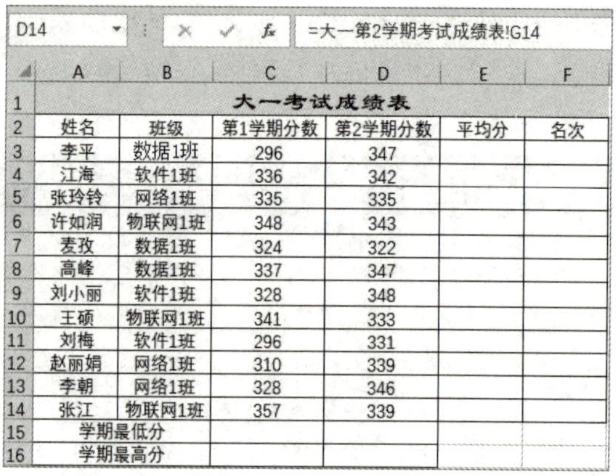

	A	B	C	D	E	F
1	大一考试成绩表					
2	姓名	班级	第1学期分数	第2学期分数	平均分	名次
3	李平	数据1班	296	347		
4	江海	软件1班	336	342		
5	张玲铃	网络1班	335	335		
6	许如润	物联网1班	348	343		
7	麦孜	数据1班	324	322		
8	高峰	数据1班	337	347		
9	刘小丽	软件1班	328	348		
10	王硕	物联网1班	341	333		
11	刘梅	软件1班	296	331		
12	赵丽娟	网络1班	310	339		
13	李朝	网络1班	328	346		
14	张江	物联网1班	357	339		
15	学期最低分					
16	学期最高分					

图3-49　单元格引用

四、公式的计算

使用公式计算出“平均分”列数据（平均分=（第1学期分数+第2学期分数）/2）。

① 选中E3单元格，直接输入“=(C3+D3)/2”，再单击“Enter”键确认输入，计算结果如图3-50所示。

注意：输入的公式中的单元格引用将以不同颜色进行区分，在编辑栏中也可以看到输入后的公式。

② 选中E3单元格，将鼠标移至E3单元格的右下角的填充柄上，鼠标指针变成╋时，按住鼠标左键向下拖动到E14单元格；释放鼠标后，即可完成复制公式的操作，计算结果如图3-51所示。

五、函数计算

1. 使用求最小值函数计算“学期最低分”行数据

① 在“大一考试成绩表”工作表中，选中C15单元格，单击“公式”选项卡，在“函数库”组中单击“插入函数”按钮，打开“插入函数”对话框，如图3-52所示。先在“或选择类别”下拉列表中选择函数类别，然后在“选择函数”列表框中选择正确的函数。

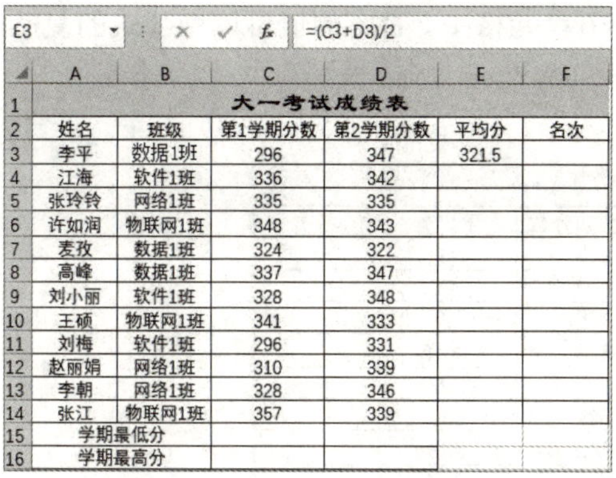

图3-50　利用公式计算结果　　　　　　　　图3-51　复制带相对引用的公式

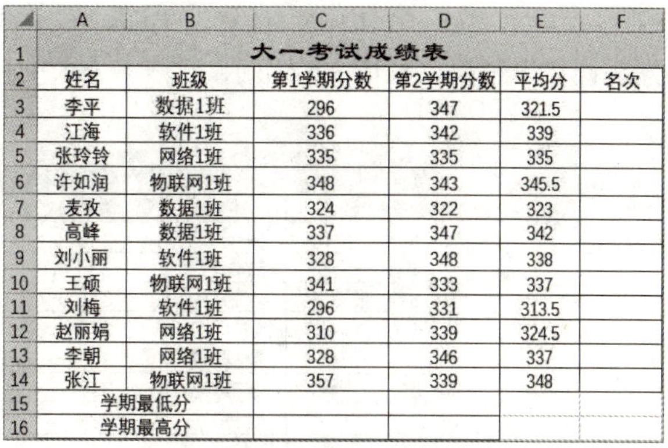

注意：插入函数也可直接单击编辑栏左边的"插入函数"按钮 f_x。

② 单击"确定"按钮，打开"函数参数"对话框，在Number1文本框中显示出来求和单元格区域C3:C14，如果该区域符合要求，可直接单击"确定"按钮；如果该区域不是所需要的求和区域，则需单击文本框右侧的"选取"按钮，选取工作表中正确的区域即可，如图3-53所示。

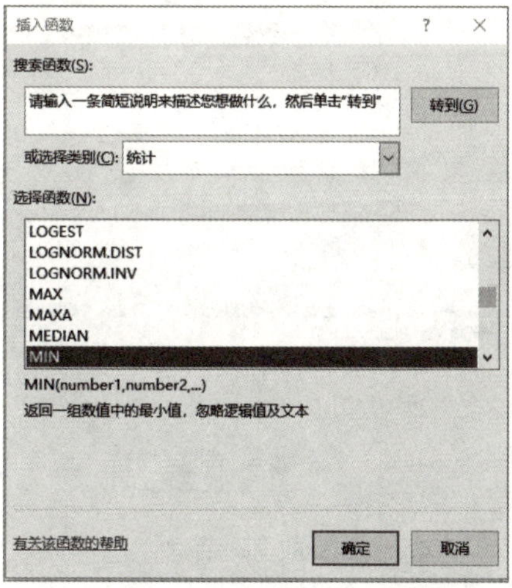

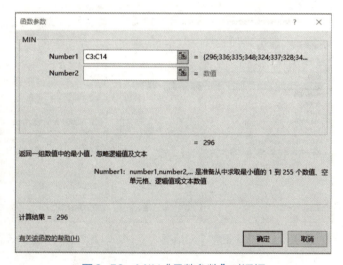

图3-52　"插入函数"对话框　　　　　　　图3-53　MIN"函数参数"对话框

③ 单击"确定"按钮，计算结果即可显示在C15单元格中。选中C15单元格，将鼠标指针移动到C15单元格右下角，当其变为 ✚ 形状时，按住鼠标左键不放向右拖曳，至D15单元格释放鼠标左键，将自动计算出"第2学期分数"列的"学期最低分"，如图3-54所示。

2. 使用求最大值函数计算"学期最高分"行数据

① 在"大一考试成绩表"工作表中，选中C16单元格，单击"公式"选项卡，在"函数库"组中单击"插入函数"按钮 f_x，打开"插入函数入函数"对话框。先在"或选择类别"下拉列表中选择"常用函数"类，然后在"选择函数"列表框中选择"MAX"函数，如图3-55所示。

② 单击"确定"按钮，打开"函数参数"对话框，在Number1文本框中显示出来求和单元格区域C3:C14，如果该区域符合要求，可直接单击"确定"按钮，如图3-56所示。

③ 单击"确定"按钮，计算结果即可显示在C16单元格中。D16的值可以用公式的复制方法计算出结果，如图3-57所示。

图3-54　用MIN函数计算"学期最低分"

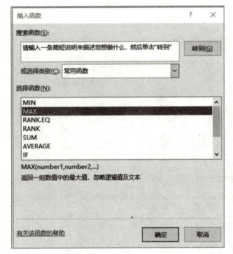

图3-55　"插入函数"对话框

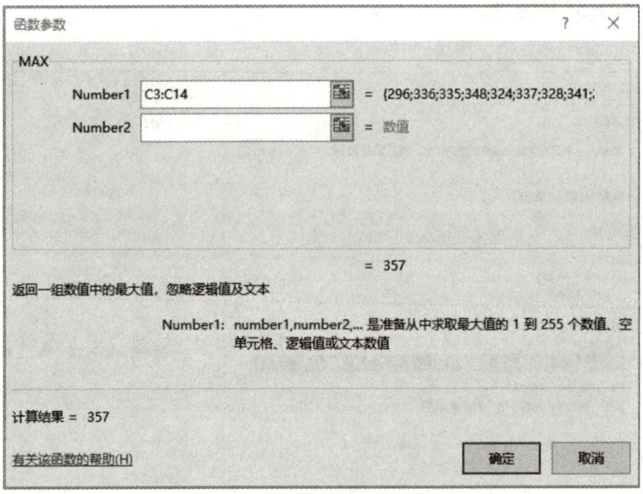

图3-56　MAX"函数参数"对话框

图3-57　用MAX函数计算"学期最高分"的结果

3. 使用排名函数RANK.EQ求出"名次"列数据

① 在"大一考试成绩表"工作表中,选中F3单元格,单击"公式"选项卡,在"函数库"组中单击"插入函数"按钮fx,打开"插入函数"对话框。先在"或选择类别"下拉列表中选择"统计"类,然后在"选择函数"列表框中选择"RANK.EQ"函数,如图3-58所示。

② 单击"确定"按钮,打开"函数参数"对话框,在Number文本框中拾取待排名数据的单元格地址,这里选择F3,在文本框中拾取要排名的单元格区域,即E3:E14,如图3-59所示。注意:这里的排名区域不变,需绝对引用$E$3:$E$14,也可以按"F4"键将其转换为绝对引用。Order用于指定排名的方式,文本框中为0或忽略按降序排名,为非0值则按升序排名,此处需要按降序排名,因此可以忽略不填。

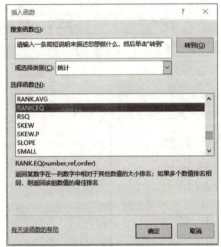

图3-58 "插入函数"对话框   图3-59 RANK.EQ"函数参数"对话框

③ 单击"确定"按钮,计算结果即可显示在F3单元格中。其余的排名可以用公式的复制方法计算出结果,如图3-60所示。

	A	B	C	D	E	F
1	大一考试成绩表					
2	姓名	班级	第1学期分数	第2学期分数	平均分	名次
3	李平	数据1班	296	347	321.5	11
4	江海	软件1班	336	342	339	4
5	张玲铃	网络1班	335	335	335	8
6	许如润	物联网1班	348	343	345.5	2
7	麦孜	数据1班	324	322	323	10
8	高峰	数据1班	337	347	342	3
9	刘小丽	软件1班	328	348	338	5
10	王硕	物联网1班	341	333	337	6
11	刘梅	软件1班	296	331	313.5	12
12	赵丽娟	网络1班	310	339	324.5	9
13	李朝	网络1班	328	346	337	6
14	张江	物联网1班	357	339	348	1
15	学期最低分		296	322		
16	学期最高分		357	348		

图3-60 用RANK.EQ计算"名次"的结果

六、打印工作表

① 打开工作表。

② 页面设置:为了使打印出的页面更加美观、符合要求,需要对打印页面的页边距、纸张大小、页眉/页脚等进行设置。单击"页面布局"选项卡,再单击"页面设置"组右下角的"页面设置",弹出"页面设置"对话框,可对各个选项卡进行相关的设置,如图3-61所示。

③ 打印设置:用户可以通过单击"文件"选项卡,在弹出的菜单中选择"打印"命令,如图3-62所示;再单击"打印"按钮即可直接打印。

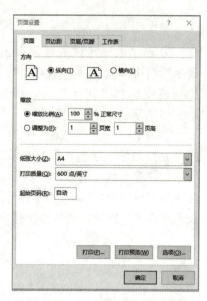

图3-61 "页面设置"对话框

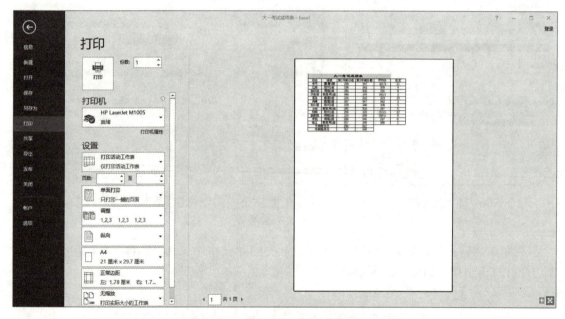

图3-62 "打印"窗口

任务三 ■ 用图表分析学生成绩表

 任务描述

为激发学生的学习动力和自信心,经学校研究决定对"大一考试成绩表.xlsx"工作簿中两个学期的平均分>340的同学进行奖励,并用图表将每位同学每个学期的成绩显示出来。请根据以上要求,利用Excel 2016将平均分>340的成绩标识出来,并制作出"大一考试成绩统计图",最终效果如图3-63、图3-64所示。

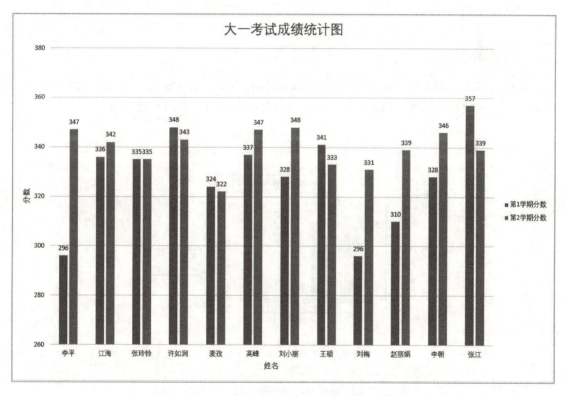

图3-63 "大一考试成绩表"效果图

图3-64 "大一考试成绩统计图"效果图

 **任务分析**

本任务的重点是将平均分大于340的成绩标注出来,并完成图表的制作和修改。本任务涉及的知识点有:◇设置条件格式,◇创建和修改图表。

任务准备

一、条件格式的设置

为了更容易查看表格中符合条件的数据，可以为表格数据设置条件格式，设置完成后，只要是符合条件的数据都将以特定的外观显示出来，既便于查找，也使表格更加美观。在 Excel 2016 中，可以使用 Excel 2016 提供的条件格式设置数值，也可以根据需要自定义条件规则和格式进行设置。

色阶使用三种颜色的深浅程度来帮助用户比较某个区域的单元格。颜色的深浅表示值的高、中与低。例如，在"绿-黄-红"色阶中，可以指定较高值单元格的颜色为绿色，中间值单元格的颜色为黄色，而较低值单元格的颜色为红色。

二、图表

1. 图表的组成

在创建图表之前先要了解图表的组成元素。图表由许多部分组成，每一部分就是一个图表项，如图表区、绘图区、图表标题、坐标轴、数据系列等，如图3-65所示。

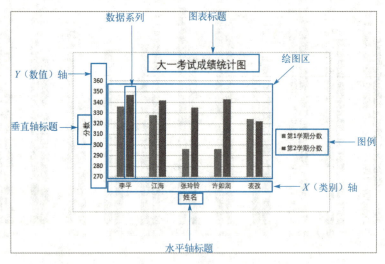

图3-65　图表的组成

2. 图表类型

图表是 Excel 2016 重要的数据分析工具，Excel 2016 支持各种类型的图表，如柱形图、折线图、饼图、条形图、面积图、散点图等，如图3-66所示。用户可以根据不同的情况选用不同类型的图表。下面介绍5个常用图表的类型及其适用情况。

① 柱形图：常用于进行几个项目之间数据的对比，是应用较广的图表类型。

② 条形图：条形图与柱形图的用法相似，但数据位于 Y 轴，值位于 X 轴，位置与柱形图相反。

图3-66　图表类型

③ 折线图：多用于显示一段时间内的趋势，如数据在一段时间内呈增长趋势，在另一段时间内呈下降趋势，它强调的是数据的时间线和变动率。

④ 饼图：用于对比几个数据在其形成的总和中所占的比例或百分比，整个饼代表总和。

⑤ 面积图：用于显示一段时间内变动的幅值，当有几个部分正在变动，且对那部分的总和感兴趣时，面积图特别有用。面积图能使用户单独看见各部分的变动，同时也能看到总体的变化，即显示部分与整体的关系。

任务实施

一、条件格式的设置

① 选中"大一考试成绩表"工作表中的E3:E14单元格区域，单击"开始"选项卡，在"样式"选项组中单击"条件格式"按钮下的箭头，在下拉菜单中单击"突出显示单元格规则"命令，在展开的子菜单中单击"大于"命令，打开如图3-67所示的"大于"对话框。

图3-67 "大于"对话框

② 在"大于"对话框中前面的文本框中输入"340"，在"设置为"下拉列表中选择"浅红填充色深红色文本"，再单击"确定"按钮，即可看到应用条件格式后的效果，如图3-68所示。

图3-68 条件格式设置之后效果图

二、创建图表

① 选择要创建图表的数据区域：A2:A14和C2:D14，单击"插入"选项卡，在"图表"选项组单击所需图表类型按钮，在下拉列表中选择子图表类型；或者单击"图表"选项组中

的"对话框启动器"按钮,打开"插入图表"对话框,如图3-69所示。

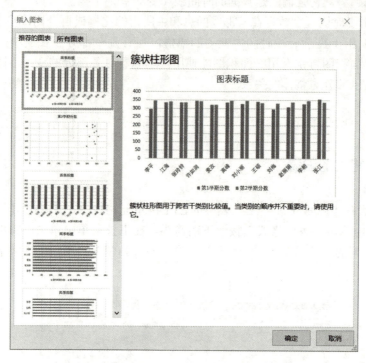

图3-69 "插入图表"对话框

② 在"插入图表"对话框中的"所有图表"选项卡下,可以在左窗格中选择图表类型,在右窗格中选择相应的子图表类型。当鼠标移动到子图表图标上时可显示图表名称,这里选择"簇状柱形图"。

③ 单击"确定"按钮,图表将会嵌入到当前工作表中,并显示"图表工具"选项卡,其包括"设计"和"格式"两个子选项卡,如图3-70所示。

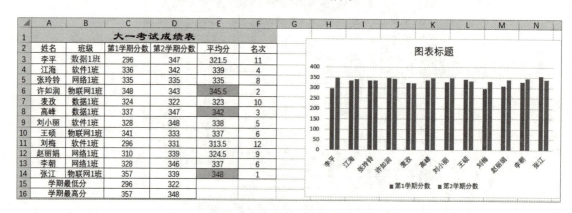

图3-70 插入图表后的效果

三、修改图表

1. 添加图表标题

选中图表,单击"图表工具"选项卡,在"设计"选项卡上单击"图表布局"组中的

"添加图表元素"下拉菜单；在展开的菜单中选择"图表标题"，在右侧的子菜单中选择"图表上方"；此时，在图表上方会出现一个文本框，在文本框中直接输入图表标题"大一考试成绩统计图"并设置字体字号即可，如图3-71所示。

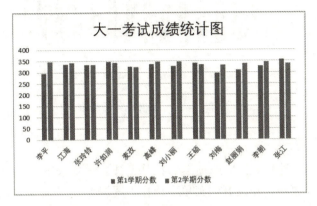

图3-71　添加图表标题

2. 添加数据标签

选中图表，单击"图表工具"选项卡；在"设计"选项卡下单击"图表布局"组中的"添加图表元素"下拉菜单，在展开的菜单中选择"数据标签"。选中橙色数据系列，重复添加一次数据标签即可，结果如图3-72所示。

若要使数据标签位于数据系列的中间位置，只需在"数据标签"右侧的子菜单中选择"居中"即可。

3. 修改垂直（值）轴的边界值

在图表区域选中"垂直（值）轴"，单击鼠标右键，在快捷菜单中选择"设置坐标轴格式"，如图3-73所示。在"坐标轴选项"的"边界"中"最小值"输入"260.0"，"最大值"输入"380.0"，"单位"中的"主要"中输入"20.0"即可，结果如图3-74所示。

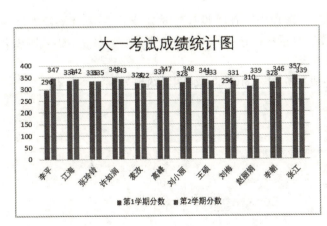

图3-72　添加数据标签

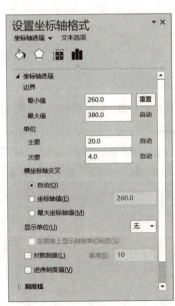

图3-73　设置坐标轴格式

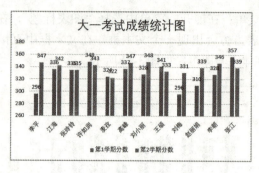

图3-74 修改边界值效果

4. 移动图例的位置

选中图表，单击"图表工具"选项卡，在"设计"选项卡下单击"图表布局"组中的"添加图表元素"下拉菜单，在展开的菜单中选择"图例"，在右侧的子菜单中选择"右侧"，结果如图3-75所示。

5. 添加坐标轴标题

选中图表，单击"图表工具"选项卡：在"设计"选项卡下单击"图表布局"组中的"添加图表元素"下拉菜单，在展开的菜单中选择"轴标题"，在右侧的子菜单中选择"主要横坐标轴"并输入"姓名"，选择"主要纵坐标轴"并输入"分数"，结果如图3-76所示。

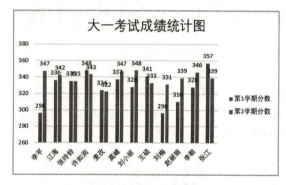

图3-75 移动图例效果

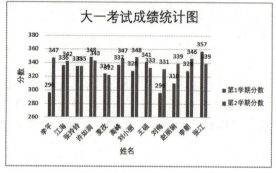

图3-76 添加坐标轴标题效果

6. 移动图表

① 选中图表，单击"图表工具"选项卡，在"设计"选项卡上单击"位置"组中的"移动图表"按钮，打开"移动图表"对话框；选择"新工作表"，在文本框中输入图表名称"大一考试成绩统计图"，如图3-77所示。

② 单击"确定"按钮，即可完成独立图表的创建，如图3-78所示。

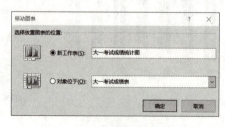

图3-77 "移动图表"对话框

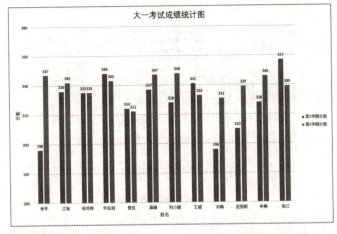

图3-78　在新工作表中显示的图表

任务四 ■ 制作学生成绩分析表

任务描述

学校需对“大一考试成绩表.xlsx”工作簿中的数据进行分析，以便查看个人和班级的学习成绩情况。最终效果如图3-79所示。

	A	B	C	D	E	F	G	H
1	大一第2学期考试成绩表							

	A	B	C	D	E	F	G	H
2	姓名	班级	性别	大学英语	形势与政策	体育	安全教育	总分
3	刘小丽	软件1班	女	80	85	89	94	348
4	李平	数据1班	男	85	90	76	96	347
5	高峰	数据1班	男	83	88	83	93	347
6	李朝	网络1班	男	83	76	92	95	346
7	许如润	物联网1班	女	81	86	86	90	343
8	江海	软件1班	男	80	88	84	90	342
9	赵丽娟	网络1班	女	90	69	87	93	339
10	张江	物联网1班	男	75	89	88	87	339
11	张玲铃	网络1班	男	84	80	79	92	335
12	王硕	物联网1班	男	78	80	90	85	333
13	刘梅	软件1班	女	79	87	76	89	331
14	麦孜	数据1班	女	77	76	81	88	322

(a) 排序结果效果图

	A	B	C	D	E	F	G	H
1	大一第2学期考试成绩表							
2	姓名	班级	性别	大学英	形势与政	体育	安全教	总分
3	李平	数据1班	男	85	90	76	96	347

(b) 自定义筛选结果效果图

	A	B	C	D	E	F	G	H
1	大一第2学期考试成绩表							

	A	B	C	D	E	F	G	H
2	姓名	班级	性别	大学英语	形势与政策	体育	安全教育	总分
3	李平	数据1班	男	85	90	76	96	347
4	江海	软件1班	男	80	88	84	90	342
5	张玲铃	网络1班	男	84	80	79	92	335
6	许如润	物联网1班	女	81	86	86	90	343
7	麦孜	数据1班	女	77	76	81	88	322
8	高峰	数据1班	男	83	88	83	93	347
9	刘小丽	软件1班	女	80	85	89	94	348
10	王硕	物联网1班	男	78	80	90	85	333
11	刘梅	软件1班	女	79	87	76	89	331
12	赵丽娟	网络1班	女	90	69	87	93	339
13	李朝	网络1班	男	83	76	92	95	346
14	张江	物联网1班	男	75	89	88	87	339
15								
16	姓名	班级	性别	大学英语	形势与政策	体育	安全教育	总分
17	麦孜	数据1班	女	77	76	81	88	322
18	王硕	物联网1班	男	78	80	90	85	333
19	刘梅	软件1班	女	79	87	76	89	331
20	赵丽娟	网络1班	女	90	69	87	93	339
21	李朝	网络1班	男	83	76	92	95	346
22	张江	物联网1班	男	75	89	88	87	339

	K	L
2	大学英语	形势与政策
3	<80	
4		<80

(c) 高级筛选结果效果图

图3-79

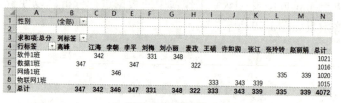

(d) 分类汇总结果效果图

(e) 合并计算结果效果图

(f) 数据透视表结果效果图

图3-79　任务四最终效果图

 任务分析

本任务的重点是实现不同类型的筛选、排序及分类汇总，并能够实现对工作表窗口的冻结操作和其他保护性操作。本任务涉及的主要知识点如下：◇排序，◇筛选，◇分类汇总，◇合并计算，◇数据透视表。

任务准备

一、排序

① 单关键字排序：是指对数据表中的单列数据按照 Excel 2016 默认的升序或降序的方式排列。

② 多关键字排序：是指对工作表中的数据按两个或两个以上的关键字进行排序。对多个关键字排序时，在主要关键字完全相同的情况下，会根据指定的次要关键字进行排序；在次要关键字完全相同的情况下，会根据指定的下一个次要关键字进行排序，依次类推。

在进行单关键字排序时，可以使用"数据"选项卡"排序和筛选"功能区的两个按钮（升序）、（降序）。多关键字排序时可以使用"数据"选项卡"排序和筛选"功能区的。

二、筛选

在对工作表数据进行处理时，有时需要从工作表中找出满足一定条件的数据，这时可用Excel 2016的数据筛选功能显示满足条件的数据。Excel 2016提供了自动筛选、按条件筛选和高级筛选三种方式。

注意：无论用哪种方式，数据表中必须有列标签。

① 自动筛选：一般用于简单的条件筛选，筛选时将不需要的记录暂时隐藏起来，只显示符合条件的记录。

② 按条件筛选：在Excel 2016中，还可按用户自定筛选条件筛选出符合需要的数据。

③ 高级筛选：自动筛选可以实现同一字段之间的"与"运算和"或"运算，通过多次进行自动筛选也可以进行不同字段之间的"与"运算，但是它无法实现多个字段之间的"或"运算，这时就需要使用高级筛选。如果要进行高级筛选，首先必须设置筛选条件区域，设置条件区域是实现高级筛选的关键，为了更好地理解高级筛选，首先列出一个表格，如表3-5所示，该表用来对高级筛选条件区域的逻辑关系进行定义。

表3-5 条件逻辑关系

A	B	A	B	A	B	A	B
A1		A1	B1	A1		A1	B1
A2					B2	A2	B2
筛选字段A中符合A1条件或A2条件的所有记录		筛选字段A中符合A1条件并且字段B中符合B1条件的所有记录		筛选字段A中符合A1条件或字段B中符合B2条件的所有记录		筛选字段A中符合A1条件且字段B中符合B1条件以及字段A中符合A2条件且字段B中符合B2条件	

三、分类汇总

分类汇总是数据分析的一种手段，即将同类数据放在一起再进行数量求和、计数、求平均值之类的汇总运算。比如要统计各班级的平均分，就可以使用分类汇总计算。分类汇总有三个基本要素：

① 分类字段：选定要进行分类汇总的列，对数据表按这个列进行排序。
② 汇总方式：利用"平均""最大值""计数"等汇总函数，实现对分类字段的计算。
③ 汇总项：可以选择多个字段进行汇总。

注意： 分类汇总之前必须先按照分类字段进行排序。

① 分级显示数据：添加了分类汇总后，在行号的左边出现了一些有层次的按钮 1 2 3 ，单击这些按钮可以在 Excel 2016 中实现分级显示。例如，可以只显示分类汇总结果，隐藏明细数据。在"分类汇总"工作表中，单击分级显示按钮 1 ，只显示总计行和列标题，如图 3-80 所示。

图 3-80　显示级别 1

依次越往下所显示的数据明细程度越高，单击按钮 2 后的显示数据，显示各分类项的汇总行，如图 3-81 所示。

图 3-81　显示级别 2

分类汇总后，除了按钮 1 2 3 外，在工作区的左侧还有一些 + 和 - 按钮，单击左侧的第一个 + 按钮，显示单个分类汇总项的明细数据行。此时， + 按钮变成 - 按钮。按钮用于展开显示单个分类汇总的明细数据行， - 按钮用于隐藏明细数据行。

② 取消分类汇总：要取消分类汇总，可打开"分类汇总"对话框，如图 3-82 所示，单击"全部删除"按钮。删除分类汇总的同时，Excel 2016 会删除与分类汇总一起插入到列表中的分级显示。

四、合并计算

合并计算是指通过合并计算的方法来汇总一个或多个工作表中的数据。Excel 2016 提供了两种合并计算的方法，按位置进行合并计算和按分类进行合并计算。按位置进行合并计算指按同样的顺序排列所有工作表中的数据，并将它们放在同一位置中，这要求参与合并计算的每个数据区域都具有相同的布局。当源区域没有相同的布局时，则可以按分类进行合并计算。

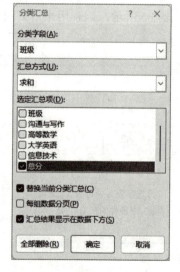

图 3-82　"分类汇总"对话框

要想合并计算数据，还必须为汇总信息定义一个目的区域，用来显示合并后的信息，它可以在与源数据相同的工作表上，或在另一个工作表上或工作簿内。

五、数据透视表

数据透视表是一种可以快速汇总、分析大量数据表格的交互式分析工具。使用数据透视表可以按照数据表格的不同字段从多个角度进行透视并建立交叉表格，用以查看数据表格不同层面的汇总信息、分析结果以及摘要数据。使用数据透视表可以深入分析数值数据，以帮助用户发现关键数据并作出关键数据的决策。

① 数据透视表的基本术语包括数据源、字段和项。数据源用于创建数据透视表的数据源，可以是单元区域、定义的名称。另一个数据透视表数据或其他外部数据来源字段是数据源中各列的列标题，每个字段代表一类数据。字段可分头报表筛选字段、行字段、列字段、值字段。

项是每个字段中包含的数据，表示数据源中字段的唯一条目。

② 数据透视表有四大区域，分别是行区域、列区域、值区域、报表筛选区域。

 任务实施

一、复制工作表

新建工作簿，保存为"成绩分析表.xlsx"，将"大一考试成绩表.xlsx"工作簿中的"大一第2学期考试成绩表"工作表复制到"成绩分析表.xlsx"；将"大一第2学期考试成绩表"工作表建立5个副本，分别重命名为"成绩排序表""自定义筛选表""高级筛选表""合并计算表""分类汇总表"。

二、排序

以"总分"为主要关键字，进行降序排序，若总分相同，再按"大学英语"进行降序排序。
① 选择"成绩排序表"工作表中的数据区域B2:G14。注意：需选择列标题。
② 单击"数据"选项卡，单击"排序和筛选"组中的"排序"按钮，打开"排序"对话框，在"主要关键字"选项中依次选择"总分""数值""降序"，如图3-83所示。

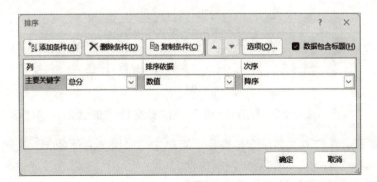

图3-83　设置主要关键字

③ 单击"添加条件"按钮，出现"次要关键字"选项，从中依次选择"大学英语""数值""降序"，如图3-84所示。
④ 设置完成，单击"确定"按钮，结果如图3-85所示。

图3-84　设置次要关键字　　　　　　图3-85　按双关键字排序结果

三、自定义筛选

筛选出"班级"为"数据1班""总分"大于340且"大学英语"成绩在全校排前3名的记录。

① 在"自定义筛选"表选中A2:G2单元格的任意一个单元格，然后单击"数据"选项卡，在"排序和筛选"组中单击"筛选"按钮；此时，工作表列标题栏中的每个单元格右侧显示筛选箭头，单击要进行筛选操作列标题右侧的筛选箭头，这里选择"班级"列右侧的筛选箭头，在展开的列表中取消不需要显示的记录左侧的复选框，如图3-86（a）所示。单击"确定"按钮即可，此时筛选按钮变成，如图3-86（b）所示。

图3-86　筛选出"班级"为"数据1班"的记录

注意：若需取消筛选再次显示全部数据，可单击"班级"右侧的，在展开的列表中单击选中 从"班级"中清除筛选(C) 按钮，即可显示所有数据。

② 单击"总分"列右侧的筛选箭头，在展开的列表中选择"数字筛选"子列表中的"大于"选项，也可选择"自定义筛选"选项，如图3-87所示。

③ 在打开的"自定义自动筛选方式"对话框中，设置具体的筛选选项，在"大于"选项后面的文本框中输入"340"，如图3-88所示。单击"确定"按钮，即可显示结果，如图3-89所示。

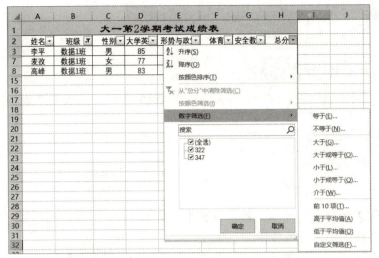 

图3-87 自定义筛选　　　　　　图3-88 "自定义自动筛选
方式"对话框

图3-89 筛选"班级"为"数据1班"且"总分"大于340的记录

④ 单击"大学英语"列右侧的筛选按钮,在展开的列表中选择"数字筛选"子列表中的"前10项"选项。

⑤ 在打开的"自动筛选前10个"对话框中,设置具体的筛选项,在"显示"下拉列表中选择"最大""3""项",如图3-90所示。单击"确定"按钮即可显示结果,如图3-91所示。

图3-90 "自动筛选前10个"　　　　图3-91 自定义筛选结果
对话框

四、高级筛选

利用"高级筛选"功能筛选出"大学英语"低于80分或"形势与政策"低于80分的记录。

① 在"高级筛选表"的任意空白单元格中输入筛选条件,即"大学英语"低于80分或"形势与政策"低于80分,如图3-92所示。

注意:条件区域必须有列标题,且列标题与选择区域的标题必须保持一致;条件区域与源数据区域、筛选区域之间至少留一空白行或空白列。

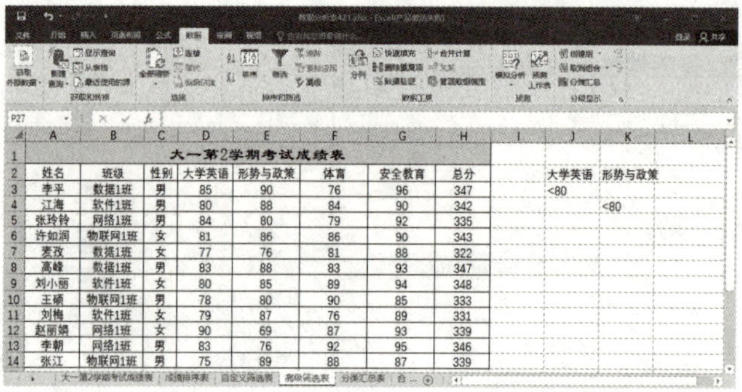

	A	B	C	D	E	F	G	H	I	J	K
1	大一第2学期考试成绩表										
2	姓名	班级	性别	大学英语	形势与政策	体育	安全教育	总分		大学英语	形势与政策
3	李平	数据1班	男	85	90	76	96	347		<80	
4	江海	软件1班	男	80	88	84	90	342			<80
5	张玲铃	网络1班	男	84	80	79	92	335			
6	许如润	物联网1班	女	81	86	86	90	343			
7	麦孜	数据1班	女	77	76	81	88	322			
8	高峰	数据1班	男	83	88	83	93	347			
9	刘小丽	软件1班	女	80	85	89	94	348			
10	王硕	物联网1班	男	78	80	90	85	333			
11	刘梅	软件1班	女	79	87	76	89	331			
12	赵丽娟	网络1班	女	90	69	87	93	339			
13	李朝	网络1班	男	83	76	92	95	346			
14	张江	物联网1班	男	75	89	88	87	339			

图3-92 设置高级筛选条件

② 单击要进行筛选的工作表的任意非空单元格，再单击“数据”选项卡，在“排序和筛选”组中单击高级按钮。

③ 在打开的“高级筛选”对话框中，选择“将筛选结果复制到其他位置”选项，然后确认“列表区域”的单元格区域是否正确，如果不正确可通过选取按钮重新选择，这里的“列表区域”是A2:H14，再单击“条件区域”的选取按钮选择条件区域，即J2:K4，然后在“复制到”的文本框中用选取按钮选择筛选结果存放区域的起始单元格，即A16单元格，并且勾选“选择不重复的记录”复选框，如图3-93所示。

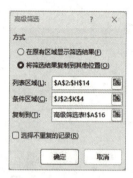

图3-93 “高级筛选”对话框

④ 单击“确定”按钮，即可显示结果，如图3-94所示。

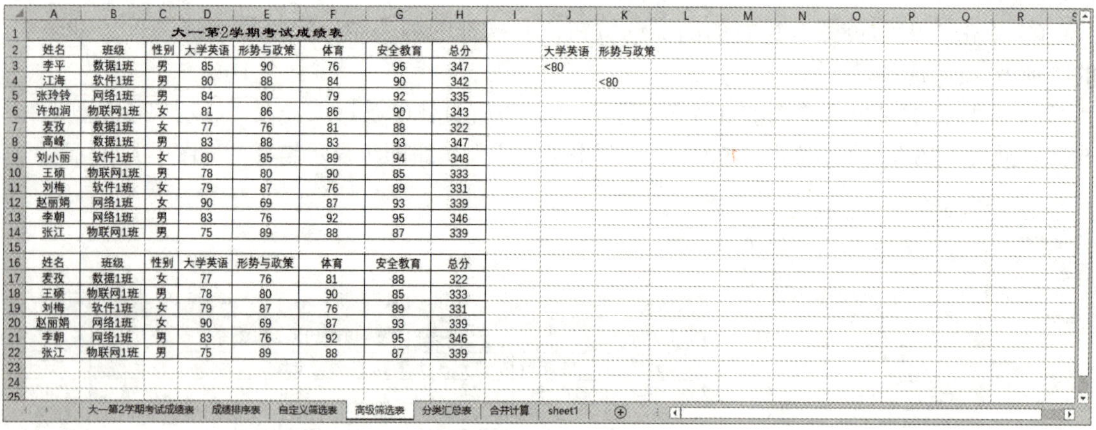

	A	B	C	D	E	F	G	H	I	J	K
1	大一第2学期考试成绩表										
2	姓名	班级	性别	大学英语	形势与政策	体育	安全教育	总分		大学英语	形势与政策
3	李平	数据1班	男	85	90	76	96	347		<80	
4	江海	软件1班	男	80	88	84	90	342			<80
5	张玲铃	网络1班	男	84	80	79	92	335			
6	许如润	物联网1班	女	81	86	86	90	343			
7	麦孜	数据1班	女	77	76	81	88	322			
8	高峰	数据1班	男	83	88	83	93	347			
9	刘小丽	软件1班	女	80	85	89	94	348			
10	王硕	物联网1班	男	78	80	90	85	333			
11	刘梅	软件1班	女	79	87	76	89	331			
12	赵丽娟	网络1班	女	90	69	87	93	339			
13	李朝	网络1班	男	83	76	92	95	346			
14	张江	物联网1班	男	75	89	88	87	339			
15											
16	姓名	班级	性别	大学英语	形势与政策	体育	安全教育	总分			
17	麦孜	数据1班	女	77	76	81	88	322			
18	王硕	物联网1班	男	78	80	90	85	333			
19	刘梅	软件1班	女	79	87	76	89	331			
20	赵丽娟	网络1班	女	90	69	87	93	339			
21	李朝	网络1班	男	83	76	92	95	346			
22	张江	物联网1班	男	75	89	88	87	339			

图3-94 “高级筛选”结果

五、分类汇总

按照班级汇总出各科成绩和总分的求和，从而可以了解到各班学习情况。

① 在“分类汇总表”中选择“班级”列中的任意单元格，然后单击“数据”选项卡下的“排序和筛选”组中的任一“排序”按钮（升序、降序均可），按“班级”进行排序。

② 单击“数据”选项卡，在“分级显示”组中单击“分类汇总”按钮，打开“分类汇总”对话框；在“分类字段”下拉列表中选择“班级”，在“汇总方式”下拉列表中选择“求和”，在“选定汇总项”列表中选择需要进行汇总的列标题“大学英语”“形势与政策”“体育”“安全教育”“总分”，如图3-95所示。

③ 单击“确定”按钮，即可显示结果，如图3-96所示。

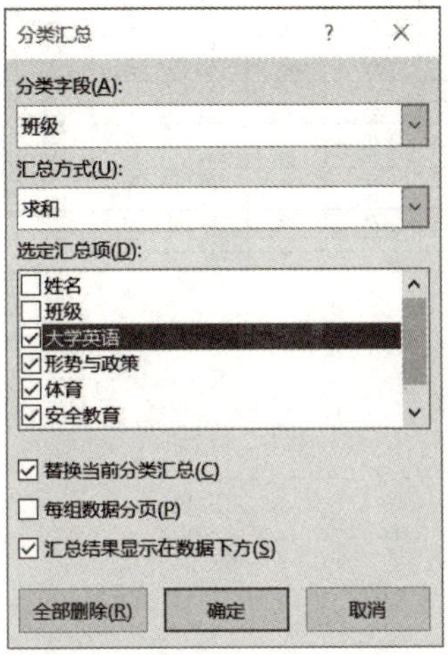

图3-95 “分类汇总”对话框

	A	B	C	D	E	F	G	H
1	大一第2学期考试成绩表							
2	姓名	班级	性别	大学英语	形势与政策	体育	安全教育	总分
3	江海	软件1班	男	80	88	84	90	342
4	刘小丽	软件1班	女	80	85	89	94	348
5	刘梅	软件1班	女	79	87	76	89	331
6		软件1班 汇总		239	260	249	273	1021
7	李平	数据1班	男	85	90	76	96	347
8	麦孜	数据1班	女	77	76	81	88	322
9	高峰	数据1班	男	83	88	83	93	347
10		数据1班 汇总		245	254	240	277	1016
11	张玲铃	网络1班	男	84	80	79	92	335
12	赵丽娟	网络1班	女	90	69	87	93	339
13	李朝	网络1班	男	83	76	92	95	346
14		网络1班 汇总		257	225	258	280	1020
15	许如润	物联网1班	女	81	86	86	90	343
16	王硕	物联网1班	男	78	80	90	85	333
17	张江	物联网1班	男	75	89	88	87	339
18		物联网1班 汇总		234	255	264	262	1015
19		总计		975	994	1011	1092	4072

图3-96　分类汇总结果

注意： 分类字段的选择，必须是可分类的数据列；“分类汇总”之前必须对所选定的分类字段进行排序；汇总项的选择必须能够用所选择的汇总方式进行汇总计算；文本是不能进行平均值计算的。

六、合并计算

用合并计算统计出每个班每门课及总分的平均分。

① 打开“大一考试成绩表.xlsx”工作簿，将“大一第1学期考试成绩表”工作表复制到“成绩分析表.xlsx”工作簿中“合并计算”中以K1单元格为起始位置的单元格区域。

② 选定合并计算的数据区域的起始位置A17。

③ 单击“数据”选项卡，在“数据工具”组中单击“合并计算”按钮，打开“合并计算”对话框，在“函数”下拉列表中选择“平均值”；单击“引用位置”的按钮，选择B2:H14单元格区域，单击“所有引用位置”右侧的“添加”按钮，将B2:H14单元格区域添加到“所有引用位置”中；用同样的方法将L2:R14单元格区域添加到“所有引用位置”中；选中“标签位置”的“首行”和“最左列”复选框，如图3-97所示。

④ 单击“确定”按钮，即可得到图3-98所示的合并计算结果。

图3-97 “合并计算”对话框

七、数据透视表与数据透视图

1. 数据透视表

数据透视表是一种交互式的数据表格，可以快速汇总大量的数据，同时对汇总结果进行各种筛选，以查看源数据的不同统计结果。

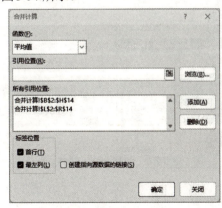

大一第2学期考试成绩表							
姓名	班级	性别	大学英语	形势与政策	体育	安全教育	总分
李平	数据1班	男	85	90	76	96	347
江海	软件1班	男	80	88	84	90	342
张玲铃	网络1班	男	84	80	79	92	335
许如润	物联网1班	女	81	86	86	90	343
麦孜	数据1班	女	77	76	81	88	322
高峰	数据1班	男	83	88	83	93	347
刘小丽	软件1班	女	80	85	89	94	348
王硕	物联网1班	男	78	80	90	85	333
刘梅	软件1班	女	79	87	76	89	331
赵丽娟	网络1班	女	90	69	87	93	339
李朝	网络1班	男	83	76	92	95	346
张江	物联网1班	男	75	89	88	87	339

	性别	沟通与写作	大学英语	形势与政策	体育	安全教育	总分
数据1班		83	76.83333	84.6666667	80	92.33333	328.8333
软件1班		85.6666667	78.66667	86.6666667	83	91	330.1667
网络1班		80.3333333	85.16667	75	86	93.33333	332.1667
物联网1班		86.6666667	84.66667	85	88	87.33333	343.5

大一第1学期考试成绩表							
姓名	班级	性别	沟通与写作	高等数学	大学英语	信息技术	总分
李平	数据1班	男	72	75	69	80	296
江海	软件1班	男	92	86	74	84	336
张玲铃	网络1班	男	89	67	92	87	335
许如润	物联网1班	女	87	83	90	88	348
麦孜	数据1班	女	85	79	73	87	324
高峰	数据1班	男	92	87	74	84	337
刘小丽	软件1班	女	76	67	90	95	328
王硕	物联网1班	男	76	88	95	82	341
刘梅	软件1班	女	89	75	69	63	296
赵丽娟	网络1班	女	76	67	78	89	310
李朝	网络1班	男	76	85	84	83	328
张江	物联网1班	男	97	83	89	88	357

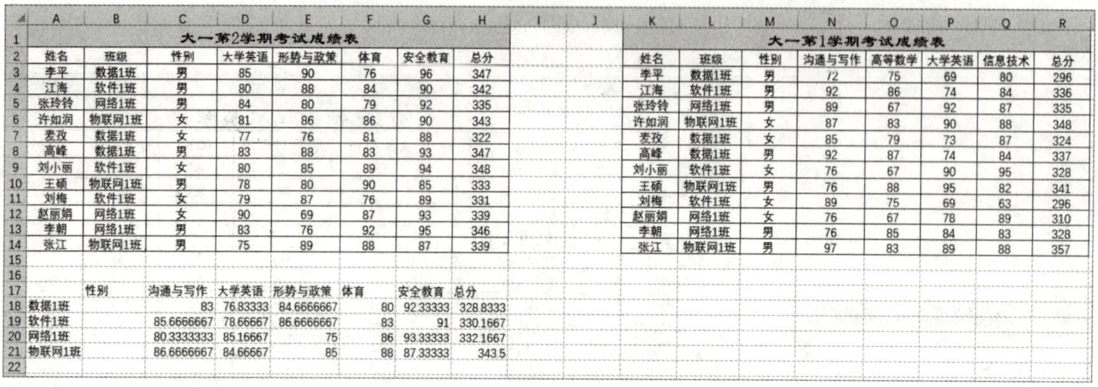

图3-98 合并计算结果

为“成绩分析表.xlsx”创建数据透视表。在数据透视表（图）中，可以按性别来查看各个班级中每个学生的总分总和。具体操作步骤如下：

① 选择“大一第2学期考试成绩表”工作表的A2:G14单元格区域；单击“插入”选项卡，在“表格”选项组中单击“数据透视表”按钮，打开“创建数据透视表”对话框，如图3-99所示。

② 由于已经选定了数据区域，因此只需要设置“选择放置数据透视表的位置”，这里选中“新工作表”单选项，单击“确定”按钮。

③ 此时将新建一个工作表，并在其中显示空白数据透视表，右侧显示出“数据透视表字段”窗格，如图3-100所示。

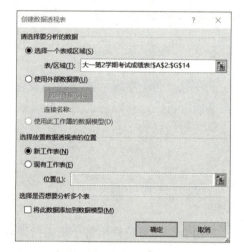

图3-99 “创建数据透视表”对话框

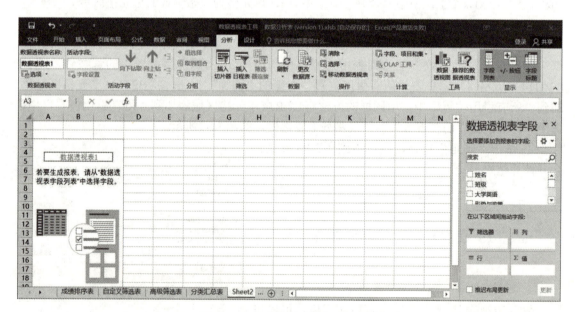

图3-100 “空白数据透视表”窗口

④ 在“数据透视表字段”窗格中，上半部分为列字段列表，显示可以使用的列字段

名（即数据源中的列标题），下半部分为布局区域，包含"选""列""行"和"值"4个部分，将"性别"字段拖曳到"筛选"列表框中，将"大学英语"字段拖曳到"列"列表框中，将"班级"字段拖曳到"行"列表框中，将"总分"字段拖曳到"值"列表框中，数据表中将会自动添加各个筛选字段。与此同时，在表格中可显示出所有的汇总数据，如图3-101所示。在创建好的数据透视表中单击"性别"字段后的下拉按钮，性别（全部）在打开的列表中可以选择"男"或"女"，单击"确定"按钮，即可在表中只显示男生或女生的汇总数据。

	A	B	C	D	E	F	G	H	I	J	K	L	M	N
1	性别	(全部)												
2														
3	求和项:总分	列标签												
4	行标签	高峰	江海	李朝	李平	刘梅	刘小丽	麦孜	王硕	许如润	张江	张玲铃	赵丽娟	总计
5	软件1班			342			331	348						1021
6	数据1班	347			347				322					1016
7	网络1班			346								335	339	1020
8	物联网1班									333	343	339		1015
9	总计	347	342	346	347	331		348	322	333	343	339	335	339	4072

图3-101　数据透视表最终效果图

⑤ 此时，对总工资进行的运算是求和，而要求是求平均，故只需在"数据透视表字段"窗格中单击"值"列表框下方"求和项：总分"右侧的下拉箭头下拉列表中选择"值字段设置"，将会打开"值字段设置"对话框；在"值字段汇总方式"选项卡下的"选择用于汇总所选字段数据的计算类型"中选择"平均值"选项，如图3-102所示；单击"确定"按钮，即可更改总分的汇总方式为"平均值"。

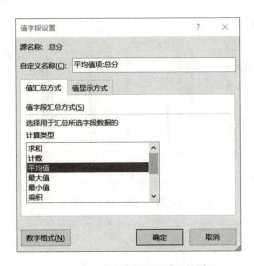

图3-102　"值字段设置"对话框

2. 数据透视图

通过数据透视表分析数据后，为了直观查看数据情况，还可以根据数据透视表制作数据透视图。

根据"成绩分析表.xlsx"工作簿中的数据透视表创建数据透视图，具体操作如下：

① 单击数据透视表区域中的任一单元格。

② 单击"数据透视表工具"选项卡下"分析"选项卡中"工具"选项组中的"数据透视图"，打开"插入图表"对话框，如图3-103所示。

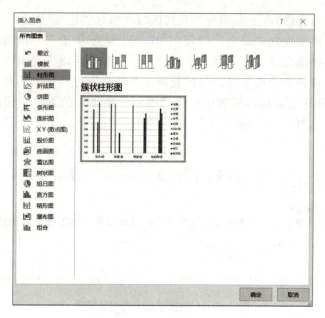

图 3-103 "插入图表"对话框

③ 选择相应的图表类型(注意:数据透视图只支持部分图表类型)。

④ 单击"确定"按钮,数据透视图即可插入到当前数据透视表中,如图 3-104 所示。单击图中的字段筛选器,可以更改图表中显示的数据。

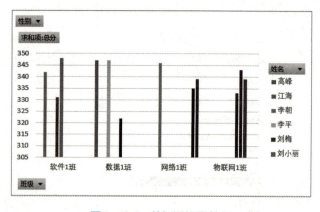

图 3-104 数据透视图效果

模块考核与评价

一、选择题

1. 在 Excel 2016 中,列标用( )表示。
   A. 数字　　　　　B. 英文字母　　　　C. 大写数字　　　　D. 希腊字母
2. Excel 2016 保存的文件是( )文件。
   A. 工作簿　　　　B. 工作表　　　　　C. 单元格　　　　　D. 图表

3. Excel 2016（　　）由工作表组成，而工作表则由单元格组成。
A. 文本窗体　　　　B. 窗体　　　　　　C. 工作簿　　　　　D. 工作栏
4. Excel 2016中，在单元格中输入文本时，缺省的对齐方式是(　　)。
A. 左对齐　　　　　B. 右对齐　　　　　C. 居中对齐　　　　D. 两端对齐
5. Excel 2016中分类汇总的默认汇总方式是(　　)。
A. 求和　　　　　　B. 求平均　　　　　C. 求最大值　　　　D. 求最小值
6. Excel 2016的主要功能不包括(　　)。
A. 数据管理　　　　B. 数据计算　　　　C. 数据处理　　　　D. 文字排版
7. Excel 2016中取消工作表的自动筛选后(　　)。
A. 工作表的数据消失　　　　　　　　　B. 只剩下符合筛选条件的记录
C. 工作表恢复原样　　　　　　　　　　D. 不能取消自动筛选
8. Excel 2016中，选定多个不连续的行所用的键是(　　)。
A. Alt 键　　　　　B. Shift 键　　　　C. Ctrl 键　　　　　D. Shift+Ctrl 组合键

二、填空题

1. 默认情况下，Excel 2016工作簿第一个工作表的默认表名是(　　)。
2. Excel 2016可以直接在(　　)中输入公式内容，也可以在(　　)中输入。
3. Excel 2016是以(　　)为单位存贮和打开文件的，其扩展名为(　　)。
4. 新建Excel 2016文件默认名称为(　　)。
5. 当选择插入整行或整列时，插入的行总在活动单元格的(　　)，插入的列总在活动单元格的(　　)。
6. 在Excel 2016中，使用公式时一般在公式前需要加(　　)。
7. 用鼠标器左键双击某个工作表标签，该标签为黑色显示，可对该工作表进行(　　)操作。
8. 在Excel 2016中，一个工作簿中默认包含(　　)张工作表。

三、操作题/简答题

1. 什么是Excel的相对引用、绝对引用和混合引用？
2. 如何在Excel单元格A1至A10中，快速输入从1开始的奇数序列？
3. 如何将工作簿1中Sheet3复制到工作簿2中Sheet5之前？
4. 在"课后练习.xlsx"工作簿中完成以下操作：
（1）在Sheet1中完成商贸城第一季度汽车销售总计；
（2）在Sheet2中按"三月"为主要关键字、"一月"为次要关键字进行降序排序；
（3）在Sheet3中按"产地"为分类字段，对"一月""二月""三月"求和分类汇总。

演示文稿处理软件 PowerPoint 2016

　　PowerPoint 2016 是微软公司推出的一款演示文稿制作软件。它能够将文字、图片、声音、视频、动画等素材有序地组合在一起,把项目或内容以形象、直观的形式展示出来,从而达到提高教学、宣传、汇报等效果。演示文稿软件目前已经被教师、学生、培训人员、商业人员等广泛使用。

 知识目标

- ◆ 掌握 PowerPoint 2016 的基本操作
- ◆ 学会幻灯片的基本操作
- ◆ 掌握插入艺术字、超链接、图片、形状等元素的方法
- ◆ 掌握幻灯片切换和动画设计方法
- ◆ 掌握幻灯片的放映设置

 素质目标

- ◆ 培养良好的演示文档处理习惯
- ◆ 增强沟通表达能力
- ◆ 培养团队协作精神
- ◆ 培养良好的职业规范能力
- ◆ 提升审美能力
- ◆ 增强创新精神
- ◆ 提高自主学习能力
- ◆ 培养良好的职业道德

任务一 ■ 年度工作总结汇报演示文稿制作

 任务描述

在这即将过去的一年里,公司各个部门齐心协力,共同推进了各项任务的顺利开展。为了回顾这一年的努力与成就,各部门将在公司年会上展示其年度的工作成果,并进行深入的总结汇报。市场销售部门今年的工作业绩突出,需要制作销售部门年度工作总结演示文稿,并在年会上进行工作展示和讲解,效果如图4-1所示。

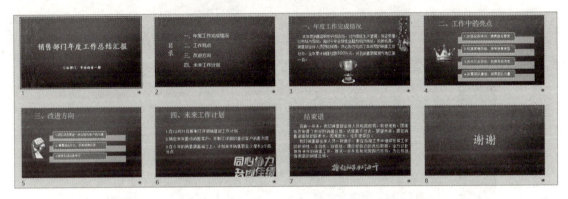

图4-1 "年度工作总结汇报"演示文稿

 任务分析

本任务是根据年度总结汇报内容及相关资料的整理,学会制作图文并茂、富有感染力的演示文稿,完成本次任务涉及的知识点如下:◇新建、保存演示文稿,◇幻灯片视图,◇新建幻灯片,◇移动和复制幻灯片,◇删除幻灯片,◇输入文稿内容,◇插入图片,◇插入形状。

任务准备

一、新建、保存演示文稿

1. 启动PowerPoint程序

① 启动PowerPoint程序的方法有多种,最常用的方法有两种。一种是双击桌面上"PowerPoint 2016"快捷方式;另一种是单击"开始"按钮,打开"开始"菜单,选择"所有应用"→"PowerPoint 2016"命令,如图4-2所示,即可启动PowerPoint 2016。

② 选择"空白文档"选项,如图4-3所示,即可新建一个名为"文档1"的空白文档。

③ 新建空白演示文稿后,将打开PowerPoint 2016工作界面,如图4-4所示,其主要由标

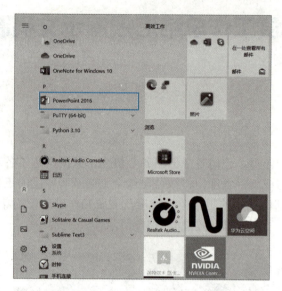

图4-2 启动PowerPoint 2016

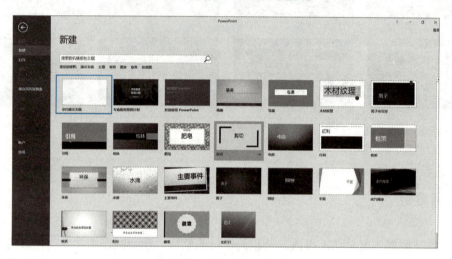

图4-3 新建空白演示文稿

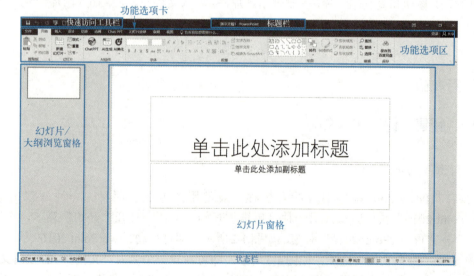

图4-4 PowerPoint 2016工作界面

题栏、功能区、快速访问工具栏、智能搜索框和用户编辑区等区域构成。
> 标题栏：位于窗口的最上方，显示了当前文档的名称。当打开多个演示文稿时，单击标题可以切换到对应的文档。
> 功能选项卡：位于标题栏下方，是一个包含多个选项卡的带状区域，常用功能选项卡有8个："开始""插入""设计""切换""动画""幻灯片放映""审阅"和"视图"等。每个选项卡下都有一组相关的功能按钮，这些按钮提供了用户使用Office程序时所需的几乎所有功能。
> 快速访问工具栏：默认位于标题栏的左侧，可以自定义一些常用命令的快捷方式，以便快速访问。
> 智能搜索框：智能搜索框是PowerPoint2016新增的一项功能，通过该搜索框可以轻松找到相关的操作说明。例如，想知道在文档中插入页码的操作方法，便可直接在搜索框中输入关键字"页码"，此时会显示一些关于页码的信息，将鼠标指针定位至"添加页码"选项上，在打开的子列表中就可以选择页码的添加位置、设置页码格式等。
> 功能选项区：功能选项区位于功能选项卡的下方，其作用是对文档进行快速编辑。功能区选项中显示了对应选项卡的功能集合，包括一些常用按钮或下拉列表。
> 幻灯片/大纲浏览窗格：单击状态栏上的 按钮，可以实现"幻灯片"浏览窗格和"大纲"浏览窗格的切换。在"幻灯片"浏览窗格中显示演示文稿当前所有幻灯片的缩略图；在"大纲"浏览窗格中显示当前演示文稿所有幻灯片的标题与正文内容。
> 幻灯片窗格：这是PowerPoint演示文稿的主要工作区域，用于显示和编辑幻灯片的内容，其功能和Word2016的文档编辑区类似。
> 备注窗格：可以在该窗格中输入当前幻灯片的备注、解释或说明等信息，给演讲者在正式演讲时做参考。
> 状态栏：状态栏位于PowerPoint2016工作界面的底端，主要用于显示当前文档的工作状态，包括当前幻灯片页数、共多少页、输入状态等；右侧依次排列着"备注" 备注 按钮，用于显示和隐藏备注窗格；"批注" 批注 按钮，用于调出批注窗格；"视图按钮" 从左往右依次是"普通视图""幻灯片浏览视图""阅读视图"和"幻灯片放映"按钮，用于在演示文稿之间不同视图之间切换；"比例调节滑块" 83% ，用于缩小或放大幻灯片，单击 可以根据当前幻灯片窗格的大小显示幻灯片。

2. 利用模板创建演示文稿

模板是已经包含了初始设置的文件，演讲者可以利用模板创建演示文稿，使创作更快捷。不同的模板所提供的内容与样式不同，主要设置了幻灯片背景图形、自定义颜色、字体主题等内容。

① 单击"文件"选项卡，选择"新建"命令，显示出如图4-5所示的模板和主题。
② 例如，选择"丝状"模板创建演示文稿，如图4-6所示单击"丝状"模板，并出现如图4-7所示的选项，单击"创建"按钮。
③ 根据"丝状"模板创建出新的演示文稿，如图4-8所示。

3. 保存演示文稿

① 单击快速访问工具栏的"保存"或按"Ctrl+S"组合键，打开"另存为"界面，选择

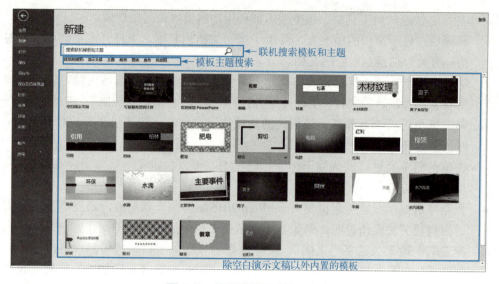

图4-5 使用模板新建演示文稿

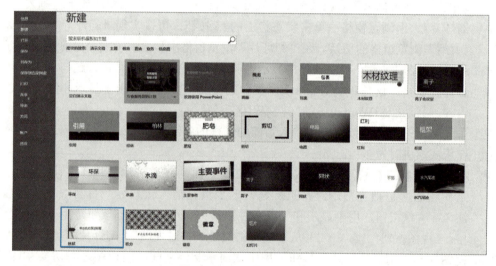

图4-6 选择"丝状"模板

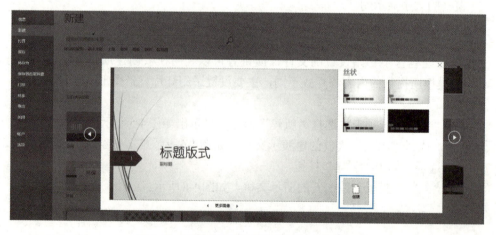

图4-7 选择"丝状"模板创建新演示文稿

图4-8　选择"丝状"模板创建出新的演示文稿

"浏览"选项,打开"另存为"对话框,在左侧的导航栏中选择文档的保存位置,在"文件名"下拉列表中输入要保存的文件名,然后单击右下角的"保存",如图4-9所示。

图4-9　保存并重命名演示文档

② 返回PowerPoint 2016工作界面后,标题栏的名称将同步发生变化。若演示文稿修改后,单击快速访问工具栏的"保存"或按"Ctrl+S"组合键即可完成保存操作。

二、幻灯片视图

PowerPoint 2016提供了6种常用的视图模式:普通视图、大纲视图、幻灯片浏览视图、阅读视图、备注页视图及幻灯片放映视图。各种视图的功能介绍如下,幻灯片各视图的切换如图4-10所示。

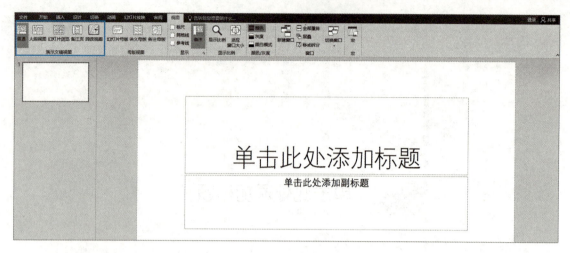

图4-10　幻灯片视图切换

① 普通视图。普通视图是幻灯片的常用编辑模式，也是默认的视图模式。在普通视图模式下可以对单张幻灯片和幻灯片整体结构进行编辑设计。

② 大纲视图。在大纲视图模式下可以对幻灯片的标题和正文内容进行编辑。制作者在幻灯片进行幻灯片编辑时，大纲模式窗格内容同步进行变化。

③ 幻灯片浏览视图。在幻灯片浏览视图模式下可以对所有幻灯片的内容进行预览，但不能对幻灯片进行编辑。在幻灯片浏览视图下可以方便地进行幻灯片的移动和复制操作。

④ 阅读视图。在阅读视图模式下可以查看演示文稿的放映效果，预览幻灯片中设计好的动画、声音、切换等效果。在该视图模式下将以全屏动态方式显示每张幻灯片的效果。

⑤ 备注页视图。在备注页视图模式下将以整页格式显示备注窗格，并可以在其中编辑备注内容。

⑥ 幻灯片放映视图。在幻灯片放映视图模式下，幻灯片将按制作者设定的效果进行放映。在键盘上按"F5"键，或者单击"幻灯片放映"选择"从头开始"播放或者"从当前幻灯片开始"进入幻灯片放映视图。

三、新建幻灯片

幻灯片是演示文稿的组成部分，一张演示文稿一般由多张幻灯片组成，因此幻灯片的基本操作是编辑和制作演示文稿主要的操作之一。创建了一张空白演示文稿或基于模板创建新的演示文稿默认只有一张幻灯片。因此，需要多张幻灯片时，则要新建幻灯片。常用的新建幻灯片主要有以下几种方法。

① 通过快捷菜单创建。在普通视图工作界面左边的"幻灯片"窗格单击鼠标右键，在弹出的快捷菜单中选择"新建幻灯片"命令，如图4-11所示。

② 通过"开始"选项卡新建。单击"开始"→"新建幻灯片"，在打开的下拉列表中选择新建幻灯片版式，如图4-12所示，将创建一张带有版式的幻灯片。幻灯片版式主要用于定义幻灯片中内容的显示位置，创作者可以根据需要在里面添加文字、图片等内容。

③ 通过"插入"选项卡新建幻灯片。单击"插入"选项卡→"新建幻灯片"，在下拉列表中根据版式选择，新建一张幻灯片，如图4-13所示。

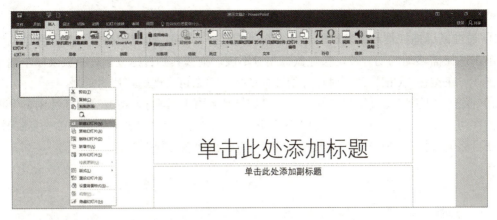

图4-11 快捷菜单新建幻灯片

图4-12 "开始"选项卡新建幻灯片

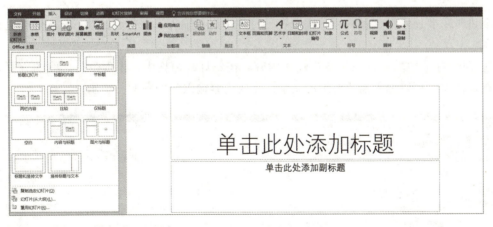

图4-13 "插入"选项卡新建幻灯片

四、移动和复制幻灯片

在演示文稿的制作过程中，可能需要对幻灯片的顺序进行调整，那么需要对幻灯片进行移动调整。或者基于某张幻灯片进行新的幻灯片制作，可以先复制这张幻灯片，在需要位置进行粘贴，然后再进行幻灯片修改。其操作方法如下。

① 通过鼠标拖拽移动或复制幻灯片。在"幻灯片/大纲"浏览窗格或"幻灯片浏览"视图中单击选择需移动的幻灯片，按住鼠标左键不放，拖拽其到目标位置后释放鼠标左键完成移动操作。在按住"Ctrl"键同时进行幻灯片拖拽，那么可实现幻灯片的复制。

② 通过快捷键移动或复制幻灯片。在"幻灯片/大纲"浏览窗格或"幻灯片浏览"视图选择需移动或复制的幻灯片，按"Ctrl+X"组合键（剪切）或"Ctrl+C"组合键（复制），然后再在目标位置按"Ctrl+V"组合键（粘贴），完成移动或复制操作。

五、删除幻灯片

在制作的过程中，某张幻灯片不需要了，可以将它删除。

① 在"幻灯片/大纲"浏览窗格或幻灯片浏览视图中，选择需要删除的一张或多张幻灯片（选定多张幻灯片需要按住Ctrl键），单击鼠标右键，在弹出的快捷菜单中选择"删除幻灯片"命令即可删除幻灯片，如图4-14所示。

② 在"幻灯片/大纲"浏览窗格或幻灯片浏览视图中，选择需要删除的一张或多张幻灯片（选定多张幻灯片需要按住"Ctrl"键），按键盘上的"Delete"，也可以删除选定幻灯片。

图4-14　删除幻灯片

六、输入文稿内容

演讲时需要展示的文稿内容，需要在幻灯片中进行输入。主要通过以下方式进行文稿内容输入。

① 在幻灯片中默认的占位符中输入内容。在幻灯片窗格中，出现带有虚线的方框即为占位符，在里面可以输入需要展示的文字，完成内容输入，如图4-15所示。

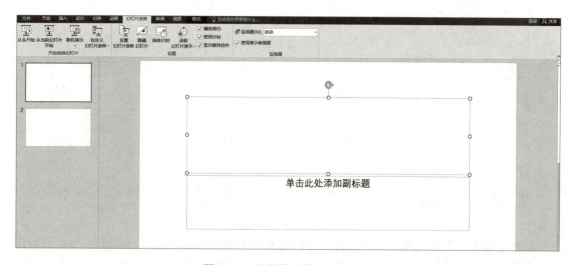

图4-15　占位符中输入文稿内容

② 插入文本框输入文稿内容。当幻灯片中默认的占位符不适合或者不需要时，可以将它选中，按"Delete"删除。然后在幻灯片中可以通过"插入"选项卡，选择文本框下拉菜单中的"横排文本框"或"竖排文本框"，如图4-16所示，接着在幻灯片中单击鼠标左键，进入编辑模式，输入文本内容，完成文稿内容的输入。

图4-16　文本框输入文稿内容

七、插入图片

图片具有很好的展示效果，可以在演示文稿中加入合适图片，给演示文稿增色。在幻灯片中可以插入"图片""联机图片""屏幕截图"及"相册"等图像。以下展示插入本机图片方法。

① 在需要插入图片的幻灯片中单击"插入选项卡"，单击选择"图片"，如图4-17所示。

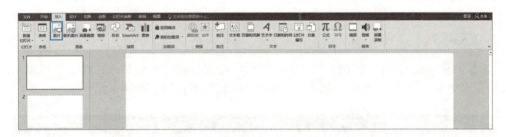

图4-17　幻灯片中单击插入图片

② 在弹出的对话框中选择图片所在的位置，单击"插入"按钮，如图4-18所示。

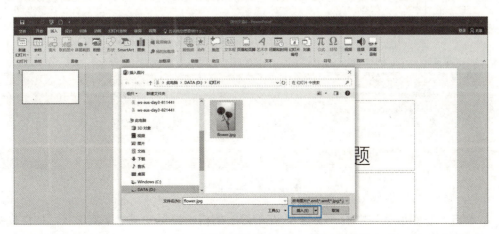

图4-18　插入图片

③ 返回到工作界面即可看到插入图片后的效果，将鼠标指针移动到图片四角的圆形控制点上，拖拽可以调整图片的大小。

④ 保持图片的选择状态，在功能选项卡上单击"格式"选项，可以对图片进行裁剪、设置尺寸大小以及图片样式等设置，对图片进行美化调整，如图4-19所示。

图4-19　图片格式设置

八、插入插图

1. 插入形状

① 形状是PowerPoint 2016提供的基础图形，通过基础图形的插入、结合，可以实现一些自绘图形效果。单击"插入"选项卡，选择"形状"下拉框，如图4-20所示。

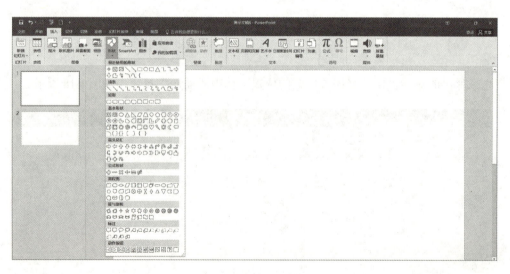

图4-20　插入形状

② 单击"基础形状"中的"笑脸"，在幻灯片窗格中鼠标变成十字架形状，按住鼠标左键不动，在幻灯片中进行拖拽，完成笑脸形状的绘制。

③ 单击"笑脸"图形，使其保持选中状态，在"格式"功能选项上对笑脸进行格式调整，使其更加美观。

④ 在"笑脸"图形下方，选择插入形状中的椭圆，并在幻灯片上拖拽出椭圆，并对椭圆进行格式调整，如图4-21所示。

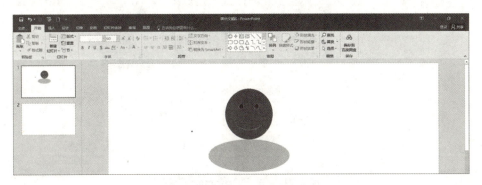

图4-21　插入形状中的椭圆

⑤ 完成多个形状的组合。按住"Ctrl"键依次单击幻灯片中的笑脸和椭圆形状，单击鼠标右键，在弹出的对话框中选择"组合"键下的"组合"命令，如图4-22所示。

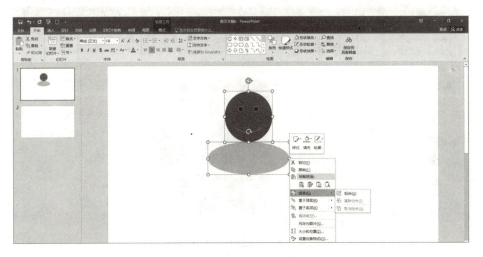

图4-22　组合多个形状

2. 插入SmartArt图形

SmartArt图形是从PowerPoint 2007开始新增的功能，通过SmartArt图形可以形象展示多种实物之间的关系，因此在演示文稿中也得到了广泛使用。

① 单击"插入"选项卡，然后单击"SmartArt"，如图4-23所示。

图4-23　插入SmartArt图形

② 在弹出的对话框中，可以单击"全部"，也可以单击"列表""流程""循环"等选项，在右边的窗口中选择需要的形状，单击"确定"按钮，如图4-24所示。

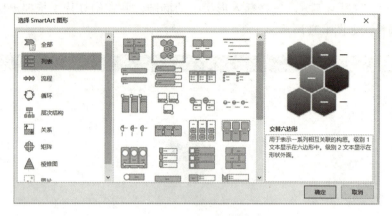

图4-24　选择SmartArt图形

③ 在SmartArt图形中进行文本编辑，输入文本内容，也可以对SmartArt进行设计和格式修改，如图4-25所示。

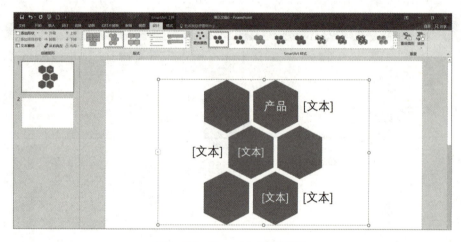

图4-25　SmartArt图形设计

任务实施

一、创建"销售部门年度工作总结汇报.pptx"文档

新建演示文稿，选择"电路"模板进行创建，以"销售部门年度工作总结汇报"为文件名，保存至D盘"幻灯片"文件夹下，如图4-26所示。

二、新建幻灯片并设计制作幻灯片内容

① 单击"设计"选项卡，鼠标单击"变体"中的红色，进行模板颜色的更改，如

图4-26 保存任务演示文稿

图4-27。接着单击"幻灯片大小"下拉框,选择"宽屏16∶9","宽屏16∶9"的幻灯片大小比"标准4∶3"宽度要大,能展示更多的内容,如图4-28所示。

图4-27 模板颜色更改

图4-28 幻灯片大小设置

② 在"幻灯片/大纲"浏览窗口,选择第一张幻灯片,单击鼠标右键,新建7张新幻灯片,如图4-29所示。

③ 在第1张幻灯片的主标题占位符中输入"销售部门年度工作总结汇报"文字,并将文字字体设置为"楷体"、字号为60,如图4-30所示。

④ 在第2张幻灯片中,按"Delete"键,将默认的版式占位符删除。单击"插入"选项卡,选择"竖排文本框",输入"目录"文字,并调整字体为"楷体",字号为54,并调整到相应的左边位置。单击"插入"选项卡,选择"横排文本框",输入如下样文文字内容,并设置字体为"微软雅黑",字号为36,如图4-31所示。

⑤ 如图4-32所示,在第3～8张幻灯片中输入文稿内容,并对文字按照样文进行格式修改。

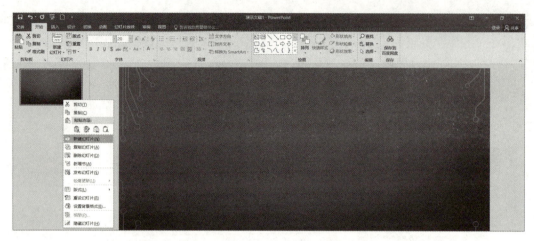

图4-29　新建幻灯片

图4-30　第1张幻灯片内容

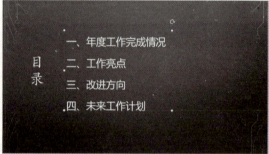

图4-31　第2张幻灯片内容

图4-32　第3~8张幻灯片文稿内容

三、插入图片和SmartArt图形

① 如图4-33，在第3、4、5、6、7张幻灯片中插入图片，并进行位置和格式的调整。

② 在第4和第5张幻灯片中插入SmartArt图形，选择"列表"下的"垂直框列表"，如图4-34所示。

③ 修改SmartArt图形的格式，将文本框的底纹颜色修改为RGB（230,124,60），将文本框下的底纹颜色修改为RGB（255,208,180），如图4-35所示。

图4-33 幻灯片中插入图片

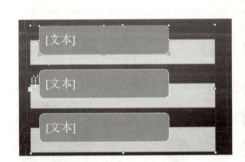

图4-34 插入SmartArt图形

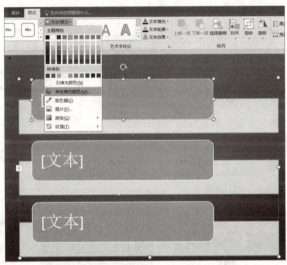

图4-35 修改SmartArt图形底纹填充色

④ 在SmartArt图形输入相应的文字内容,如图4-36、图4-37所示。

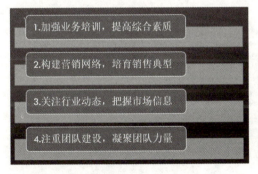

图4-36 第4张幻灯片SmartArt图形

图4-37 第5张幻灯片SmartArt图形

⑤ 按"Ctrl+S"组合键,保存所有操作。

任务二 ▪ 制作湖湘旅游文化宣传册

 任务描述

湖南省位于我国中部、长江中游，因大部分区域处于洞庭湖以南而得名"湖南"，因省内最大河流湘江流贯全境而简称"湘"，省会是长沙市。湖湘大地有惟楚有材、于斯为盛、千年学府、弦歌不绝的厚重"古色"；有"挥毫当得江山助，不到潇湘岂有诗"的盎然"绿色"；有"琼楼玉宇参差立，火树银花不夜天"的亮丽"夜色"……为了吸引更多的人到湖南来旅游参观，请参照图4-38制作一张湖湘旅游文化宣传册演示文稿。

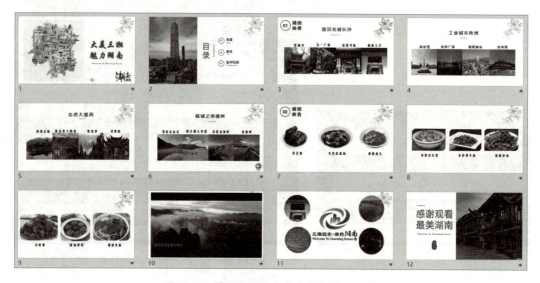

图4-38 "湖湘旅游文化宣传"演示文稿

 任务分析

本任务是根据湖湘旅游文化宣传内容，学会制作图文并茂、动画适宜且富有感染力的演示文稿，并能够娴熟地选择放映方式进行播放，完成本次任务涉及的知识点如下：◇幻灯片母版，◇插入艺术字，◇创建超链接与动作按钮，◇插入媒体文件，◇幻灯片切换，◇幻灯片动画，◇幻灯片放映，◇排练计时，◇打印演示文稿，◇打包演示文稿。

任务准备

一、幻灯片母版

幻灯片母版控制整个演示文稿的外观，包括颜色、字体、背景、效果和其他所有内容。

母版是定义演示文稿中所有幻灯片或页面格式的幻灯片视图或页面。每个演示文稿的每个关键组件（幻灯片、标题幻灯片、备注母版和讲义母版）都有一个母版。幻灯片母版上的对象将出现在每张幻灯片的相同位置上，因此使用母版可以方便地统一幻灯片的风格。

1. 设置标题幻灯片母版

① 如图4-39所示，单击"视图"选项卡，选择"母版视图"，单击"幻灯片母版"，进入到幻灯片母版视图。

图4-39　进入"幻灯片母版"视图

② 单击"标题幻灯片版式"，在这张幻灯片版式中设置的内容将出现在第一张幻灯片中。例如，插入一张花的图片，调整图片大小和位置，如图4-40所示。接着单击"视图"中的普通视图，即可查看设置后的效果，在幻灯片母版中设置的图片，在幻灯片窗格中不能对其进行位置和大小等调整，要进入到幻灯片母版视图中才能进行操作。

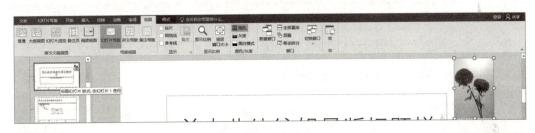

图4-40　设置标题幻灯片版式

2. 设置标题和内容母版

① 单击"视图"选项卡，选择"母版视图"，单击"幻灯片母版"，进入到幻灯片母版视图。

② 单击"标题和内容版式"，进入到设置界面，如图4-41所示，在这张幻灯片母版版式中设置的内容将出现在第一张幻灯片以外的其余幻灯片中。

图4-41　进入标题和内容版式

③ 在"标题和内容版式"中插入一个形状，调整大小和位置，如图4-42所示。

④ 选项卡上单击"关闭母版视图"，返回到"普通"视图，则可以查看设置了"标题幻灯片版式"和"标题和内容版式"的效果图，如图4-43所示。

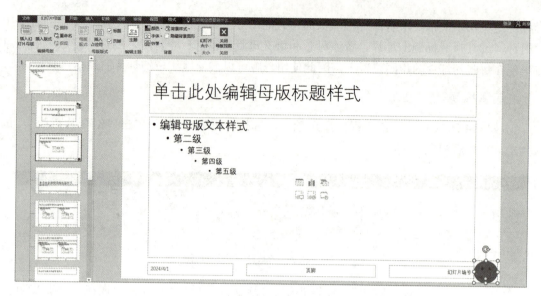

图4-42　设置标题和内容版式

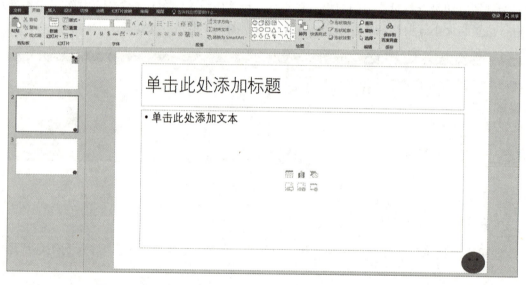

图4-43　设置"标题幻灯片版式"和"标题和内容版式"效果图

3. 设置幻灯片母版

① 如果需要标题幻灯片和后面幻灯片在同样的位置出现同样的效果,那么可以设置幻灯片母版,而不用像上面那样单独设置,如图4-44所示,单击选择幻灯片母版。

图4-44　选择幻灯片母版

② 在右边的幻灯片母版编辑窗格中输入需要在每张幻灯片都出现的图片或文字,以文

字为例，插入文本框，输入"厚德/励志"，调整大小、演示和位置，如图4-45所示。在幻灯片母版中设置的图片或文字将在每张幻灯片中都会展示出来。

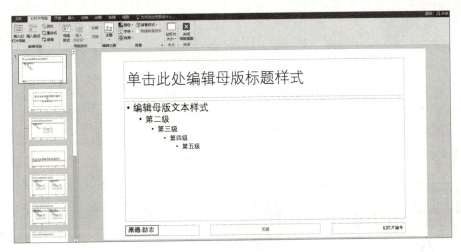

图4-45　设置幻灯片母版

③ 单击"关闭幻灯片母版"，单击"幻灯片浏览视图"，即可看见设置的文字在幻灯片每一张都出现，如图4-46所示。

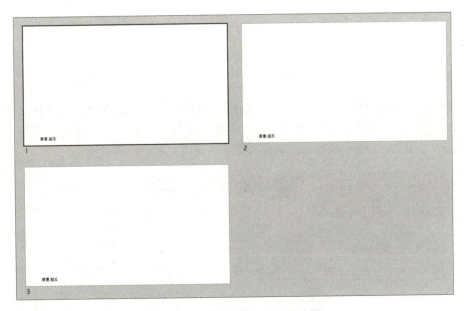

图4-46　设置幻灯片母版效果图

二、插入艺术字

艺术字可以设置渐变颜色、立体效果以及不同形状效果。在幻灯片中插入艺术字，能够使普通文本更美观。

① 在需要设置艺术字的幻灯片页面中，单击"插入"选项卡上的"艺术字"按钮 A 下方的按钮 ，如图4-47所示。

图4-47 插入艺术字

② 在打开的下拉列表下选择需要的艺术字效果，例如选择第1行第5列艺术字效果，如图4-48所示。

③ 在出现的占位符中输入需要展示的艺术字文字，例如输入"目录"，并适当调整文字位置，将字体修改为"隶书"，大小修改为66磅，如图4-49所示。

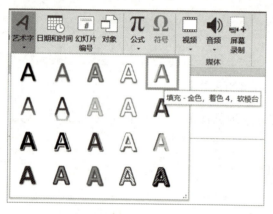

图4-48 选择艺术字效果

图4-49 编辑艺术字

④ 保存艺术字选择状态，此时将自动激活"格式"选项卡，在"艺术字样式"功能区中选择"文本效果"，接着选择"阴影"下"透视效果"中"左上对角透视"，设置和效果如图4-50所示。同样方法还可以对艺术字设置文本填充或文本轮廓等效果。

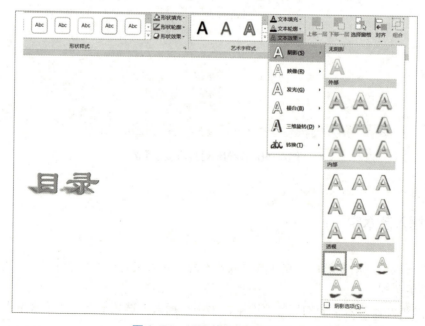

图4-50 设置艺术字文本效果

三、创建超链接与动作按钮

平时浏览网页时，单击某个标题或某张图片时，就会自动弹出对应的内容的页面，通常这些被单击的对象被称为超链接。在 PowerPoint 2016 中也可以为幻灯片中的文字或图片创建超链接，以实现单击文字或图片调整到对应幻灯片中的效果。

1. 创建超链接

① 在幻灯片窗格中选中需要设置超链接的文字"销售人员的在岗评价"，单击鼠标右键，选择"超链接"，如图 4-51 所示。

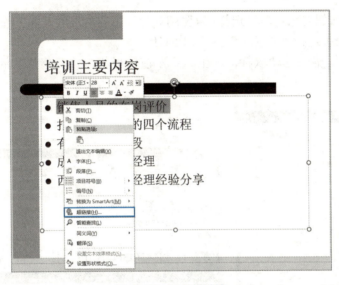

图 4-51　插入超链接

② 在弹出的对话框中选择"本文档中的位置"，接着选择第 3 张幻灯片"第一部分 销售人员的在岗评价"，单击"确定"完成超链接设置，如图 4-52 所示。

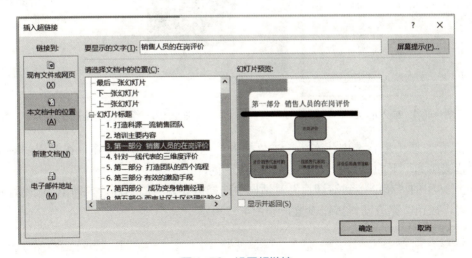

图 4-52　设置超链接

③ 同样的方法，在第 2 张培训主要内容幻灯片中，将"打造销售团队的四个流程"文字链接到第 5 张幻灯片；将"有效的激励手段"文字链接到第 6 张幻灯片，将"成功变身销售

经理"文字链接到第7张幻灯片；将"西南片区大区经理经验分享"文字链接到第8张幻灯片，链接设置好后如图4-53所示。注：设置超链接的文字或图片跳转效果需要在"幻灯片放映"视图下才能实现。

2. 创建动作按钮

在幻灯片放映视图下，单击第2张"销售人员的在岗评价"可以跳转到第3张幻灯片，介绍完第4张幻灯片后，需要设置一个超链接跳转回第2张幻灯片，这里可以使用动作按钮。

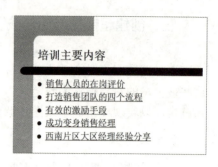

图4-53 设置超链接后文字效果

① 创建动作按钮对象：单击选择第4张幻灯片，接着单击"插入"选项卡下的"形状"按钮，在下拉列表中选择"左箭头"，如图4-54所示。

② 在幻灯片窗格中拖动鼠标，产生一个左箭头形状，并调整形状的颜色和位置，如图4-55所示。

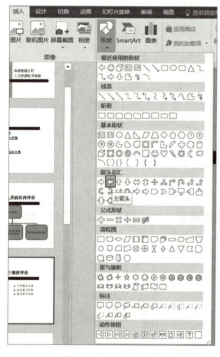

图4-54 插入形状　　　　　　　图4-55 绘制左箭头形状

③ 保存左箭头形状选中状态，单击"插入"选项卡，点击 ★ 按钮，在弹出的对话框中选择"超链接到"下的"幻灯片…"，如图4-56所示。

④ 在弹出的"超链接到幻灯片"对话框中选择需要调整的幻灯片，即第2张幻灯片，点击"确定"按钮，完成动作按钮设置，如图4-57所示。

四、插入媒体文件

媒体文件主要指音频和视频文件。在PowerPoint 2016中支持插入媒体文件，制作者可以

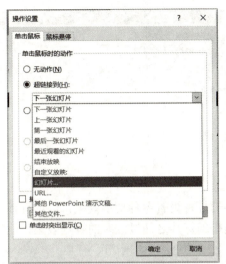
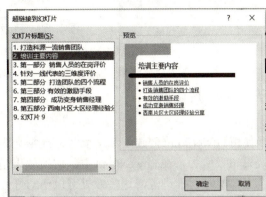

图4-56 设置动作按钮超链接　　　　　图4-57 选择跳转幻灯片页面

根据演示文稿主题需要插入媒体文件，增强演示文稿的听视觉效果。在演示文稿中插入媒体文件主要操作步骤如下。

① 选择第1张幻灯片，单击"插入"选项卡媒体组上的音频按钮，在出现的下拉列表中选择"PC上的音频"选项。

② 打开"插入音频"对话框，选择音乐存放的位置，在中间的列表中选择需要插入的音乐文件，点击"插入"按钮，如图4-58所示。

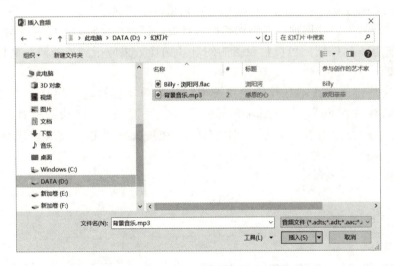

图4-58 插入音频

③ 插入音频成功后会在幻灯片中出现声音图标，选择该图标，激活功能"播放"选项卡。

④ 在出现如图4-59所示的"播放"选项卡中，点击▶按钮，可以播放插入的音乐文件；点击"裁剪音频"按钮，可以设置插入音乐的开始时间和结束时间；点击"音量"可以设置插入音乐声音是低、中、高或者静音；点击"开始"按钮，可以设置音乐是单击鼠标时播放还是自动播放音乐；勾选"循环播放，直到停止"，则音乐会在幻灯片结束之前循环播放，勾选"放映时隐藏"，则音乐图标在幻灯片放映视图下不会显示；"淡化持续时间"为了防止音频在播放过程中，过于突兀生硬，因此可以设置淡入和淡出时间。

图4-59　音频功能区

五、幻灯片切换

当使用PowerPoint创建演示文稿时，经常会为幻灯片设置各种切换效果，以增强演示的视觉效果和吸引力。在PowerPoint中，切换效果是指幻灯片之间过渡时的视觉效果，比如切除、淡出、擦除、推进等，这些效果可以使幻灯片之间的过渡更加平滑、有趣。

① 选择需要设置切换效果的幻灯片。

② 单击功能区中的"切换"选项卡。

③ 在切换效果栏中，选择适合的切换效果。常见的切换效果包括切出、淡出、推进、随机线条等，如图4-60所示。

图4-60　设置幻灯片"切出"切换效果

④ 单击图4-60中的"效果选项"可以选择效果的不同显示方式。

⑤ 单击"声音"下拉选项可以添加切换时音效，调整持续时间可以更改切换速度等。

⑥ 单击 全部应用 按钮，可以将设置的幻灯片切换效果应用到当前演示文稿所有的幻灯片中。

⑦ 选择换片方式，在幻灯片放映视图下默认为单击鼠标进行换片，也可以将其更改为"设置自动换片时间"，将 设置自动换片时间: 00:02.00 ：设置为2秒自动进行换片，如果所有的幻灯片都是每2秒进行换片，那么则可以单击 全部应用 按钮，将其应用到所有的幻灯片中。

六、幻灯片动画

在当今数字化时代，PPT动画效果已经成为演示文稿中不可或缺的一部分。从简单的文字和图片演示到复杂的动画和特效，PPT动画效果在提高演示效果、吸引观众注意力方面发挥了重要作用。幻灯片动画主要是指为幻灯片中各元素对象设置的动画效果，在PowerPoint 2016中主要有以下4种动画。

1. 进入动画

进入动画指对象从幻灯片显示范围之外，进入幻灯片内部的动画效果，例如对象从左边飞入幻灯片中指定的位置。给对象添加进入动画主要步骤如下。

① 选中需要添加动画效果的元素（占位符或图片）。

② 单击"动画"选项卡，在功能区选择，如图4-61所示。

图4-61 动画选项卡

③ 在弹出的下拉列表中选择"进入"动画，并单击选择"飞入"动画，如图4-62所示。
④ 单击功能区上的"效果选项"下拉框，可以对动画进行方向调整。
⑤ 单击功能区上的"动画窗格"按钮，在幻灯片窗格右边出现动画窗格对话框，如图4-63所示。

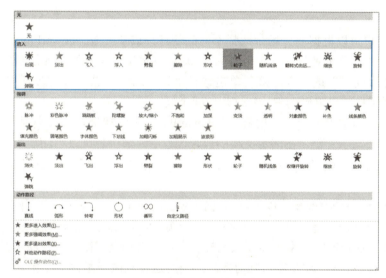

图4-62 "进入"动画设置　　　　图4-63 幻灯片动画窗格

⑥ 选中动画窗格中的元素，单击动画窗格中的按钮，可以调整单张幻灯片中元素出现的顺序。
⑦ 如图4-64所示，可以设置元素动画开始的方式，默认方式为"单击时"，选择"与上一动画同时"表示播放前一动画的同时播放该动画；"上一动画之后"表示前一动画播放完之后，在设置的时间后自动播放该动画。

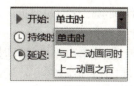

图4-64 设置幻灯片动画开始方式

2. 强调动画

强调动画指对象本身已显示在幻灯片中，然后需要对其突出显示，从而起到强调作用的动画，例如对对象进行加粗展示、放大/缩小等。

3. 退出动画

退出动画指对象本身已显示在幻灯片中，然后以指定的动画效果离开幻灯片的动画，例如对象以飞出或消失等形式离开幻灯片等。

4. 路径动画

路径动画是指对象按系统预设的动作路径或用户绘制的路径进行移动的动画，例如对象按弧形移动等。

强调动画、退出动画和路径动画的使用方式与进入动画操作基本一致，大家可以自己选择元素进行对应动画设计，在幻灯片放映视图下检查动画设置效果。

七、幻灯片放映

在 PowerPoint 2016 中，用户可以根据演出场合选择不同的幻灯片放映类型。PowerPoint 2016 提供了 3 种放映类型，分别为演讲者放映（全屏幕）、观众自行浏览（窗口）和在展台浏览（全屏幕）。单击"幻灯片放映"选项卡，接着单击选择"设置幻灯片放映"，弹出图 4-65 所示"设置放映方式"对话框，可以看到三种幻灯片放映类型。

① 演讲者放映（全屏幕）。演讲者放映（全屏幕）是 PowerPoint 2016 默认的放映类型。在这种放映类型下以全屏幕放映演示文稿，在演示文稿的放映过程中，演讲者可以手动切换幻灯片和幻灯片中动画效果，也可以将幻灯片暂停等。在演讲者放映类型下，演讲者具有完全的幻灯片播放控制权。

② 观众自行浏览（窗口）。这种放映类型将以窗口形式放映演示文稿，在放映过程中可使用滚动条、"PageDown"键、"PageUp"键对放映的幻灯片进行切换，但是不能通过单击放映。

③ 在展台浏览（全屏幕）。这种放映类型不需要人为控制，系统自动全屏循环放映演示文稿，使用之前最好将幻灯片的切换效果设置为自动换片。使用这种放映类型时，不能单击切换幻灯片，但可以通过单击幻灯片中的超链接和动作按钮来切换，按"Esc"键可结束放映。

八、排练计时

演讲者在一些公众场合展示自己的演示文稿时，往往得把握好演示的时间，所以在正式演讲前最好给幻灯片进行一次排练计时以把控演讲时间。

① 打开需要设置排练计时的演示文稿。

② 单击"幻灯片放映"选项卡，接着单击"排练计时"按钮。

③ 幻灯片进入放映状态，在窗口左上角始终显示录制的时间，按正常演示切换每一张幻灯片，计时器会记录每张幻灯片的播放时间。

④ 幻灯片演示结束时弹出对话框，"是否保留幻灯片的排练时间"，选择"是"。

⑤ 如果不需要使用排练计时播放演示文稿，那么可以选择手动播放方式，单击"幻灯片放映"选项卡，单击选择"设置幻灯片放映"，在弹出的对话框中"换片方式"下选择"手动"，如图 4-66 所示。

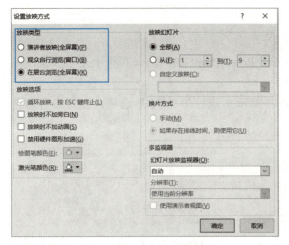
图4-65 设置幻灯片放映方式

图4-66 取消使用排练计时

九、打印演示文稿

为方便演讲时演讲者和观众了解演讲内容，可以将演示文稿打印到纸上。具体操作如下：

① 在打开的演示文稿中单击"文件"选项卡，选择"打印"，在份数中输入需要打印的数量，例如需要2份，就输入"2"，如图4-67所示。

② 在"打印机"下拉列表中选择就绪的打印机。

③ 在"整页幻灯片"下拉列表中选择"4张幻灯片"选项，选中"幻灯片加框"和"根据纸张调整大小"选项，如图4-68所示。

图4-67 设置打印份数　　　　　　　　　图4-68 设置幻灯片打印布局

④ 在设置里面继续选择"双面打印"和"横向"，可以设置打印时将是横向和双面打印，如图4-69所示。

十、打包演示文稿

演示文稿制作好后,如果需要在其他没有安装 PowerPoint 2016 的计算机上正常放映,则可以将演示文稿进行打包,具体操作如下。

① 单击"文件"→"导出"命令,选择"将演示文稿打包成CD"选项,在窗口右侧选择"打包成CD"按钮,如图4-70所示。

图4-69 设置双面和横向打印　　　　图4-70 选择"将演示文稿打包成CD"

② 打开"打包成CD"对话框,单击" 复制到文件夹(F)... "按钮,打开"复制到文件夹"对话框,在"文件夹名称"框中输入名称,在"位置"框中输入打包后的文件夹保存位置,单击"确定"按钮,如图4-71所示。

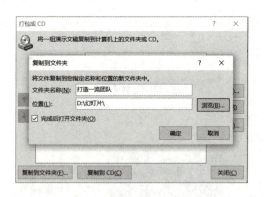

图4-71 复制到文件夹

③ 打开提示对话框,询问是否保存链接文件,单击"是"按钮,如图4-72所示,等待一会儿即可将演示文稿打包到文件夹。

图4-72 保存链接文件

任务实施

一、启动 PowerPoint 2016 程序，打开素材文件

启动 PowerPoint 2016 程序，打开"湖南旅游文化宣传册-素材.pptx"素材文件。

二、插入艺术字

① 单击第1页幻灯片，选择"插入"选项卡，单击"艺术字"，在下拉列表中选择第1行第3列"填充-青色，着色2，轮廓-着色2"艺术字效果，在出现的文本框中输入"大美三湘 魅力湖南"文字，并设置文字字体为"华文行楷"，字号为"72磅"。

② 保持第1页艺术字选择状态，单击"格式"选项卡，选择"艺术字样式"，单击"文本效果"，选择"发光"下的"青色，5Pt发光，个性色2"，如图4-73所示。保持艺术字选中状态，单击"格式"选项卡，在"艺术字样式"组中选择"文本填充"下拉中的"深绿"色，将艺术字颜色填充为深绿色。

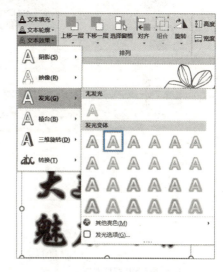

图4-73 设置艺术字文本效果

三、插入视频

① 选择第10张幻灯片，在"插入"选项卡的"媒体"组中单击"视频"按钮，在弹出对话框中，选择"PC上的视频"，接着选择素材"湖南宣传.mp4"视频文件，单击"插入"命令，插入到幻灯片中。保持视频选择状态，适当调整视频的大小和位置。

② 保持视频选择状态，单击"播放"选项卡，设置视频自动播放以及全屏播放，如图4-74所示。

四、设置幻灯片母版

① 设置幻灯片母版。单击"视图"选择"幻灯片母版"，单击"Office Theme 幻灯片母版"。

② 在"插入"选项卡的"插图"组中单击"图片"按钮，在弹出对话框中，选择素材"母版图.png"图片文件，单击"插入"命令，插入到幻灯片中的左上方，单击"关闭母版视图"。设置后效果如图4-75所示。

图 4-74　视频播放设置

图 4-75　设置幻灯片母版

五、添加超链接

① 选择第 2 张目录幻灯片，选择"美景"文本框，单击"插入"选项卡，选择链接组中"超链接"，在弹出的对话框中选择"本文档中的位置"，在右边选择"3.幻灯片3"，单击"确定"按钮，如图 4-76 所示。

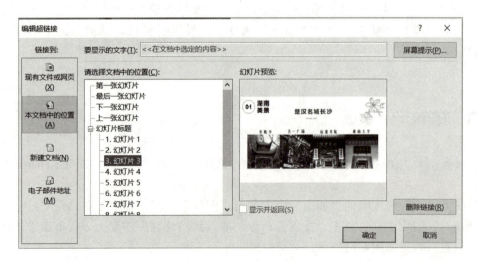

图 4-76　插入超链接

②使用同样的方法，将第2张幻灯片中的"美食"文字插入超链接到幻灯片7，第2张幻灯片中的"宣传视频"文字插入超链接到幻灯片10。

③接着需要在第6张和第9张幻灯片制作返回按钮，当播放到第6张幻灯片时，单击返回按钮到第2张幻灯片，同理需要在第9张幻灯片也要有返回按钮。

④选择第6张幻灯片，在"插入"选项卡的"插图"组中单击"图片"按钮，在弹出对话框中，选择素材"返回.jpg"图片文件，单击"插入"命令，插入到幻灯片中的右下方，如图4-77所示。

图4-77　插入返回按钮

⑤单击第6张幻灯片，选择右下角的返回图标，接着单击"插入"选项卡，选择链接组中"超链接"，在弹出的对话框中选择"本文档中的位置"，在右边选择"2.幻灯片2"，单击"确定"按钮。

⑥选择第6张幻灯片的返回按钮，使用"Ctrl+C"组合键复制，选择第9张幻灯片，使用"Ctrl+V"组合键粘贴，将制作好的返回按钮复制到第9张幻灯片。

六、设置幻灯片切换和动画效果

①选择第1张幻灯片，单击"切换"选项卡，选择"随机线条"的切换方式，效果选项保持不变。为保持整张演示文稿一致的切换效果，则单击"全部应用"按钮，将切换效果应用到所有的幻灯片中，如图4-78所示。

图4-78　幻灯片切换设置

②选择第3张幻灯片，单击选中幻灯片中已经组合好的美景图，单击"动画"选项卡，选择"进入"动画中的"飞入"动画效果，"效果选项"中选择"从左侧"。

③单击"动画窗格"，在动画窗格中选择上面设置好的动画，单击鼠标右键，选择"效

果选项",在弹出的对话框中选择"计时"选项卡,在"期间"中将"非常快(0.5秒)"更改为"快速(1秒)",如图4-79所示。

④ 依次对第4~9张幻灯片中的美景和美食元素设置动画效果,同学们可以根据自己想要的效果进行动画设置,要求动画适宜、不夸张、不突兀。

⑤ 选择第11张幻灯片,选择中间的"三湘四水 相约湖南"图片,设置动画为"浮入"效果,效果选项为"上浮";依次从上到下设置其余四张图片动画效果为"缩放",效果选项为"对象中心",单击"动画窗格"中的"播放自" 按钮,预览当前页元素的动画效果。

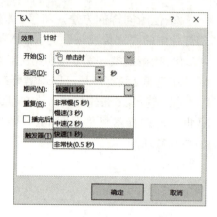

图4-79 幻灯片动画效果更改

七、设置排练计时和幻灯片放映方式

① 单击"幻灯片放映"选项卡,在"设置"组中选择"排练计时",对制作好的湖湘旅游文化宣传册演示文稿进行排练计时,到最后一页,单击"是"按钮,保留幻灯片的计时时间。

② "幻灯片放映"选项卡下选择"设置幻灯片放映",弹出的对话框中选择"换片方式"为"如果存在排练计时,则使用它",单击"确定"按钮。

③ 按"Ctrl+S"组合键,保存所有操作。

④ 按键盘上的"F5"键或者选择"幻灯片放映"选项卡,单击"从头开始"播放制作好的演示文稿,则从第1页开始放映演示文稿,如图4-80所示。

图4-80 选择播放幻灯片

模块考核与评价

一、选择题

1. 在PowerPoint 2016中,"超链接"命令可实现(　　)。
   A. 幻灯片之间的跳转　　　　　　B. 实现演示文稿幻灯片的移动
   C. 中断幻灯片的放映　　　　　　D. 在演示文稿中插入幻灯片
2. 在PowerPoint 2016中,设置幻灯片放映时的换页效果为擦除,应使用(　　)功能。
   A. 动作按钮　　B. 幻灯片切换　　C. 动画方案　　D. 自定义动画
3. PPT演示文稿的基本组成单元是(　　)。
   A. 图形　　　　B. 幻灯片　　　　C. 超链接　　　D. 文本

4. 在 PowerPoint 2016 中，如果要求幻灯片能够在无人操作的环境下自动播放，应该事先对演示文稿进行（　　）。
  A. 动画设置　　　　B. 排练计时　　　　C. 存盘　　　　D. 打包
5. 在 PowerPoint 2016 中，对母版的修改将直接反映在（　　）幻灯片上。
  A. 当前　　　　　　　　　　　　B. 当前幻灯片之前的所有
  C. 当前幻灯片之后的所有　　　　D. 引用了该母版的每张
6. 在 PowerPoint 2016 中插入了声音以后，幻灯片将会出现（　　）。
  A. 喇叭标记　　B. 一段文字说明　　C. 超链接说明　　D. 超链接按钮
7. 在 PowerPoint 2016 中，"插入"选项卡可以创建（　　）。
  A. 表格　　　　B. 形状　　　　C. 图表　　　　D. 以上都可以
8. 在 PowerPoint 2016 中，特殊的字符和效果（　　）。
  A. 可以大量使用，用得越多，效果越好　　B. 同背景的颜色相同
  C. 适当使用以达到最佳效果　　　　　　　D. 只有在标题片中使用
9. 在 PowerPoint 2016 中，插入在幻灯片中的图片、图形等对象，下列操作描述中正确的是（　　）。
  A. 这些对象放置的位置不能重叠
  B. 这些对象放置的位置可以重叠，叠放的次序可以改变
  C. 这些对象无法一起被复制或移动
  D. 这些对象各自独立，不能组合为一个对象

二、填空题

1. PowerPoint 2016 文档的默认扩展名是（　　）。
2. 在 PowerPoint 中，（　　）工具可以快速设置相同动画。
3. （　　）视图是进入 PowerPoint 后的默认视图。
4. 从当前幻灯片开始放映幻灯片的快捷键是（　　）。
5. 按住（　　）键可以选择多张不连续的幻灯片。
6. 只有在（　　）视图下，"超级链接"功能才起作用。
7. 在 PowerPoint 中，停止幻灯片播放的快捷键是（　　）。

三、操作题/简答题

1. PowerPoint 2016 提供了哪几种视图方式？
2. 插入一张幻灯片的操作方式有哪些？
3. 如何为幻灯片中的元素添加动画效果？
4. 如何在 PowerPoint 2016 中插入音频和视频？
5. 制作自己的个人简历 PPT。

模块五

信息检索

目前正处于信息化社会，信息已经成为最重要的战略资源之一。在信息的浩瀚海洋之中，存在着大量无用信息和虚假信息，这使得获取有用的信息资源变得越来越困难。信息素养是信息时代每个人的必备素养。掌握信息高效检索方法，是现代信息社会对高素质技术技能人才的基本要求。通过信息检索相关知识的学习，掌握信息检索的基本方法、常用搜索引擎和专业平台搜索信息的技巧，培养学生用信息检索解决实际问题的能力。

知识目标

- ◆ 掌握信息检索的基本流程
- ◆ 熟练掌握信息检索的方法和步骤
- ◆ 掌握常用搜索引擎的使用
- ◆ 学会使用搜索引擎进行信息检索
- ◆ 学会信息资源收集与整理
- ◆ 掌握中国知网、万方数据库等中文检索系统的使用

素质目标

- ◆ 培养获取和利用文献技能
- ◆ 提升信息检索能力
- ◆ 提高信息整理和评价能力
- ◆ 提高自主学习和独立创新能力
- ◆ 培养分析和解决问题能力
- ◆ 培养团队协作精神
- ◆ 培养创新思维和终身学习能力
- ◆ 培养良好的职业道德

任务一 ■ 了解信息检索

任务描述

大家都想了解自己所学专业职业领域的就业前景、岗位要求等信息,为自己的职业规划提供参考。本任务要求大家通过浏览器搜索提炼出BOSS直聘网站中"网络管理员"职位的岗位描述(不低于4条)以及"网络管理员"职位的任职资格(不低于3条),将检索结果保存到文档中。

任务分析

本任务是帮助大家了解信息检索相关基础知识,并且使用浏览器进行检索,搜索提炼出需要的信息。完成本次任务涉及的主要知识点如下:◇信息检索基础知识,◇信息检索分类,◇信息检索方法,◇信息检索基本流程,◇信息检索技术。

任务准备

一、信息检索概念

信息是按一定的方式进行加工、整理、组织并存储起来的。信息检索(Information Retrieval),通俗地讲是人们根据特定的需要将相关信息准确地查找出来的过程,或者是人们进行信息查询和获取的主要方式、方法和手段总称。

从专业的角度讲,信息检索有狭义和广义之分。狭义的信息检索仅指信息查询(Information Search或Information Seek)。广义的信息检索是信息按一定的方式进行加工、整理、组织并存储起来,再根据信息用户特定的需要将相关信息准确地查找出来的过程。广义的信息检索包括信息存储与信息检索两个部分。一般情况下,信息检索通常指的是广义的信息检索。

二、信息检索分类

信息检索具有广泛性和多样性,根据各种信息检索的特点,可以将信息检索从检索结果内容和从信息存储及检索方式来进行细分,如图5-1所示。

1. 按检索结果内容划分

信息检索检索结果内容可划分为数据信息检索、事实信息检索和文献信息检索。

① 数据信息检索(Data Information Retrieval)是以数值或数据为对象的一种检索,是将经过选择、整理、鉴定的数值数据存入数据库中,根据需要查出可回答某一问题数据的检

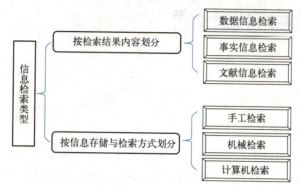

图5-1 信息检索分类

索。数据信息检索的结果是数据。数据信息检索的数据分为数值型和非数值型,即既包括物质的各种参数、电话号码、银行账号、观测数据、统计数据等数字数据,也包括图表、化学分子式、物质的各种特性等非数字数据。数据检索是一种确定性检索,例如,检索"中国电信的客服电话号码"或者检索"2023年中国国内生产总值是多少?"等。

② 事实信息检索(Fact Information Retrieval)是将存储于数据库中的有关某一事件发生的时间、地点、经过等情况查找出来的检索。其检索对象既包括事实、概念、思想、知识等非数值信息,也包括一些数据信息,但需要针对查询要求,由检索系统进行分析、推理后,再输出最终结果。事实信息检索的结果是事实,例如检索"中国的第一位皇帝是谁?"。

③ 文献信息检索(Document Information Retrieval)是以文献(包括题录、文摘和全文)为检索对象的检索。查找某一主题、时代、著者、文种的有关文献,以及这些文献的出处和收藏处等,都属于文献信息检索的范畴。文献信息检索通常是检索所需要信息的线索,需要对检索结果进行进一步分析与加工,因此多使用检索刊物、书目数据库或全文数据库,例如"设计桥梁的参考文献有哪些?"。

2. 按组织方式划分

信息检索按组织方式大致可划分为手工检索、机械检索和计算机检索。

① 手工检索(Manual Retrieval)是人工进行信息存储以及进行检索信息的过程。手工检索主要指人们利用卡片目录、题录、文摘、索引等检索工具,通过手工查找进行的信息检索。

② 机械检索(Mechanical Retrieval)是指利用某种机械装置来处理和查找文献的检索方式,如穿孔卡片检索、缩微品检索等。机械检索是20世纪50年代开始用机械进行情报检索的机械系统,是手工检索向计算机检索的过渡阶段。机械检索最初是从简单的穿孔卡片逐步发展起来的。

③ 计算机检索(Computer Retrieval)是指利用计算机和一定通信设备查找所需信息的检索方式。在检索过程中需要用到计算机硬件、系统软件、应用软件和通信设备等。使用这种检索方式能够对大量的信息进行存储和快速查询。计算机检索主要经历了以下几个阶段:

➢ 脱机批处理检索。计算机的诞生给信息检索带来了革命性的变化。1946年2月世界上第一台计算机问世以后,研究者们就设想利用计算机进行文献检索。人们运用一台计算机来进行检索,用磁带作为存储介质,一般为连续的顺序检索方式。检索者将很多的检索提问汇集到一起,进行批量检索,然后把检索结果反馈给用户,用户不直接接触计算机,因此称为脱机批处理检索。

1954年,美国海军军械实验中心首先采用IBM701型计算机建立了世界上第一个计算机文献信息检索系统,实现了单元词组配检索,检索结果只是文献号。

- 联机检索。随着计算机磁盘存储介质出现以及计算机通信技术的改进,人们可以在磁盘上存储可以随时读取的文件,通过终端设备与检索系统中心计算机进行人机对话,实现对远距离之外的数据库进行检索的目的,这样建立起来一台主机带多个终端的联机检索系统就实现了联机信息检索。
- 光盘检索。光盘是利用激光原理进行信息读写的存储器,具有信息存储量大、读取速度快、保存时间长、成本低等优点。以光盘数据库为基础的是一种独立的计算机检索方式。光盘是大型脱机式数据库的主要载体,可以实现单机光盘数据库检索和光盘网络检索。
- 网络信息检索。网络信息检索是由网络站点、浏览器和搜索引擎共同组成的检索系统。随着计算机技术的迅猛发展,网络信息检索彻底打破了信息检索的区域性、时间性等限制,用户足不出户即可随时随地通过网络获得所需要的信息。

三、信息检索方法

信息检索的方法有很多种,主要包括普通检索法、追溯检索法和循环检索法。

① 普通检索法又称工具检索法,它是以书目、文摘、索引等检索工具进行文献资料查找的方法。根据检索结果,普通检索法可分为直接检索法和间接检索法,其中间接检索法又分为顺查法和倒查法。

直接检索法是指利用检索工具直接进行信息检索的方法,例如利用字典、词典、手册、百科全书、年鉴、全文数据库等进行检索。直接检索法一般用于查找一些内容较成熟稳定的问题答案。

间接检索法主要指利用检索工具间接检索信息资源的方法。其中顺查法是指利用选定的检索工具,根据检索内容时间由远及近、由过去到现在顺时序逐年查找;倒查法与顺查法相反,是利用检索工具逆时间顺序从近期向远期检索。其中顺查法强调近期资料,检索的重点在近期信息上。

② 追溯检索法又称追溯法,是一种跟踪查找的方法。这种检索方法是利用已有文献所附的参考文献不断追踪查找的方法。常见的追溯方式有:文章→参考文献→更多文章;专利→发明人→论文;链接→网站→更多网站等。目前很多的数据库检索结果中,也有相关联的参考文献、引证文献等便于读者找到相关检索主题的更多文献。图5-2是中国知网提供的某大学某某博士毕业论文的引文链接。

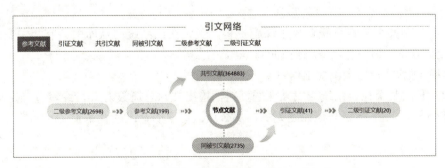

图5-2 中国知网提供的引文网络

③ 循环检索法,又称分段法。其是先利用检索工具从分类、主题、题目等入手,查询出一批文献;然后选择与检索主题针对性较强的一批文献,接着再按文献中的参考文献回溯

查找，分期分段地交替进行，直到检索到满意的结果。

在实际的检索中，并不一定是单纯使用一种检索方式，应该根据检索主题、要求、条件等因素综合使用多种检索方法以达到检索出所需信息的目的。

四、信息检索基本流程

信息检索的实质是一个匹配过程，检索者根据所需检索的"主题"或"检索表达式"在信息系统中相匹配的过程，如所需信息被检中，则检索成功。匹配有多种形式，既可以完全匹配，也可以部分匹配，这主要取决于用户的需求。

信息检索的基本流程主要可以分为确定检索需求、选择检索系统、选用检索方法、实施具体检索及整理检索结果五个环节，见图5-3。

图5-3 信息检索基本流程

第一步"确定检索需求"是指要明确要查找的信息主题或内容，信息的类型和格式是什么；第二步"选择检索系统"是指从众多的检索系统中，挑选出与检索需求相适合的检索系统，可以是多个检索系统，在多个选择系统中多次检索；第三步"选用检索方法"是指根据检索需求制订检索的具体步骤和方法，确定检索关键词，制订检索策略；第四步"实施具体检索"是指对检索系统及制订的检索策略进行实际检索；第五步"整理检索结果"是指将检索出的信息进行整理、分析、合并等操作，将检索结果汇总。实际的检索过程中这五步并非严格逐步进行，也有可能根据检索结果和需要更换检索系统或检索方法重新进行检索，直到检索到满意的结果为止。

查全率和查准率是判定检索效果的主要指标。查全率是指检出的相关文献量与检索系统中相关文献总量的比例；查准率是指检出的相关文献量与检出的信息资源总量之比。查全率是衡量检索系统和检索者检出相关信息的能力，查准率是衡量检索系统和检索者拒绝非相关信息的能力。实验证明，在查全率和查准率之间存在着相反的相互依赖关系，即如果提高输出的查全率，就会降低其查准率，反之亦然。

查全率＝检准信息/全部相关信息

例如，利用某个检索系统查找某课题资料，假设在该系统文献库中共有相关文献50篇，而只检索出30篇，那么查全率就是30/50=60%。

查准率＝检准信息/全部检出信息

例如，利用某个检索系统查找某课题资料，检出文献总篇数为60，经审查确定与课题相关的只有45篇，另外15篇与该课题无关，那么这次检索的查准率就是45/60=75%。

五、信息检索技术

信息检索技术是指利用光盘数据库、联机数据库、搜索引擎、网络数据库等进行信息检索而采用的相关技术，主要包括布尔逻辑检索技术、位置检索技术、截词检索技术、限定检索技术等。

1. 布尔逻辑检索技术

布尔逻辑检索技术是现行计算机检索的基本技术，是用布尔逻辑运算符将检索词或短语进行逻辑组配以检索出符合逻辑组配所规定条件的记录。布尔逻辑运算符有三种，即逻辑"与"、逻辑"或"和逻辑"非"。

> 逻辑"与"：逻辑与算符，在多数检索系统中用"并且""AND"或"*"表示。使用该算符，可对检索词加以限定，缩小检索范围。例如"A AND B"表示被检索的信息必须同时包含A和B这两个词。

> 逻辑"或"：逻辑或算符，在多数检索系统中用"或者""OR"或"+"表示。使用该算符，增加了检索词的同义词与近义词，扩大了检索范围。例如"A OR B"表示被检索的信息含有A或B中两词之一或同时包含两词。

> 逻辑"非"：逻辑非算符，在多数检索系统中用"不含""NOT"表示，有的检索系统也用"-"表示。使用该算符，用于排斥关系的组配，该组配用于从原来的检索范围中排除不需要的概念。逻辑非算符和逻辑与作用类似，可对检索词加以限定，增强检索的正确性。例如"A NOT B"表示被检索的信息含有检索词A而不含检索词B才是符合条件的检索。

表5-1为逻辑算符一览表。

表5-1 逻辑算符一览表

名称	表达形式	检索式	图示	作用	举例
逻辑与	AND、*、包含、并且	A AND B		缩小检索范围	"人工智能"AND"清洁器"，表示同时含有这两个检索词的信息被选中
逻辑或	OR、+、或含、或者	A OR B		扩大检索范围	"人工智能"OR"清洁器"，表示同时含有其中一个或同时含有这两个检索词的信息被选中
逻辑非	NOT、-、不含、非	A NOT B		缩小检索范围	"人工智能"NOT"清洁器"，表示同时含有"人工智能"检索词但不含有"清洁器"检索词的信息被选中

大多数检索系统采用的逻辑运算符优先顺序是NOT>AND>OR，若要改变运算顺序可以使用优先级算符小括号（）。

2. 位置检索技术

位置检索，是指在检索词之间使用位置算符，来规定算符两边的检索词出现在记录中的位置，用以检索出含有检索词且检索词之间的位置也符合特点要求的记录。由于布尔检索的"AND"运算要求AND两边的检索词在同一记录中同时存在才能命中文献，这就可能会引起误组配而造成大量误检，而位置逻辑检索是以原始记录中检索词与检索词间特定的位置关系为逻辑运算的对象，检索词以位置算符相连，就可以弥补布尔检索的缺陷，因而可使检索结果更准确。在实际检索中，使用位置检索可以增加选词的灵活性，有效提高查全率和查准率。表 5-2 为位置检索算符一览表。

表 5-2　位置检索算符一览表

符号	实例	作用	举例
相邻位置检索算符(nW)	A(nW)B	A、B 两词之间相隔 0 至 n 词，且前后顺序不变	electronic (1W)resources 可检索出：electronic resources，electronic information resources
相邻位置检索算符 W	A(W)B	A、B 两词之间不能插入任何其他词，但允许有一空格或标点符号	CD(W)ROM 可检索出：CD ROM 或 CD-ROM
相邻位置检索算符(nN)	A(nN)B	A、B 两词相隔 n 词且前后顺序不变，n 是两词允许插入的最大词量	information (3N) retrieval 可检索出：information retrieval, retrieval informaiton, retrieval of information, retrieval of law information, retrieval of Chinese law information 等
相邻位置检索算符 N	A(N)B	A、B 两词之间只能为一空格或标点符号，且前后顺序不限	junior (N) high 可检索出：junior high，high junior
句子位置检索算符(S)	A(S)B	A、B 两词只要在同一子字段（同一句子）中出现即可	literature (S) foundation：只要 literature 和 foundation 两词出现在同一句子中，就满足检索条件
字段位置检索算符(F)	A(F)B	A、B 两词必须在同一字段（例如同在标题或文摘字段）中出现，词序不限，两词之间的词个数也不限	environmental（F）impact 可检索出：同时出现"environmental""impact"两个词的字段记录

3. 截词检索技术

截词检索是指用给定的词干作为检索词，用以检索出含有该词干的全部检索词的记录。截词检索可以扩大检索范围、提高查全率、节省检索时间。一般将"？"定义为表示截断 0 个或一个字符，将"*"定义为表示截断无限个字符。表 5-3 为截词检索方法一览表。

表 5-3　截词检索方法一览表

截断方法	作用	举例
前截断	截去某个词的前部，进行词的后方一致比较，也称后方一致检索	输入"*lish"能够检索出含有 fishlish、foolish 等词的记录
后截断	截去某个词的后部，进行词的前方一致比较，也称前方一致检索	输入"inte*"能够检索出含有 interest、integral 等词的记录
中间截断	截去某个词的中间部分，进行词的两边一致比较检索	输入"m??t"能够检索出含有 moat、meet 等词的记录
前后截断	截去某个词的前部和后部，进行词的中间一致比较检索	输入"*chemi*"能够检索出含有 chemical、chemistry、biochemical 等词条记录

4. 限定检索技术

限定检索是指将检索词限定在某个或某些字段中，用以检索某个或某些字段含有该检索词的记录。在一些网络数据库中，字段名称通常放置在下拉菜单，用户可以根据需要选择不同的检索字段进行检索。

在检索系统中，数据库设置的可供检索的字段通常分为两种，即基本字段（基本索引）和辅助字段（辅助索引）。基本字段包含有题名、摘要、叙词和标识词四种；辅助索引有作者、作者单位等20多种。表5-4为常用限定字段表。

表5-4 常用限定字段表

限定字段名称	字段代码	限定字段名称	字段代码
题目（Title）	TI	刊名（Journal）	JN
摘要（Abstract）	AB	语种（Language）	LA
叙词（Descriptor）	DE	作者（Author）	AU
文献类型（Document Type）	DT	作者单位（Corporate Soure）	CS

使用字段限制技术构造检索表达式方法主要有两种：后缀式和前缀式。

➢ 后缀式：后缀式是将字段代码放在检索词之后，使用"/"号连接。例如，computer/TI表示检索题目中有computer的文献；computer/TI，AB表示检索题目或者摘要中有computer/TI的文献。

➢ 前缀式：前缀式一般放在检索词之前，使用"="连接。例如AU=zhangsan，表示检索作者为zhangsan的文献。

任务实施

① 打开常用的浏览器，例如打开Microsoft Edge浏览器，在浏览器地址栏中输入https://www.baidu.com，打开百度搜索页面。

② 要检索BOSS直聘有关网络管理员的信息，可以使用检索式"BOSS直聘 AND 网络管理员"，如图5-4所示。

图5-4 构造检索式进行检索

③ 选择感兴趣的一条招聘信息，单击进入到详情页，查看里面具体的岗位描述，如图5-5所示，选择的是一条在天津招聘的"网络管理员IT"招聘信息。图5-6是一条广州发布的"系统管理员（网络管理员）"的招聘信息。

④ 在程序中打开Microsoft Word，对比多个公司对同一岗位的岗位职责和任职要求，提炼出公共点，记录在Word文档中。

⑤ 按"Ctrl+S"组合键，以"网络管理员岗位职责和任职要求"为文件名，保存至D盘"信息检索"文件夹下。

图5-5 网络管理员IT职位描述和任职资格

图5-6 系统管理员(网络管理员)职位描述和岗位要求

任务二 ■ 使用搜索引擎检索信息

 任务描述

大学生小李一直怀揣创业梦想，学校举办了创新创业大赛，他也想参加，但是他第一次制作创新创业大赛方案，因此想从网上检索一些创新创业作品的 pdf 文档或者 word 文档进行参考学习。

 任务分析

本任务是根据检索内容，学会使用搜索引擎，输入合适的检索式，完成所需信息的检索。完成本次任务涉及的主要知识点如下：◇搜索引擎概念，◇搜索引擎分类，◇主要搜索引擎介绍，◇百度搜索引擎使用技巧。

 任务准备

一、搜索引擎概念

搜索引擎广义上是指一种基于 Internet 上的查询系统，包括信息存取、信息管理和信息检索；狭义上是指一种为搜索 Internet 上的网页而设计的检索软件。搜索引擎是基于 WWW 的信息处理系统，是用来对网络信息资源标引、管理和检索的一系列软件，是一种在网络上查找信息的工具。

二、搜索引擎分类

搜索引擎按工作方式主要分为：全文搜索引擎、目录索引类搜索引擎、元搜索引擎和垂直搜索引擎。

① 全文搜索引擎：全文搜索引擎是目前广泛应用的主流搜索引擎。全文搜索引擎是通过从互联网上提取的各个网站的信息（以网页文字为主）而建立的数据库中，检索与用户查询条件匹配的相关记录，然后按一定的排列顺序将结果返回给用户的搜索引擎。国内外著名全文搜索引擎有谷歌（Google）、百度（Baidu）等。

② 目录索引类搜索引擎：目录索引类搜索引擎将网站分门别类地存放在相应的目录中。因此用户在查询信息时，可选择关键词搜索，也可按分类目录逐层查找。国内外代表性目录索引类搜索引擎有 About、搜狐、新浪、网易等。

③ 元搜索引擎：元搜索引擎又称多元搜索引擎，"元"指的是"总和""超越"之义。在接受用户查询请求时，元搜索引擎将用户的请求经过转换处理后，交给多个独立搜索引擎

进行搜索，并将结果返回给用户。国内外代表性元搜索引擎有InfoSpace、360等。

④ 垂直搜索引擎：垂直搜索引擎适用于有明确搜索意图情况下进行检索。例如，用户购买机票、火车票、汽车票时，或想要浏览网络视频资源时，都可以直接选用行业内专用搜索引擎，以准确、迅速获得相关信息。比如进行旅游检索时可以使用去哪儿、携程、途牛旅游网等网站进行搜索。

三、主要搜索引擎介绍

1. 百度

百度（Baidu）是全球最大的中文搜索引擎，2000年由李彦宏、徐勇两人创立于北京中关村。百度致力于向人们提供"简单，可依赖"的信息获取方式。"百度"二字源于中国宋朝词人辛弃疾的《青玉案》诗句"众里寻他千百度"，象征着百度对中文信息检索技术的执着追求。百度搜索引擎（https://www.baidu.com/）的搜索界面主页如图5-7所示。

图5-7　百度搜索首页界面

在百度主页搜索界面的搜索框中输入需要查询的关键词，关键词可以是任意中文、英文或者是二者的混合，单击"百度一下"按钮或按回车键，百度就会自动找到相关的网站和资料。百度主要特色功能见表5-5。

表5-5　百度特色功能

功能	介绍
百度百科	内容开发、自由的网络百科全书，涵盖所有领域的中文知识性百科全书
百度网盘	百度推出的一项云存储服务，用户可以轻松将自己的文件上传到网盘上，并可跨终端随时随地查看和分享
百度贴吧	百度贴吧目录涵盖社会、地区、生活、教育、娱乐明星、游戏、体育、企业等方方面面，是全球领先的中文交流平台，为人们提供一个表达和交流思想的自由网络空间
百度地图	国内领先的互联网地图服务商。百度地图具备全球化地理信息服务能力，包括智能定位、POI检索、路线规划、导航、路况、实时公交等
百度翻译	百度翻译致力于帮助用户跨越语言鸿沟，方便快捷地获取信息和服务。支持全球200多个语言互译，覆盖4万多个翻译方向，是国内市场份额位居前列的翻译类产品

2. 搜狗搜索引擎

搜狗搜索（sogou.com）是中国领先的中文搜索引擎，致力于中文互联网信息的深度挖掘，帮助中国上亿网民加快信息获取速度，为用户创造价值，其搜索首页如图5-8所示。

图5-8　搜狗搜索首页界面

搜狗搜索引擎采用的是自然排序。搜狗注重在舆情、语音搜索、算法的创新上，并尝试进军大数据搜索，其主要特色功能见表5-6。

表 5-6　搜狗搜索特色功能

功能	介绍
英文搜索	搜狗英文搜索实现全面英文搜索，沉淀了全球海量英文资源，为广大用户提供权威、全面、精准的英文搜索体验。通过对接微软必应的全球搜索技术，将全世界更多最新、最权威的资讯同步呈现给每一位国内用户
搜狗下载	提供电脑软件、安卓应用、安卓游戏以及苹果应用四大方向超多软件下载
搜狗微信搜索	微信公众平台搜索引擎是由搜狗推出的针对微信平台的搜索引擎平台，它保持与微信端口相同的更新频率，并支持多种搜索方式，如关键词、公众号名称和文章标签。使用搜狗微信搜索省心省力，能够快速找到想要的文章

3. 360 搜索

360 搜索，属于元搜索引擎，是搜索引擎的一种，是通过一个统一的用户界面帮助用户在多个搜索引擎中选择和利用合适的（甚至是同时利用若干个）搜索引擎来实现检索操作，是对分布于网络的多种检索工具的全局控制机制，其搜索主页如图 5-9 所示。

图 5-9　360 搜索首页界面

360 搜索能够在用户搜索结果之前，推送相关的新闻和兴趣内容。360 搜索更注重的是用户搜索体验，在操作上更加简洁明了，且尝试将搜索和内容整合在一起，特色功能如表 5-7 所示。

表 5-7　360 搜索特色功能

功能	介绍
360 安全浏览器	360 安全浏览器拥有全国最大的恶意网址库，采用恶意网址拦截技术，可自动拦截木马、欺诈、网银仿冒等恶意网址。独创沙箱技术，在隔离模式下即使访问木马也不会感染
软件搜索	360 软件搜索提供超过十万款的软件资源下载。最新发布的软件及版本也将被实时收录和更新。打开 360 软件搜索主页，在搜索框中输入想要查询的内容，然后单击搜索按钮，就可以查看想下载的软件
360 AI 搜索	360 AI 搜索将大模型与搜索结合，带来搜索引擎革命，可自动提炼、整合、重组信息，为用户呈现最终答案，大大提升了搜索效率，实现功能和用户体验的大幅提升

四、百度搜索引擎检索方式

百度搜索引擎主要有简单检索、高级检索和分类检索三种检索方式。

1. 简单检索

简单搜索是百度默认的检索方式，用户在百度首页检索框中，输入合适的关键字，单击"百度一下"按钮，即可执行检索，如图 5-10 所示。

图 5-10　百度搜索——简单搜索

2. 高级检索

单击百度页面右上角的"设置"按钮，单击选择"高级搜索"，如图5-11所示。在高级检索中提供了多种条件限制来精确检索范围，从而提高检索的查准率，例如可以设置时间、文档格式、关键词位置等。例如要检索关键词为"湖南"，且关键词在网页标题中出现的近一周以内的网页，高级搜索设置如图5-12所示。

图5-11 百度搜索——高级搜索

图5-12 百度设置高级搜索

3. 分类检索

百度检索工具中提供了分类检索，例如百度图片、百度文库、百度音乐、百度视频、百度地图等，单击这些分类的选项卡，则可以进入到对应的数据库里检索，如图5-13选择的是百度图片搜索。

图5-13 百度图片搜索

4. 百度搜索技巧

① 使用逻辑运算符。

➢ 逻辑"与"运算。使用逻辑"与"可以缩小检索范围，逻辑"与"运算符用"空格"或"+"表示。例如检索"计算机课程改革"的相关资料，在百度搜索框中输入"计算机+课程改革"或者"计算机课程改革"进行搜索即可。

➢ 逻辑"非"运算。使用逻辑"非"可以排除不想检索的资料，语法是"$A-（B）$"，逻辑"非"运算符用"—"表示。需要注意的是，减号前须留一个空格，并且需要排除的检索内容用小括号括起来。例如要查找"无人驾驶"相关资料，但是不需要检索"新能源汽车"，检索式为"无人驾驶－（新能源汽车）"，检索结果如图5-14所示。

➢ 逻辑"或"运算。使用逻辑"或"用于并行检索，逻辑"或"运算符用"|"表示，使用逻辑"非"运算符时连接的检索词需用小括号括起来。使用"$(A|B)$"来搜

图5-14 逻辑"非"运算

索或者包含关键词A，或者包含关键词B的网页，在各关键词中使用"|"运算符可提高检索的全面性。例如要查找"大数据"或"云计算"的相关资料，可以输入"（大数据 | 云计算）"搜索即可，如图5-15所示。

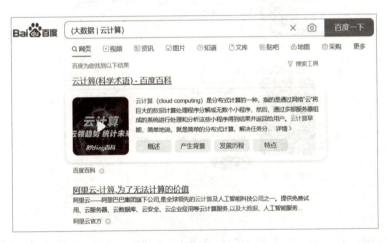

图5-15 逻辑"或"运算

② 精确检索。精确检索使用双引号，使用精确检索可以对输入的内容进行精确匹配，只有和双引号内的检索词完全匹配，才是需要的结果。例如检索"大数据时代"相关资料，在搜索框中输入""大数据时代""，即可进行检索，如图5-16所示。

③ 精确匹配电影或小说。精确匹配电影或小说使用书名号，书名号是百度特有的一个特殊查询语法。加上书名号的检索词，有两层特殊功能，一是书名号会出现在搜索结果中，二是被书名号括起来的内容，不会被拆分。例如给《搜索》加书名号进行搜索，会出现如图5-17所示结果。

④ intitle。标题是标明文章、作品等内容的简短语句，因此把检索内容限定在网页标题中，有时候能获得较好的效果。例如要检索标题中含有"大国工匠"的网页，检索式为"intitle: 大国工匠"，如图5-18所示。

图5-16　双引号精确检索

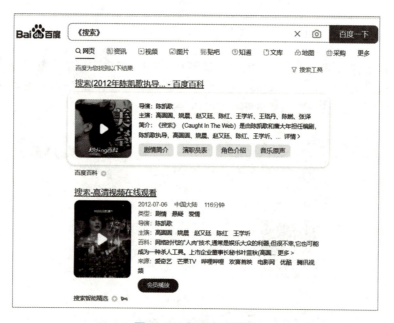

图5-17　加书名号搜索

⑤ site。使用site可以把搜索范围限定在指定网站内，缩小搜索范围。使用site语法的格式为："关键词　site:网址"。需要注意的是关键词与site之间要留一个空格，site后不能有"http://"，网址格式为"频道名.域名"，另外"site:"之间不能有空格。例如：在网易网站中检索含有"大国工匠"的网页，输入"大国工匠　site:163.com"即可进行检索，如图5-19所示。

⑥ filetype。使用filetype可以搜索限定特定类型的文件，使用语法格式为"关键词 filetype:文件后缀名"。filetype常用的文档类型包括pdf、docx、rtf、xlxs、ppt、mp3等。例如要检索格式为pdf的四六级英语试卷，可以在检索框中输入"四六级英语试卷 filetype:pdf"，即可进行检索，如图5-20所示。

⑦ inurl。URL，全称为Uniform Resource Locator，中文译为"统一资源定位符"，是互联网上用于标识和定位资源的地址。它可以指向网页、图片、视频、文件等各种类型的资源，是互联网上进行信息交换和共享的基础。使用inurl可以把搜索范围限定在URL链接中，

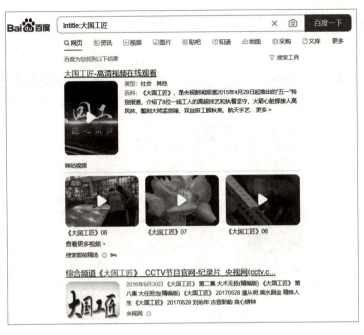

图5-18　intitle检索示例

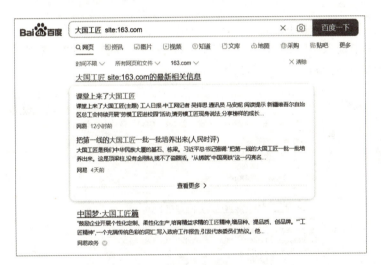

图5-19　site检索示例

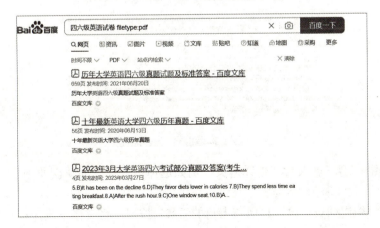

图5-20　filetype检索示例

检索格式为:"inurl:关键词"。例如检索URL中包含"计算机"的网页,在搜索框中输入"inurl:计算机"即可进行检索,如图5-21所示。

图5-21　inurl搜索示例

**任务实施**

① 启动浏览器,输入https://www.baidu.com/,打开百度首页。

② 在搜索框中输入"创新创业大赛作品 filetype:pdf | 创新创业大赛作品 filetype:docx",单击"百度一下"进行检索,如图5-22所示。

图5-22　构造检索式进行检索

③ 单击其中一篇,进入到文档详情页,例如选择"大学生创新创业项目 佐证材料"这个pdf文档,如图5-23所示。

④ 进入到文档详细页,单击页面右上角的"🖫"按钮,将文档下载保存到本地电脑,如图5-24所示。

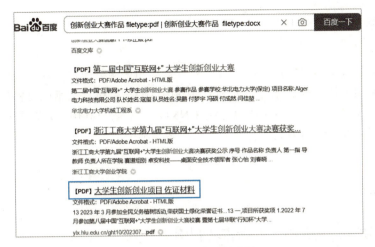

图5-23 选择合适的文档

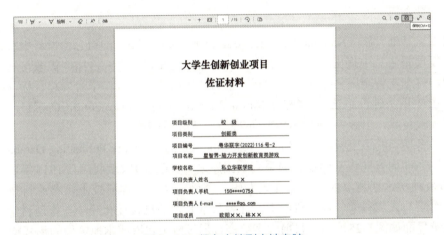

图5-24 保存文档到本地电脑

⑤ 如需更多的文档参考，尝试改变检索关键词，如还可以使用检索式"创新创业大赛申报书 filetype:pdf | 创新创业大赛申报书 filetype:docx"进行更多检索，从而下载更多的参考文献。

⑥ 查看并整理下载的文档，通过学习形成自己的创业思路，并撰写创新创业大赛申报书。

任务三 ■ 使用专用平台检索信息

 任务描述

小李同学特别喜欢优美的诗词，也喜欢看诗词大会。他想利用平台检索诗词大会嘉宾中南大学杨雨教授在期刊上发表的论文，并选出其中下载量最大的2篇，记录其论文题目、作者、刊名及发表年期，并将其下载到本地电脑。

任务分析

本任务是帮助大家掌握中国知网平台、万方数据知识服务平台以及维普咨询中文期刊服务平台检索与利用方法。通过学习使大家能够利用这些平台进行文献或资料检索。完成本次任务涉及的主要知识点如下：➢中国知网（CNKI）的检索与利用，➢万方数据知识服务平台检索与利用，➢维普咨询中文期刊服务平台检索与利用。

任务准备

一、中国知网（CNKI）的检索和利用

1. CNKI介绍

国家知识基础设施（National Knowledge Infrastructure,NKI）的概念由世界银行在《1998年度世界发展报告》中提出。1999年3月，以全面打通知识生产、传播、扩散与利用各环节信息通道，打造支持全国各行业知识创新、学习和应用的交流合作平台为总目标，中国知网启动了中国知识基础设施工程（China National Knowledge Infrastructure，CNKI），得到了全国学术界、教育界、出版界、图书情报界的大力支持和密切配合。

中国学术期刊网络出版总库（China Academic Journal Network Publishing Database,CAJD）是中国知网，即国家知识基础设施的系列数据库之一。CAJD收录我国自1915年以来国内出版的8000余种学术期刊，内容涵盖九大专辑：基础科学、工程科技Ⅰ、农业科技、医药卫生科技、哲学与人文科学、社会科学Ⅰ、社会科学Ⅱ、信息科技和经济与管理科学。中国知网首页登录界面如图5-25所示。目前大多数高校通过网上包库或本地镜像的形式购买CAJD，校园网内的用户可以通过学校图书馆中的相应链接进入，也可以通过搜索中国知网进入到中国知网平台。

2. 中国知网检索方式

中国知网提供的基本检索方式有：初级检索、高级检索和专业检索。各种检索方式的检索功能有所差异，基本上遵循由高向低兼容的原则，即高级检索中包含初级检索的全部功能，专业检索中包括高级检索的全部功能。中国知网平台访问网址为https://www.cnki.net。

① 初级检索：CNKI提供的初级检索功能可以实现快速方便地查询，适用于单一条件查询以及不熟悉多条件组合查询的用户。对于一些简单的查询，建议使用该方式进行检索。初级检索较为简单，查询结果可能会有较大的冗余，这需要用户在检索结果中进行二次检索或者结合高级检索，从而提高检索命中率。

进入知网首页后，单击"文献检索""知识元检索"或"引文检索"按钮，即进入相关类别的检索，"文献检索"是知网默认选项。单击搜索框中的下拉菜单，根据需要选取"主题""篇关摘""关键词""篇名""全文""作者"等检索字段，并"勾选"要进行搜索的"学术期刊""学位论文""会议""报纸"等数据库，确定在单个或多个数据库检索想搜索的信息，单击"🔍"按钮，即可进行初级搜索，如图5-26所示。

在文献检索中检索篇名为"人工智能"的文献，进行初级检索，如图5-27所示，单击"🔍"按钮即可进行检索。

图5-25 中国知网平台首页

② 高级检索：为使检索结果更精准，知网提供了高级检索功能。高级检索即通过检索导航、检索框、检索控制项等进行逻辑匹配。高级检索提供多检索词的组合检索，可满足较复杂的检索需求。在知网的首页检索框后面单击"高级检索"，如图5-28所示，即可进入到高级检索页面，如图5-29所示。

在高级检索页面中的"+"与"－"可以设定增加检索词或者减少检索词，以进行更精确的匹配。多检索词之间的逻辑关系可以选择"并含""或含""不含"，设定好各检索条件后，单击"检索"按钮，即可进行检索。

例如，检索篇名为"人工智能"，并且作者单位为"清华大学"且文献时间范围为"2023-1-1"至"2024-1-1"的文献，检索方式如图5-30所示。

图5-26　CNKI初级检索

图5-27　CNKI根据篇名进行初级检索

图5-28　选择CNKI高级检索

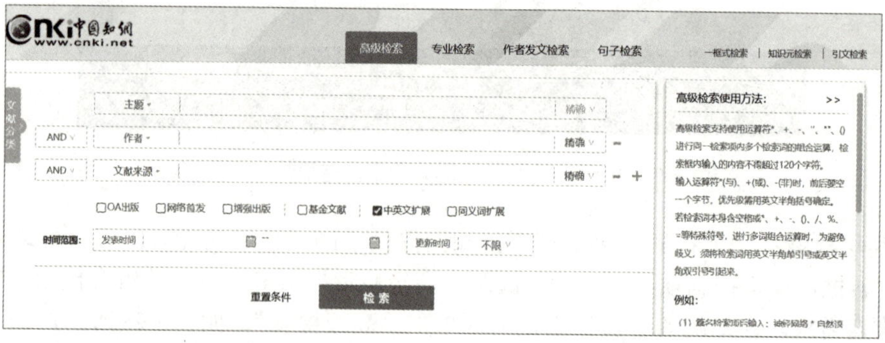

图5-29　CNKI高级检索页面

点击"检索"按钮,会在下面出现检索出的相关文献,选择其中一篇,例如,单击"基于人工智能的微分散基础研究",则在新页面会打开选中的文献,在页面的下面出现"CAJ下载"和"PDF下载",在平台已登录且有权限下载的情况下,可以单击其中任何一个下载,将文献下载到本地电脑,如图5-31所示。如果选择CAJ下载,那么下载的文献则需要在知网

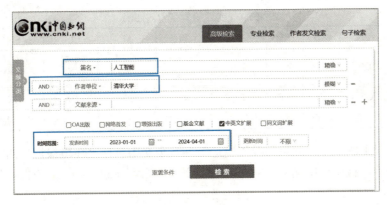

图 5-30　CNKI 高级检索

官网下载对应的软件打开。知网下载中心提供了 CAJViewer、全球学术快报、知网研学等能打开 CAJ 格式软件的下载，下载网址为 https://www.cnki.net/software/xzydq.htm。

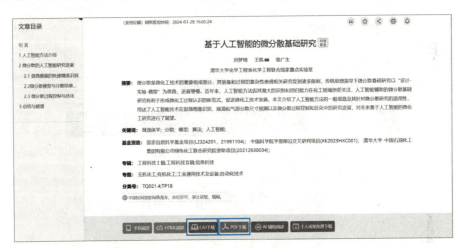

图 5-31　文献下载

③ 专业检索：专业检索比高级检索功能更强大，但需要检索人员根据系统的检索语法编制检索式进行检索，适用于熟练掌握 CQL（Common Query Language）检索语言的专业检索人员。专业检索，需要用户自己输入检索式进行检索，并且确保输入的检索式语法正确，才能检索到需要的结果。在知网"高级检索"选项卡的右边即是"专业检索"选项，如图 5-32 所示。表 5-8 为专业检索字段对照表。

图 5-32　CNKI 专业检索

表5-8　专业检索字段对照表

SU	TI	KY	AB	FT	AU	FI	AF	CLC	SN	EI
主题	题名	关键词	摘要	全文	作者	第一责任人	机构	中图分类号	ISSN	EI收录
JN	FU	CF	IB	YE	PT	RF	RT	CN	HX	SI
刊名	基金	被引频次	ISBN	年	发表时间	参考文献	更新时间	统一刊号	核心期刊	SCI收录刊

例如要检索主题包括"北京"及"奥运"并且全文中包括"环境保护"的文献，专业检索如图5-33所示，检索框中输入"SU%='北京'*'奥运' and FT='环境保护'"，单击"检索"按钮即可。

图5-33　使用检索式进行专业检索

二、万方数据知识服务平台检索与利用

1. 万方数据知识服务平台介绍

万方数据知识服务平台是在中国科技信息研究所多年积累的全部信息服务资源的基础上建立的，以科技信息为主，集经济、金融、社会、人文信息为一体的网络化信息资源系统。万方数据库的主要内容涉及自然科学和社会科学的各个专业领域，整合数亿条全球优质学术资源、期刊、学位、会议、科技报告、会议等多种资源类型，几乎覆盖所有的研究层次。万方数据知识平台网址为https://www.wanfangdata.com.cn/，登录首页界面如图5-34所示。表5-9为万方数据知识服务平台主要数据库简介。

表5-9　万方数据知识服务平台主要数据库简介

类型	内容
期刊	期刊数据库收录始于1998年，包含8000余种期刊，其中包含北京大学、中国科学技术信息研究所、中国科学院文献情报中心、南京大学、中国社会科学院历年收录的核心期刊3300余种，年增300万篇，每天更新，涵盖自然科学、工程技术、医药卫生、农业科学、哲学政法、社会科学、科教文艺等各个学科
学术论文	中文学位论文收录始于1980年，年增42余万篇，涵盖理学、工业技术、人文科学、社会科学、医药卫生、农业科学、交通运输、航空航天和环境科学等各学科领域

续表

类型	内容
会议论文	会议资源包括中文会议和外文会议，中文会议收录始于1982年，年收集约2000多个重要学术会议，年增15万篇论文；外文会议主要来源于NSTL外文文献数据库，收录了1985年以来世界各主要学（协）会、出版机构出版的学术会议论文共计1100万篇全文（部分文献有少量回溯），每年增加论文20余万篇，每月更新
专利	收录始于1985年，涵盖1.5亿条国内外专利数据，可本地下载专利说明书，数据与国家知识产权局保持同步。国外专利收录范围包括十一国两组织及两地区数据，国外专利1.1亿余条
科技报告	收录了自1978年以来国家和地方主要科技计划、科技奖励成果，以及企业、高等院校和科研院所等单位的科技成果信息，涵盖新技术、新产品、新工艺、新材料、新设计等众多学科领域，共计65多万项。数据库每两月更新一次，年新增数据1万条以上
标准	收录了所有中国国家标准（GB）、中国行业标准（HB）以及中外标准题录摘要数据共计240余万条记录
科技成果	科技成果源于中国科技成果数据库，收录了自1978年以来国家和地方主要科技计划、科技奖励成果，以及企业、高等院校和科研院所等单位的科技成果信息，共计90余万项
法律法规	收录始于1949年，每月更新，年新增量不低于8万条。法律法规资源涵盖了国家法律、行政法规、部门规章、司法解释以及其他规范性文件，信息来源权威、专业

图5-34　万方数据知识服务平台

2. 万方数据知识服务平台的文献检索

① 初级检索：初级检索在万方又叫作"一框式"检索，即在检索框中任意输入一个检索词检索，就可以将检索结果显示出来。例如在平台中检索"区块链"全部信息，检索方式如图5-35所示，单击"检索"按钮即可进行检索。

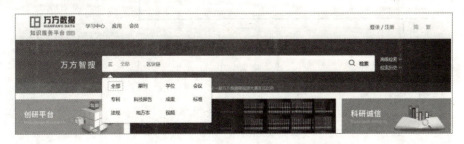

图5-35　万方数据知识服务平台初级检索

② 高级检索：高级检索可实现多检索词的组配检索，实现文献的更精准检索，单击万方智搜右侧的"高级检索"按钮，即可进入到高级检索页面，如图5-36所示。在高级检索中可以通过逻辑运算符"与""或""非"来结合多个条件进行检索，提高检索命中率。

图5-36　万方数据知识服务平台高级检索

例如，在平台中检索主题为"区块链"，且包含关键词"加密"的期刊论文、学位论文、会议论文和专利文献，检索方式如图5-37所示。

图5-37　进行万方数据知识服务平台高级检索

③ 专业检索：专业检索是所有检索方式里面比较复杂的一种检索方法。需要用户自己输入检索式来检索，并且确保所输入的检索式语法正确，这样才能检索到想要的结果。每个资源的专业检索字段都不一样，详细的字段可以单击"展开"进行选择，如图5-38所示。

图5-38　万方数据知识服务平台专业检索

④ 作者发文检索：作者发文检索是通过输入作者名称和作者单位等字段来精确查找相关作者的学术成果。用户可以选择想要检索的资源类型，通过加号或者减号添加或者减少检索条件，通过"与""或"和"非"限定检索条件进行检索。可以检索第一作者，并且能够同时检索多个作者的成果，如图5-39所示。

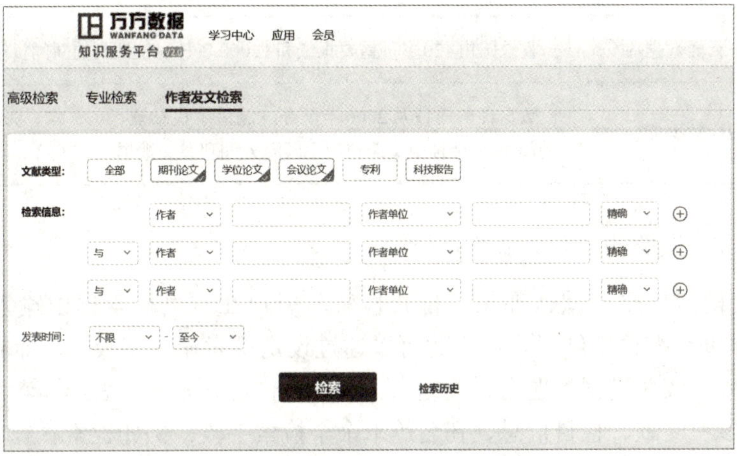

图5-39　作者发文检索

三、维普咨询中文期刊服务平台检索与利用

1. 维普咨询中文期刊服务平台介绍

维普咨询中文期刊服务平台是重庆维普资讯有限公司建立的中文期刊大数据服务平台。平台是以中文期刊资源保障为核心，以数据检索应用为基础，以数据挖掘与分析为特色，面向教、学、产、研等多场景应用的期刊大数据服务平台。期刊平台访问地址为https://qikan.cqvip.com/，首页界面如图5-40所示。表5-10为维普咨询中文平台主要数据库简介。

图5-40　维普咨询中文期刊平台首页

表5-10　维普咨询中文平台主要数据库简介

数据库名称	简介
中文科技期刊数据库	1989年至今的超9000种期刊刊载的论文，涵盖社会科学、自然科学、工程技术、农业、医药卫生、经济、教育和图书情报等学科
中文科技期刊数据库（引文版）	收录1990年至今公开出版的5000多种科技类期刊

续表

数据库名称	简介
外文科技期刊数据库	收录1990年至今550余万条外文期刊数据，涵盖理、工、农、医及部分社科专业资源
中国科技经济新闻数据库	收录国内420多种重要报纸和12000多种科技期刊的新闻资讯
中国科学指标数据库	数据评价时段从2000年至今，涵盖了包括理、工、农、医和社会科学等方面的超4000余种中文期刊和中国海外期刊发文数据

2. 维普咨询中文期刊服务文献检索

① 一框式检索：平台默认使用一框式检索，用户在首页检索框中输入检索词，点击"检索"按钮即可获得检索结果。用户还可以通过设定检索命中字段，从而获取最佳检索结果。平台支持题名或关键词、题名、关键词、文摘、作者、第一作者、作者简介、机构、基金、分类号、参考文献、栏目信息、刊名等十余个检索字段。例如检索"题名或关键词"包含"大数据"的文献，先在左边的下拉框下选择"题名或关键词"，然后在检索框中输入"大数据"，最后单击"检索"按钮，如图5-41所示。

图5-41 维普咨询中文期刊一框式检索

② 高级检索：平台为熟练用户和专业用户提供了更丰富的检索方式，统称为"高级检索"。用户可以运用"与""或""非"的布尔逻辑关系将多个检索词进行组配检索。在首页"搜索"框的右边单击"高级检索"，进入"高级检索"页面。例如检索题名为"计算机"且关键词"大数据"，自2022年收录的全部期刊进行检索，如图5-42所示。

图5-42 维普咨询中文期刊高级检索

③ 检索式检索：提供给专业级用户的数据库检索功能。用户可以自行在检索框中书写布尔逻辑表达式进行检索。例如使用检索式检索和高级检索一样要求的文献，即检索题名为"计算机"且关键词"大数据"，自2022年收录的全部期刊，检索式检索方式如图5-43所示。

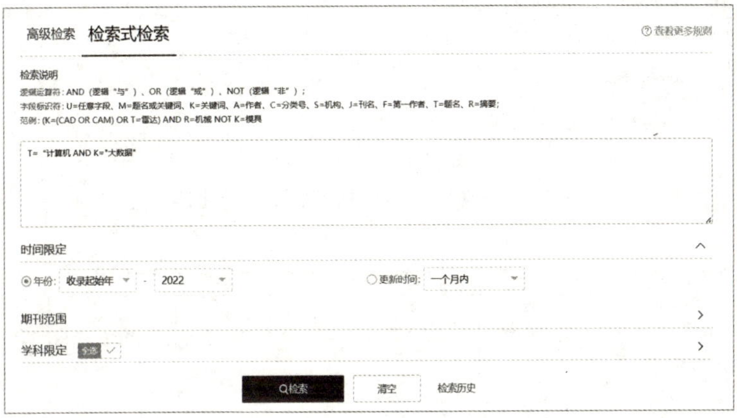

图5-43　维普咨询中文期刊检索式检索

🔄 任务实施

① 在浏览器中输入中国知网网址 https://www.cnki.net 或者百度中国知网，进入中国知网首页。

② 在首页搜索框右边，单击"高级检索"进入到高级检索页面。

③ 在高级搜索检索中选择字段为"作者"，并在对话框中输入"杨雨"，增加检索条件，选择"AND"，并选择字段为"作者单位"，对话框中输入"中南大学"，后面的选择均选择"精确"匹配，如图5-44所示。

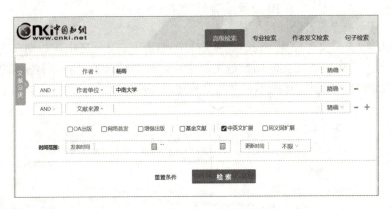

图5-44　中国知网高级检索

④ 单击"检索"按钮，则在平台中检索出文献，单击"下载↓"，将文献的下载量由高到低进行排序，如图5-45所示。

⑤ 在程序中打开Word，在里面插入一个3行5列的表格，将表头行内容录入到表格中，然后参照图5-46将论文题目、作者、刊名、发表时间依次填入表内，然后单击这条文献最右边的引用"❞"按钮，出现如图5-47所示的对话框，将蓝色部分内容使用"Ctrl+C"组合键复制。

图5-45 对检索文献按下载量进行排序

论文题目	作者	刊名	发表年期	引用
诗意的"抒情"与"拒绝抒情"——当代网络诗歌创作的悖论与弥缝	杨雨	贵州社会科学	2011-03-20	

图5-46 制作文献信息记录表格

图5-47 知网文献引用对话框

⑥ 将复制的格式引文粘贴到Word文档表格中对应引文单元格中,后期在论文撰写过程中需要引用时直接将格式引文复制到参考文献中。同样的操作方法将下载量第2的文献内容也录入到记录文档中,如图5-48所示,并将文档进行保存。

论文题目	作者	刊名	发表年期	引用
诗意的"抒情"与"拒绝抒情"——当代网络诗歌创作的悖论与弥缝	杨雨	贵州社会科学	2011-03-20	[1]杨雨.诗意的"抒情"与"拒绝抒情"——当代网络诗歌创作的悖论与弥缝[J].贵州社会科学,2011,(03):35-38.DOI:10.13713/j.cnki.cssci.2011.03.004.
论词学元范畴"情"	杨雨	广东技术师范学院学报	2010-11-15	[1]杨雨.论词学元范畴"情"[J].广东技术师范学院学报,2010,31(11):59-68+140.

图5-48 记录文献信息

⑦ 单击需要下载的文献,进入到详情页面,在已登录账号的情况下,单击页面下面的"CAJ下载"或"PDF下载",将文档下载到本地电脑。这里选择"PDF下载",如图5-49所示。使用同样的方法将需要的第2篇文献下载到本地电脑。

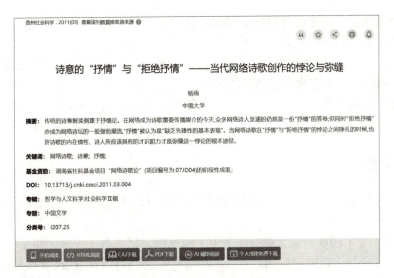

图5-49 文献下载

模块考核与评价

一、选择题

1. 中国知网的网址是（　　）。
   A. https://www.cnki.com/　　　　　　B. https://www.cnki.net/
   C. https://www.cnki.com.cn/　　　　　D. https://www.cnki.cn/

2. 下列不是常用搜索引擎网站的是（　　）。
   A. www.google.com　　　　　　　　B. www.baidu.com
   C. www.yahoo.com　　　　　　　　　D. www.bgy.gd.cn

3. 利用搜索引擎进行信息检索时如果关键字为"蛇盘岛 and 三门"，则正确表达其意义的选项是：（　　）。
   A. 检索有关三门的相关信息　　　　　B. 检索蛇盘岛的相关信息
   C. 检索三门蛇盘岛的相关信息　　　　D. 检索除了三门以外的蛇盘岛信息

4. 某同学打算使用搜索引擎在因特网上查找"嫦娥二号"探月卫星发射时使用的燃料信息，为了提高搜索效率，他应使用的最佳关键词是（　　）。
   A. 嫦娥二号　燃料　　　　　　　　　B. 嫦娥
   C. 嫦娥二号　　　　　　　　　　　　D. 发射　燃料

5. 某同学希望在网上查找一种需要的资料，那么较好的信息搜索流程是（　　）。
   A. 选择查找方式→确定搜索目标→确定搜索引擎→查找、筛选
   B. 确定搜索目标→选择查找方式→确定搜索引擎→查找、筛选
   C. 确定搜索引擎→确定搜索目标→选择查找方式→查找、筛选
   D. 确定搜索目标→确定搜索引擎→选择查找方式→查找、筛选

6. 下列信息来源中属于文献型信息源的是（　　）。
   A. 图书　　　　　B. 同学　　　　　C. 老师　　　　　D. 网络

7. 信息资源检索中，在已获得所需文献的基础上再利用文献末尾所附参考文献等作为检索入口查找更多文献的方法称为（　　）。
　　A. 顺查法　　　　B. 倒查法　　　　C. 回溯法　　　　D. 综合法
8. 下面选项中，并非搜索引擎功能的是（　　）。
　　A. 及时搜索网络信息　　　　　　　B. 搜索有效、有价值的网络信息
　　C. 有目的地组织和存放网络信息　　D. 有针对性地搜索网络信息

二、填空题

1. 在搜索引擎布尔检索中，要求检索结果中只包含所输入的两个关键词中的一个有关系的布尔关系词是（　　）。
2. 在CNKI的《中国期刊全文数据库》中下载文献，格式有（　　）和（　　）两种。
3. 如果在检索表达式中同时出现AND、OR、NOT检索算符，在没有括号的情况下，优先执行的顺序是（　　）、（　　）、（　　）。
4. 检索工具按信息加工的手段可以分为（　　）工具、机械检索工具和（　　）工具。
5. 所需信息被检出程度的信息量指标为（　　）。
6. 信息检索按检索结果内容可划分为（　　）、数据检索和事实检索。

三、操作题/简答题

1. 什么是信息检索？信息检索的目的和意义是什么？
2. 常用的信息检索方法有哪些？
3. 简述搜索引擎的分类和各自代表。
4. 举例说明检索中布尔逻辑运算符中"逻辑与"和"逻辑或"的检索特点。
5. 检索本校任一专业教师近五年发表的一篇论文，并下载到本地电脑。

模块六

人工智能基础

党的二十大报告指出,"加快发展数字经济,促进数字经济和实体经济深度融合,打造具有国际竞争力的数字产业集群",为"数字中国"背景下的产业变革指明了方向。数字经济不仅将极大地改变人类的生产生活方式和社会治理模式,而且它已成为重新配置全球资源、重塑全球经济结构和改变全球竞争格局的关键力量。

在当今世界,人工智能(Artificial Intelligence,AI)技术正高速发展,"智能经济时代"的全新产业版图正在逐步形成,人工智能已经来到人们身边,正在迅速而深刻地影响人们的生活方式、学习方式和工作方式。在一个几乎每个人都拥有智能手机的社会里,大家可以体验到智能家居、地图导航、移动支付、网络购物、搜索引擎、社交网络、在线学习、视频会议和线上办公等应用,这些都是人工智能已经实现广泛应用的具体体现。掌握以人工智能为代表的新一代信息技术相关知识和技能对于提高国民的信息素养至关重要,它能增强个体在信息社会的适应能力和创造力,并且对于全面建设社会主义现代化国家具有深远的意义。

知识目标

- 了解人工智能技术的背景、定义、特征
- 了解人工智能技术的发展历程
- 了解人工智能的生态
- 了解人工智能的常用关键技术
- 了解人工智能的应用领域和未来发展趋势

素质目标

- 培养逻辑思维能力,提高解决问题的能力
- 勇于尝试和实践,增强创新能力
- 学会与他人沟通、协作,培养团队协作能力
- 学会筛选、评估、利用信息,提高信息素养
- 培养跨学科知识体系,提高自己的综合素质
- 培养自主学习、自我调整的能力,提高终身学习能力

任务一 ■ 人工智能概述

 任务描述

人工智能作为一门前沿的技术科学，专注于研究、开发模仿、增强甚至超越人类智能的理论、方法、技术以及相应的应用系统。随着智能社会的构建，熟悉和掌握人工智能相关技能，是建设未来智能社会的必要条件。本任务旨在引导学生通过学习深入了解人工智能的基础知识、发展历程以及未来的发展动向，探索人工智能技术在信息社会中的广泛应用和重要价值。

 任务分析

本任务的重点是了解人工智能的基础知识、发展历程，完成本次任务主要涉及知识点如下：◇人工智能就在你身边，◇人工智能的概念，◇人工智能的基本特征，◇人工智能的发展历程。

 **任务实现**

一、人工智能就在你身边

在一个几乎每个人都拥有智能手机的时代，打开手机可以查看到安装了不少的人工智能应用。如图6-1所示，智能手机中安装了智能相机、智能扫描软件、讯飞星火认知大模型、智能出行、个性化商品推荐、智能搜索新闻、机器翻译、语音识别等应用，这些活跃在你我身边的人工智能技术，正成为每个人生活的一部分，无处不在地改变人们的生活习惯。

图6-1 手机上人工智能相关应用

1. 智能相机美颜

智能相机美颜功能是现代智能手机摄像头提供的一项流行特性，它利用软件算法来改善拍摄对象在照片中的外观。这项功能特别受到自拍爱好者的欢迎，因为它可以实时或在拍照后对照片进行美化处理。具有以下功能：人脸检测与跟踪，皮肤美白与平滑，瘦脸与修颜，大眼与亮眼，自然美颜与深度定制，滤镜与特效，人工智能增强（随着人工智能技术的发展，美颜相机的功能也在不断进步。现在，一些智能相机可以通过 AI 分析大量的照片数据，自动优化美颜效果，使照片看起来更自然和逼真）。

2. 智能扫描软件

扫描全能王等智能扫描软件作为一个综合性的文档管理平台，无论是在工作、学习还是日常生活中，都能为用户提供极大的便利。其使用手机摄像头即可轻松扫描纸质文件，如文档、名片、手写笔记等，自动进行切边和图像美化，生成高清的 JPEG 图片或 PDF 文件，能够识别包括中文、英文、日文、韩文在内的 40 种语言的印刷体文字，将图片中的文字转换为可编辑文本。

3. 讯飞星火认知大模型

讯飞星火认知大模型是科大讯飞推出的一款先进的人工智能语言模型。该模型具有 7 大核心能力，即文本生成、语言理解、知识问答、逻辑推理、数学能力、代码能力、多模交互，该模型对标 ChatGPT。讯飞星火认知大模型作为一种先进的人工智能技术，具有广泛的适用性和多样化的应用场景，如内容创作方面辅助用户撰写文章、编写故事、生成创意文案等，提高内容生产的效率和质量；在教育辅助方面可以用于自动批改作业、生成教学材料、辅助学生学习等；在翻译与语言学习方面提供即时的多语言翻译服务，帮助语言学习者进行练习和交流。

4. 个性化推荐引擎

个性化推荐引擎技术是现代信息平台普遍采用的一种技术，它通过分析用户的行为数据、阅读习惯和偏好来推送相关的资讯内容。如今日头条作为一个资讯平台，其核心优势在于利用个性化推荐技术为用户提供他们感兴趣的内容，推荐内容不仅包括狭义上的新闻，还包括音乐、电影、游戏及购物等信息，不断提高用户体验和平台的用户黏性。

5. 在线翻译

在线翻译工具使用统计机器翻译和神经机器翻译技术，通过大量的双语语料库训练翻译模型，以实现快速准确的翻译。如今功能较强、方便易用的在线翻译工具有百度翻译、有道翻译、谷歌翻译等，可以提供所支持的语言之间的互译，包括字词、句子、文本和网页翻译。

6. 语音助手

语音助手是一种智能软件，它通过语音识别、语音合成、语义分析等技术手段，使用户能够通过语音输入设备与之交互，具备准确地识别用户的语音指令、生成自然的语音回复用户以及理解用户的意图并给出相应的信息或服务。目前，市场上有多种流行的语音助手有华为的小艺、苹果的 Siri、小米的小爱同学、OPPO 的小欧语音助手等。

7. 人脸识别

人脸识别系统是基于人的脸部特征信息进行身份识别的一种生物识别技术，集成了机器识别、机器学习、模型理论、专家系统、视频图像处理等多种人工智能技术。用摄像机或摄像头采集含有人脸的图像或视频流，并自动在图像中检测和跟踪人脸，进而对检测到的人脸进行脸部识别的一系列相关技术,通常也叫作人像识别、面部识别。人脸识别主要应用场景如手机刷脸解锁、支付宝刷脸支付、机场、车站人脸识别检票等。

二、人工智能的概念

人工智能是计算机科学的一个领域,专注于研究如何应用计算机来模拟、扩展与增强人类某些智能行为的基本理论、方法和技术。人工智能领域的目标是研究人类智能活动的规律,生产出一种能模拟人类学习、推理、自我修正和理解语言等智力特征的智能系统。这种智能系统通过机器视觉、听觉和触觉等感官,以及人机交互等方式来识别周围的环境和需要解决的问题,能够像人一样具备判断和逻辑推理的能力,可以自主学习和预测未来情况,能够根据要达到的目标进行决策或采取相应的行动。简而言之,人工智能是关于使机器展现出类似人类智能行为的技术,它不仅让机器能"感知"世界,还能像人类一样去"思考"和"行动"。

人工智能的能力、应用范围和复杂性不同,通常划分为三个层次。

① 弱人工智能(Weak AI):弱人工智能也被称为窄人工智能,指的是专门为解决特定问题而设计的人工智能系统。这些系统在特定的任务领域内表现出人类水平的智能,例如语音识别、图像识别或推荐系统。它们无法超出其预设的任务范围,缺乏自主意识和自我学习的能力。目前,大多数实际应用中的人工智能系统属于弱人工智能,当前的研究也主要集中在弱人工智能上。

② 强人工智能(Strong AI):强人工智能,又称为通用人工智能(AGI),指的是能够理解、学习和应用知识,与人类智能相当的人工智能系统。这样的系统能够执行任何智能生物能执行的智能任务,能够进行推理、解决问题、理解复杂概念、认识自身存在,甚至拥有情感和自我意识。强人工智能目前还是一个理论概念,尚未实现。

③ 超人工智能(Super AI):超人工智能是指能力超越人类最聪明、最有能力个体的人工智能系统。这种人工智能不仅能够完成所有认知任务且比人类做得更好,还包括更高级的决策、推理、创新和社交能力。超人工智能的存在可能会带来巨大的社会、经济和伦理挑战,因为它可能具有改变世界的能力。目前,超人工智能还处于科学幻想和哲学讨论的范畴。

三、人工智能的基本特征

人工智能通过机器模拟并增强人类的认知能力,从而提升人们改造自然和管理社会的能力。它的核心特征可以概括为以下四点:

① 人工智能是人类智慧的产物,旨在服务于人类。智能机器由人类设计,其"智能"基于人类设定的算法和编程代码,在人类创造的硬件如芯片上运行。它们的目标是模拟人类的智能行为,扩展人的能力,并应始终遵循不伤害人类的原则。

② 人工智能的本质是计算过程,以数据为基础。人工智能实质上是通过计算机程序代码来实现的,这些代码根据软件算法对数据进行采集、处理、分析和挖掘,从而生成有价值的信息流和知识模型。通过对特定输入的处理,人工智能能够做出判断或预测,正是计算和数据赋予了机器智能。

③ 人工智能具备感知环境和产生反应的能力。人工智能能够通过传感器等设备感知外界环境，像人类一样接收听觉、视觉、触觉等信息。它还能通过各种交互方式与人沟通，如按钮、键盘、鼠标、屏幕、手势、表情和虚拟现实等，并根据外界输入产生文字、语音、表情和动作，进而影响环境或人类。

④ 人工智能具有学习和适应的能力，能够进行演化和迭代。人工智能能够根据环境、数据或任务的变化自动调整参数或更新模型，通过分析过去的数据和行为来学习规律和判断规则，从而获得新的知识和技能，并不断提升自身能力。随着与云计算、终端、人类和物体的数字化连接的不断扩展，人工智能能够实现持续的演化和迭代，使其具备适应性、灵活性和扩展性，以应对不断变化的现实环境，这促使智能机器在各个行业中得到了广泛的应用。

四、人工智能的发展历程

1956年夏季，麦卡锡等一批有远见的科学家在达特茅斯会议上首次提出了人工智能这一术语，它标志着人工智能这门新兴学科的正式诞生。到目前为止，人工智能的发展大致经历了以下几个重要阶段：

① 起步发展期：从1956年至20世纪60年代初，人工智能概念在首次被提出后，相继取得了一批令人瞩目的研究成果，如机器定理证明、跳棋程序等，但由于技术和理论的限制，人工智能的发展仍然处于起步阶段。

② 反思发展期：从20世纪60年代初至70年代初，人工智能领域的初步成功点燃了人们对其潜力的想象，在这个阶段，科学家们开始深入思考人工智能的本质和目标，并提出了一些新的理论和方法。然而，期望过高导致不切实际的目标设定。连续的失败和目标的未达成（例如机器翻译的失误等），使得人工智能进入了一段低谷期。

③ 应用发展期：从20世纪70年代初至80年代中，人工智能开始在实际应用领域取得突破。专家系统的问世标志着人工智能的重大突破，它利用专业知识解决特定领域问题，实现人工智能从理论研究走向实际应用的转变。在医疗、化学、地质等领域取得显著成功，推动了人工智能进入一个新的应用高峰。

④ 低迷发展期：从20世纪80年代中期至90年代中期，随着人工智能的应用规模不断扩大，专家系统暴露出应用领域狭窄、缺乏常识性知识、知识获取困难、推理方法单一、缺乏分布式功能、难以与现有数据库兼容等诸多问题，这些实际应用中的困难和挑战使得人工智能的发展陷入了停滞。

⑤ 稳步发展期：从20世纪90年代中期至2010年，随着互联网技术的发展和大数据的兴起，人工智能开始重新获得关注。在这个阶段，机器学习和数据挖掘等方法得到了广泛应用，推动了人工智能的稳步发展。1997年IBM深蓝超级计算机战胜了国际象棋世界冠军卡斯帕罗夫，2008年IBM提出"智慧地球"的概念，这些都是这一时期的标志性事件。

⑥ 蓬勃发展期：2011年至今，随着因特网、云计算、物联网、大数据等信息技术的发展，泛在感知数据和图形处理器等计算平台推动以深度神经网络为代表的人工智能技术飞速发展，大幅跨越科学与应用之间的"技术鸿沟"，图像分类、语音识别、知识问答、人机对弈、无人驾驶等具有广阔应用前景的人工智能技术突破了从"不能用、不好用"到"可以用"的技术瓶颈，人工智能发展进入爆发式增长的新高潮。目前，人工智能已经成为科技领域的热点之一，吸引了全球范围内的关注和投资。

任务二 ▪ 人工智能生态

任务描述

以物联网、云计算、大数据为代表的新一代信息技术蓬勃发展，给人们的生活带来了巨大变革。本任务旨在引导学生通过深入学习，了解物联网、云计算、大数据等人工智能生态系统相关知识，为后续内容的学习打好基础。

任务分析

本任务的重点是了解物联网、云计算、大数据的定义和特征、发展历程等，主要涉及知识点如下：◇物联网、云计算、大数据的定义，◇物联网、云计算、大数据的特征，◇物联网、云计算、大数据的发展历程，◇物联网的体系结构，◇云计算的分类和服务提供商的选择，◇大数据的安全问题与安全防护。

任务实现

一、人工智能赖以生存的土壤——物联网

1. 物联网的定义

物联网（Internet of Things，IoT），即"万物相连的互联网"，指的是利用信息传感器、射频识别技术（RFID）、全球定位系统（GPS）、红外探测器、激光扫描器等先进设备与技术，实时搜集和监控物体的音频、光波、热能、电量、机械运动、化学属性、生物特征、地理位置等多类信息，通过网络接入，实现物与物、物与人的泛在连接，实现对物品和过程的智能化感知、识别和管理的网络。

物联网是新一代人工智能发展的土壤和基础设施，在IT界亦被称作"泛互联网"，其含义在于实现物物相连、万维网的无界限互通。这一术语蕴含双重含义：首先，物联网以互联网为核心，是互联网功能的拓展与扩充；其次，它的接入端可延伸至任意实体，使物品之间能够互相交流和传递信息。

2. 物联网的工作原理

物联网的工作原理是将物理世界中的物体通过传感器收集数据，通过网络传输数据，然后利用云计算和大数据分析技术对数据进行处理和分析，最终实现智能决策和自动控制。这个过程中涉及多个技术领域，包括传感器技术、无线通信、云计算、大数据分析等。

① 传感器和数据采集：物联网的起点是部署在设备上的传感器，这些传感器能够检测和测量环境中的各种参数，如温度、湿度、运动等。传感器收集的数据被转换为数字信号，

以便于处理和传输。

② 通信和网络连接：物联网设备通常通过无线方式（如 Wi-Fi、蓝牙、蜂窝网络等）连接到互联网。这些设备可能直接连接到网络，或者通过网关设备（如路由器）与其他设备或云服务器进行通信。

③ 数据处理和分析：一旦数据被传输到云端或其他数据处理中心，就会使用各种算法和分析工具进行处理。这个过程可能包括数据清洗、聚合、模式识别和预测分析，目的是从原始数据中提取有用信息。

④ 智能决策和执行：基于数据分析的结果，物联网系统可以自动执行一系列操作。例如，如果检测到室内温度过高，智能恒温器可能会启动空调。这种自动化决策和执行是物联网的核心功能之一。

⑤ 用户界面和交互：物联网系统还可能包括用户界面，允许人们监视和管理设备。这可以是手机应用、网页或任何其他控制台，使用户能够实时查看数据并调整系统设置。

⑥ 反馈和优化：物联网系统通常会根据执行结果和用户反馈进行自我优化。系统会不断学习以更好地适应环境和用户需求，从而提高效率和性能。

3. 物联网的基本特征

物联网的基本特征可概括为整体感知、可靠传输和智能处理。

① 整体感知：物联网通过各种信息传感器，如无线射频识别、传感器、定位器和二维码等手段，实现对物体的全面感知。这使得物联网能够随时随地对物体进行信息采集和获取，从而让物体具有了"生命"。

② 可靠传输：物联网依赖于成熟的传输系统、设备和管道，确保感知到的信息能够通过电信网络和因特网实时远程传送。这一点保证了信息的交互和通信的可靠性，是物联网运作的基础。

③ 智能处理：物联网不仅仅是简单的信息传递，更重要的是它能够对收集到的数据进行智能化的处理和分析。这通常在云端进行，涉及大数据分析和智能决策支持，使得物联网系统能够自主地做出响应和调整。

4. 物联网的发展历程

物联网的发展历程是一个从概念到实践的过程，其起源可以追溯到20世纪80年代初期。在1982年，位于卡内基·梅隆大学的一台可乐贩卖机被连接到互联网，使人们能够远程检查机器内的饮料数量，这被视为物联网最早的应用之一。随后，1991年，剑桥大学的科学家们为了省去反复下楼查看咖啡是否煮好的麻烦，他们利用图像捕捉技术与网络，创建了可以随时查看咖啡状态的系统，这也是物联网早期的一种实现形式。然而，由于当时的科技通信技术还不成熟，这些早期的尝试未能引发广泛的共鸣。

进入21世纪后，随着社会信息化水平的提升，物联网的社会重要性日益显著。各国政府和企业开始重视物联网的发展，并将其作为战略性产业来推动。例如，美国的"智慧地球"、欧盟的"物联网行动"和日本的"IJPN"等项目，不仅展示了物联网在全球范围内的影响力，也预示着其在未来经济中的巨大潜力。当前，物联网的理念和相关技术产品已经广泛渗透到社会、经济、民生的各个领域中，在越来越多的行业创新中发挥关键作用。物联网凭借与新一代信息技术的深度集成和综合应用，在推动转型升级、提升社会服务、改善服务民生、推动增效节能等方面发挥重要作用，将在部分领域中带来真正的"智慧"应用。

在过去几年中,我国物联网的发展得到了政府的大力支持。我国已经初步建成涵盖网络设备、芯片、软件与信息处理、电器运营、应用服务等的相对齐全的物联网科技与产业体系,涌现出一批拥有较强实力的物联网领军企业。此外,我国已经建成一批重点实验室,汇聚整合多行业、多领域的创新资源,基本覆盖了物联网技术创新的各个环节。物联网专利申请数量逐年增加,物联网领域的研究成果在交通、物流、环保、医疗保健、安防电力等行业得到了大规模应用,在便利百姓生活的同时促进了传统产业的转型升级。

5. 物联网的体系结构

物联网的体系结构主要涵盖三个关键层面:感知层、网络层和应用层。

① 感知层。是物联网体系的根基,它负责将人类世界与物理世界的数据获取为可处理的信息。该层由众多传感器和传感器网关组成,被视为物联网的核心。其主要任务是物品识别和智能数据收集,涵盖了各种基础传感设备(如RFID标签、读写器、多种传感器、摄像头、GPS、二维码及其读取设备等)及这些设备构成的网络(比如RFID网络、传感器网络等)。感知层的核心技术涉及射频技术、创新的传感技术、无线网络组网技术以及现场总线控制技术等。

② 网络层。也称为传输层,负责处理感知层收集的数据的传输。该层主要承担信息接入和数据传输的功能,作为数据交换和传输的通道,包括接入网和传输网两大部分。传输网可以进一步分为公共网络和专用网络,典型的传输网络有电信网络(固线和移动)、广播电视网络、互联网、电力通信网络以及专用数字集群网络。接入网则包括了光纤、无线、以太网和卫星等多种接入方式,它们共同实现从底层传感器网络到"最后一公里"的连接。网络层的核心技术包括互联网技术、无线传感器网络技术、卫星通信技术等。

③ 应用层。也被称为处理层,其核心职能是处理信息和提供用户交互界面。在这一层中,来自网络层的数据被送入不同的信息系统进行处理,并通过各类终端设备与人交互。处理层由业务支撑平台(中间件平台)、网络管理平台(例如M2M管理平台)、信息处理平台、信息安全平台、服务支撑平台等构成,它们联合完成数据协同、管理、计算、存储、分析、挖掘,并提供针对特定行业和广大用户的服务。应用层的关键技术包括中间件技术、虚拟化技术、高可靠性技术,以及云计算服务模式、SOA系统架构方法等前沿科技和服务模式。

二、人工智能的算力——云计算

1. 云计算的定义

云计算,作为当今技术革新的前沿,已广泛渗透至多个行业领域,涉及云桌面、云存储、云服务器、云视频等多样化服务。云计算可以被视为一个提供无限扩展资源的网络平台,用户能够根据需求随时访问这些资源,并按照实际用量进行付费。从狭义上理解,云计算便是这样一个供应资源的网络系统,它允许用户按需购买资源,如同日常生活中的水、电和天然气一般,依据使用量计费。在广义上,云计算是一种涵盖信息技术、软件和互联网的综合服务,其资源共享池被形象地称为"云"。

云计算的核心优势在于将众多计算资源集中管理,并通过软件实现自动化处理,最小化人工干预,以迅速提供所需资源。这种计算能力的商品化,使得其在互联网上的流通变得像基础设施服务一样便捷且经济。云计算并非一项全新的网络技术，而是一种创新的网络应用理念，旨在通过互联网提供快速、安全的计算服务和数据存储，让所有互联网用户都能够利用网络上的强大计算资源和数据中心。

作为一种基于互联网高度依赖的资源交付模式，云计算汇聚了大量的服务器、应用程序、数据及其他资源，并通过互联网以服务形式提供，采用按使用量付费的模式。用户可以根据自身需求，从云服务提供商获取技术服务，包括数据计算、存储和数据库服务，而无需投资于物理数据中心或服务器的购置和维护。

云计算是分布式计算技术的一种形式，其工作原理是将庞大的计算任务自动分割为数不胜数的小型子任务，由众多服务器构成的大型系统执行搜索、计算和分析，然后将结果返回给用户。这项技术使得网络服务提供者能够在极短时间内（数秒内）处理大量数据，提供堪比超级计算机的强大网络服务。现阶段的云服务已经超越了单纯的分布式计算，它是分布式计算、效用计算、负载均衡、并行计算、网络存储、热备份和虚拟化等多种计算机技术的融合、进化和跃升的结果。

2. 云计算的特征

云计算作为一种革命性的技术模式，其核心特征彰显了信息时代的先进性和灵活性。云计算的核心特征体现在以下几个方面：

① 超大规模：云计算平台以其庞大的服务器集群为标志，其中一些顶尖的云服务提供商拥有的服务器数量甚至达到百万量级。这一超大规模的基础设施为用户提供了前所未有的计算能力和存储容量。

② 虚拟化技术：云计算的核心在于虚拟化技术，它打破了传统计算中时间与空间的限制。通过应用虚拟化和资源虚拟化，用户能够在任何地点、任何时间，使用各种终端设备通过网络接入并获取需要的应用服务，而无需关注底层物理硬件的具体配置。

③ 动态可扩展性：云计算平台能够根据负载需求动态调整资源分配，实现计算能力的快速提升和优化。这种弹性扩展能力确保了应用性能的稳定和高效。

④ 按需自助服务：云计算允许用户根据自己的需求自主选择和配置所需的计算资源，从而实现真正的按需服务。这种自助式的服务模式大大提高了资源的利用效率和经济效益。

⑤ 灵活性：云计算的高兼容性意味着可以支持广泛的信息技术资源、软件和硬件。无论是存储网络、操作系统还是开发软硬件，都可以在云环境中得到统一管理和优化利用。

⑥ 高可靠性：在云计算环境中，得益于虚拟化技术和动态扩展功能，单点服务器的故障不会影响整体服务的连续性，也能够迅速恢复应用或部署新的服务器，保证服务的高可用性。

⑦ 性价比高：通过将资源集中在虚拟资源池中管理，云计算优化了物理资源的使用，降低了用户的硬件投资成本。用户无须购置昂贵的大型主机，而是可以利用成本效益更高的解决方案来构建和扩展自己的计算环境。

⑧ 易扩展性：云计算环境下，业务和应用可以轻松快速地扩展。面对设备故障或突发的计算需求，用户可以无缝利用云计算平台的动态扩展功能，确保业务的连续性和高效性。

3. 云计算的发展历程

云计算的发展历程可以分为以下几个重要阶段：

① 概念起源：云计算的概念最早可以追溯到20世纪60年代，当时计算机科学家John McCarthy提出了"资源共享"的概念，这是云计算思想的早期体现。

② 云启蒙：2006年，亚马逊推出了Amazon Web Services（AWS），标志着云计算商业化的开始。AWS提供了计算、存储、数据库等基础设施服务，吸引了大量企业和开发者开始关注云计算。随后，Google、IBM、Microsoft等公司也开始进入云计算市场。

③ 云探索：随着云计算技术的成熟，越来越多的企业开始尝试将业务迁移到云端。2008年，Salesforce.com推出了Force.com平台，使得SaaS（Software as a Service）应用更加便捷地构建和部署。同时，Google App Engine和Heroku等PaaS（Platform as a Service）平台也相继推出，为开发者提供了更广阔的应用部署空间。

④ 云应用：在此之后，云计算进入了广泛应用的阶段，不仅大型企业，中小企业和个人用户也开始使用云服务。云计算的服务模式主要包括IaaS（Infrastructure as a Service）、PaaS、SaaS等，涵盖了从基础设施到软件应用的各个层面。

目前，云计算已经成为IT行业的重要组成部分，云服务提供商不断推出新的服务和功能，以满足不断变化的市场需求。未来云计算可能会朝着更加智能化、安全化、个性化的方向发展，同时，边缘计算、量子计算等新技术的融合也将为云计算带来新的发展机遇。

云计算的发展经历了从概念提出到技术实现，再到广泛应用的过程，其发展速度之快、影响范围之广，已经深刻改变了企业的运营方式和人们的生活习惯。随着技术的不断进步，云计算的未来仍然充满了无限可能。

4. 云计算的分类

根据服务类型分类，云计算可以分为3种，分别为基础设施即服务（IaaS）、平台即服务（PaaS）、软件即服务（SaaS）。

① 基础设施即服务（IaaS）：提供虚拟化的计算资源，如虚拟机、存储空间和网络。用户可以在此基础上安装操作系统和应用程序。

② 平台即服务（PaaS）：除了提供IaaS层的资源外，还包括开发工具、数据库管理系统等，使开发者能够在此平台上开发、运行和管理应用程序。

③ 软件即服务（SaaS）：提供通过互联网访问的应用程序，用户无须关心底层的基础设施和维护，可以直接使用软件服务。

根据部署模式的不同，云计算可以分为公有云、私有云、混合云和行业云（社区云）4种。

① 公有云。公有云由第三方服务提供商通过公共互联网提供计算资源和服务，面向各类希望使用或购买这些服务的组织与个人。其核心优势在于资源的开放性——任何满足条件的个体或组织均可租用这些资源。在管理上，尤其是安全防范方面，公有云比私有云更为复杂和要求更高。

从使用者的视角出发，公有云免去了自行搭建和维护云服务器的烦琐及成本，用户可直接租用服务商的资源，将运营维护的任务委托给供应商。

② 私有云。私有云是专为单一用户构建的，为用户提供对数据、安全性和服务质量的最有效控制。该用户拥有基础设施的全部控制权，并决定如何在该设施上部署应用。私有云可以部署在企业数据中心内的安全环境中，也可以设置在安全的主机托管场所。它的核心特点是资源独享和IaaS模式。

私有云可以由企业内部的IT团队搭建，也可由云服务供应商构建。在这种"托管式专用"模式下，云服务供应商负责安装、配置和运营基础设施，以支持企业数据中心内的专用云。这种模式赋予企业极高的控制能力，同时借助供应商的专业知识来建立和维护环境。

③ 混合云。混合云融合了公有云和私有云的特点，近年来已成为云计算的主要模式和发展趋向。企业在考量安全性时倾向于使用私有云存储数据，同时又希望获得公有云的弹性

计算资源，于是越来越多的企业选择采用混合云。混合云通过对公有云和私有云的混合搭配，实现了个性化解决方案，达到了节省成本的同时确保安全性的目标。

④ 行业云（社区云）。行业云是由行业内或特定区域内起主导作用或掌握关键资源的组织建立和维护的，它可以以公开或半公开的方式向行业内成员、相关组织或公众提供有偿或无偿服务。

行业云与公有云的主要区别在于数据来源和服务提供者的核心竞争力。公有云是面向大众的平台，通常由专业出售云服务的机构拥有，例如阿里云、华为云、腾讯云、百度云等。其特点在于数据来源于广泛的公开途径，并通过独特的应用程序和业务系统作为核心竞争力。相比之下，行业云的数据主要来自行业内部的核心组织以及其他成员，大部分属于私有数据，因此数据成为其核心竞争力。例如，质检行业需要对外提供商品信息查询服务，但不可能将数据交给第三方处理，于是质监系统会建立一个行业云，整合整个系统的信息，对外提供服务。

5. 云计算服务提供商的选择

企业在选择云计算服务提供商时，应综合考虑服务商的市场地位、服务质量、价格策略、安全性和数据备份能力，并可寻求专业云管理服务提供商的帮助，以确保云计算资源的有效利用，助力企业的数字化转型。

市场份额和领导地位是选择服务商的重要参考。例如，在中国公有云市场，阿里、腾讯、中国电信、AWS、华为等位居前五，占据了大部分市场份额。这些领先的服务商通常拥有更成熟的技术和服务，能够提供稳定的云计算资源。

服务质量是决定选择的核心因素，包括网络带宽、数据处理能力、存储速度和虚拟机性能等方面。这些技术指标直接影响到应用体验和业务稳定性。

价格策略也是一个重要的考量点。不同的云服务提供商可能有不同的价格和计费方式，因此需要进行全面比较，以选择性价比更高的服务。

安全性和数据备份是不容忽视的要素。随着数据安全意识的提高，企业在选择云服务商时，需要关注其是否具备严格的安全管理、加密技术、数据备份及灾难恢复能力。

云管理服务提供商（Cloud Management Service Provider）的专业指导也是一个重要方面。对于缺乏经验的企业来说，专业的云管理服务提供商可以提供规范的指导和协助，帮助企业更好地实现云化。

三、人工智能的血液——大数据

1. 大数据的定义

从字面上理解，"大数据"通常被看作是指海量的数据。然而，不同的机构和学者对此有着各自的解读，使得难以给出一个统一的定义。不过，大家可以认为，大数据的规模已经超越了 TB（太字节）级别，扩展到了 PB（拍字节）、EB（艾字节）、ZB（泽字节）、YB（尧字节），甚至到了 BB（波字节）级别。

在众多定义中，研究机构 Gartner 给出了一个具有深度的描述：大数据是那些无法在合理时间内用传统的软件工具进行捕捉、管理和处理的数据集合，它需要新的处理模式以增强决策力、洞察力和流程优化能力，是一种海量、高速增长且多样化的信息资产。

若从技术视角出发，大数据的真正价值并不在于其庞大的数据量，而在于如何对这些富含信息的数据进行专业的处理。换句话说，如果将大数据视为一种产业，那么这个产业的盈利核心就在于提升数据的加工能力，通过加工过程实现数据的增值。

2. 大数据的特征

大数据主要具有4个特征，被概括为四个"V"：大量（Volume）、多样（Variety）、高速（Velocity）和价值（Value）。

① 大量。最直观的大数据特征便是其庞大的数据规模。随着互联网、物联网、移动互联技术的发展，人和事物的所有轨迹都可以被记录下来，数据呈现出爆发式增长的趋势。

② 多样。广泛的数据来源决定了数据的多样化形态。大数据可分为结构化数据、非结构化数据以及半结构化数据三大类。据统计，非结构化数据占据了整个互联网数据量的70%至80%，而这些数据通常蕴含着巨大的价值。多样化的数据源正是大数据的魅力所在，例如，交通状况数据与其他领域数据之间存在显著的关联性。大数据不仅能够处理庞大的数据量，还能应对来自不同源头、不同格式的多元化数据。

③ 高速。大数据的高速性体现在数据增长速度和处理速度上。不同于报纸、信件等传统的数据载体，大数据时代的数据交换和传播主要通过互联网和云计算实现，速度极快。企业不仅要掌握如何迅速创建数据，还必须懂得如何快速处理、分析数据并及时反馈给用户，以满足实时需求。例如，对上亿条数据的分析需在几秒内完成，数据的输入、处理和丢弃必须立即生效，几乎无延迟。未来，越来越多的数据挖掘将向前端化发展，即提前感知预测并直接向需求方提供服务，这也要求大数据的处理速度必须更快。

④ 价值。价值是大数据的核心特征，提取任何有价值的信息都依赖于海量的基础数据，其价值密度与数据总量成反比关系：数据价值密度越高，则数据总量越小；反之亦然。当前，大数据领域面临一个迫切的问题——如何利用强大的机器算法在海量数据中迅速提炼出数据价值。以视频为例，在一小时的监控视频中，有用的信息可能仅有一两秒。数据的真实性和高质量是获取价值和洞见的关键因素，也是做出成功决策的最坚实基础。

3. 大数据的发展历程

大数据的发展可以分为五个阶段，从早期的数据收集到现在的全面应用，每个阶段都标志着技术和理念的进步，具体如下：

① 早期阶段：在20世纪90年代到21世纪初，数据库技术逐渐成熟，数据挖掘理论得到发展，这一时期可以称为数据挖掘阶段。

② 突破阶段：2003年至2006年，随着非结构化数据的大量出现，传统的数据库处理能力面临挑战，这一时期也被称为非结构化数据阶段。

③ 成熟阶段：2006年至2009年，谷歌发表了几篇关键性的论文，介绍了分布式文件系统GFS、分布式计算框架MapReduce、分布式锁Chubby以及分布式数据库BigTable等核心技术，这一阶段的焦点是性能、云计算、大规模数据集的并行运算算法以及开源分布式架构（如Hadoop）的发展。

④ 应用阶段：2008年，《自然》杂志专刊提出了Big Data概念，标志着大数据作为一个独立的领域得到了学术界的认可。随后，大数据技术开始广泛应用于各个行业领域，成为推动国家治理现代化和提升民生水平的重要工具。

⑤ 国家战略阶段：国家对大数据的重视程度不断提升，明确提出实施国家大数据战略，推进数据资源的开放共享，大数据成为时代的潮流和历史的必然。

4. 大数据的基本处理流程

大数据处理流程主要包括数据采集、预处理、处理与分析以及可视化与应用等关键步骤，其中数据质量是贯穿始终的核心考量，每个环节都对最终的数据品质产生影响。一个出色的大数据解决方案应具备数据规模大、数据处理速度快、数据分析与预测精确、可视化图表要优秀及结果解释要简练易懂等特点。

① 数据采集。数据采集是大数据处理的起点，数据源的质量直接影响到数据的真实性、完整性、一致性、准确性和安全性。例如，网络数据常通过爬虫技术收集，这需要对爬虫软件进行恰当的时间配置以确保数据的时效性。在数据的采集过程中，主要挑战是并发数高，可能需要部署大量数据库以支持成千上万的并发用户访问。

② 数据预处理。数据预处理是对采集来的数据进行初步整理，以保证后续分析的准确性和价值。预处理步骤包括数据清理、集成、归约和转换，这些步骤共同提升了数据的整体质量。

数据清理包括检测不一致性、识别噪声数据、过滤和修正数据，以提高数据的一致性、准确性和真实性。数据集成将来自不同源的数据合并，形成一个统一的数据库或数据立方体，增强数据的完整性和一致性。数据归约旨在缩小数据集规模，简化数据，但不影响分析结果的准确性，提高数据的价值密度。数据转换则通过规则或模型来实现数据的统一性，增强数据的一致性和可用性。

③ 数据处理与分析。数据处理与分析是将数据转化为洞察力的关键步骤。数据处理依赖于分布式计算框架、分布式内存计算系统和流计算系统，以实现对海量数据的高效处理。数据分析则涉及分布式统计、数据挖掘和深度学习等方法，以揭示数据间的相关性并构建描述性模型。

数据分析是数据处理与应用的关键环节，它决定了数据集合的价值性和可用性，以及分析预测结果的准确性。在数据分析环节，应根据大数据的应用情境与决策需求，选择合适的数据分析技术，提高大数据分析结果的可用性、价值性和准确性。

④ 数据可视化与应用。数据可视化涉及将数据分析和预测的成果通过计算机生成的图形或图像形式直观地展现给用户，并且常常支持与用户的交互操作。这一过程有助于揭示商业数据中潜在的模式和信息，从而加强管理层的决策能力。数据可视化阶段对于提升大数据结果的可感知性和易理解性至关重要，它直接关系到大数据的实用性和明了性。

数据应用则指的是分析后的数据成果在管理决策、战略规划等领域的实际运用，它是对数据分析成效的实际应用和评估。数据应用步骤直接映射了数据分析处理成效的实用性和价值，是整个大数据流程的终极目标和检验。

5. 大数据的安全问题与安全防护

在大数据的背景下，数据安全虽然继承了传统数据的保密性、完整性和可用性这三大特性，但还面临着由其庞大体量和分布式存储方式所引发的独有挑战。分布式存储虽然带来了清晰的路径视图和相对简易的数据保护，但也为黑客利用漏洞进行非法操作提供了便利，从而增加了安全风险。此外，鉴于大数据环境涉及的终端用户众多且类型多样，客户身份验证环节需要投入大量的处理资源，而高级持续性威胁（APT）因其针对性强和攻击持续时间长，一旦成功入侵，大数据分析平台输出的结果可能被一览无余，容易造成较大的信息安全隐患。

大数据的便捷性日益凸显，但与此同时，其应用过程中的风险和挑战也日渐增长。无论是在国家层面还是个人层面,大数据应用都面临着一系列问题和隐患。

① 数据隔离安全性问题。数据共享是大数据的关键功能之一,频繁的数据共享使得数据隔离安全性问题尤为突出。随着大数据在各行业的深入应用,该问题变得更加迫切。例如,在局部环境中,数据信息传输共享频繁,通常不会设置高级别密级,也未考虑与外界计算机之间的数据隔离措施,从而给黑客侵入创造了可乘之机。因数据隔离问题导致的信息泄露事件屡见不鲜。

② 数据存储安全问题。在收集、储存和访问大数据环境下生成的数据时,必须对数据进行安全防护。有时,即便数据的价值已得到发挥,也需要及时销毁以降低风险,但因数据销毁不及时或销毁后数据被二次操作还原,数据遭窃取的风险隐患极大。另外,为了预防自然灾害和黑客攻击,采用容灾技术在云端之间转移数据,但在转移过程中仍面临泄露风险。

③ 数据访问安全问题。在大数据环境中,对数据资源进行访问控制来预防数据的非法访问至关重要。用户将数据保存在远程服务器中,如云计算服务商的安全防护上出现漏洞,便易受黑客攻击,导致数据泄露、篡改或丢失。

数据泄露、滥用、篡改等事件层出不穷,不仅威胁到企业的竞争力,更触及个人隐私和社会公共利益的底线。因此,探讨如何保护大数据的安全,不仅是技术问题,更是社会问题。大数据的安全防护是一个多维度的问题,需要我们从外部环境安全机制、个人权益保护和法律法规遵循等多个角度进行综合考虑。通过建立全面的安全机制,强化个人权益,以及遵守法律法规,我们可以为大数据的安全提供坚实的保障,促进大数据的健康、有序发展,为社会的可持续发展贡献力量。

① 建立大数据信息外部环境安全机制。大数据信息的外部环境安全机制是指在大数据生命周期的各个阶段,通过一系列技术和管理措施,防止数据受到来自外部的威胁和侵害。这种机制的重要性在于,它能够为大数据构建一道防线,确保数据的安全性、完整性和可靠性。为了建立有效的外部环境安全机制,我们需要从物理安全、网络安全和数据安全等多个层面进行考虑。物理安全涉及数据中心的实体防护,网络安全则包括防火墙、入侵检测系统等技术措施,而数据安全则关乎加密、访问控制和数据备份等方面。

② 强化个人权益。在大数据时代,个人权益尤其是隐私权的保护显得尤为重要。个人数据的收集、存储和使用必须遵循合法、合理、必要的原则,尊重个人的知情权和选择权。通过技术和法律手段强化个人权益,意味着要在数据收集前明确告知目的,获取同意,并提供退出机制。同时,采用匿名化、去标识化等技术手段,最大限度地保护个人隐私。在保护大数据安全的同时,我们必须确保不侵犯个人的合法权益。

③ 强化安全防护技术手段。当前,大数据安全防护的技术手段包括但不限于数据加密、访问控制、网络监控、安全审计等。这些技术各有优势,但也存在局限性,如成本高昂、实施复杂等问题。因此,需要不断研发新的技术手段,提高大数据的安全性。例如,利用人工智能进行异常行为检测,使用区块链技术保证数据的不可篡改性等。通过技术创新,我们可以更好地应对日益复杂的安全威胁。

④ 自觉遵守和维护相关法律法规。《中华人民共和国网络安全法》和《中华人民共和国数据安全法》是中国在数据安全领域的基础性法律,它们规定了数据收集、处理和传输的基本规则,以及违法行为的法律责任。这两部法律对于保护大数据安全具有重要意义,它们不仅为企业和组织提供了操作指南,也为个人权益的保护提供了法律依据。在实际工作中,应当自觉遵守这些法律法规,维护数据安全的法律环境,共同构建安全可靠的大数据生态系统。

任务三 ■ 人工智能技术

 任务描述

随着人工智能技术以及其相关技术产品的深入融合进社会、经济以及民生的各个方面,它在日益增多的行业创新中扮演着至关重要的角色。本任务旨在引导学生通过深入学习,了解人工智能的视觉技术、语音技术、自然语言处理技术、机器学习与深度学习等,探索人工智能技术在信息社会中的广泛应用和重要价值。

 任务分析

本任务的重点是介绍人工智能技术的计算机视觉技术、人脸识别、语音识别技术、自然语言处理、机器学习、深度学习等关键常用技术,完成本次任务主要涉及知识点如下:◇人工智能视觉技术,◇人工智能语言技术,◇人工智能的自然语言处理技术,◇人工智能的学习技术。

一、人工智能的视觉技术

1. 计算机视觉简介

计算机视觉是计算机科学的一个领域,它专注于创建可以像人类一样处理、分析和理解视觉数据(图像或视频)的数字系统。计算机视觉是基于计算机在像素级别处理图像并理解它的技术。从技术上讲,机器试图通过特殊的软件算法来检索视觉信息、处理它并解释结果。

计算机视觉系统能够完成一系列复杂的任务,其中对象分类、对象识别和对象跟踪是其核心功能。

① 对象分类:在图像分类任务中,计算机视觉系统的目标是将输入的图像分配到预定义的类别中。这通常涉及对整张图片进行全局分析,以确定它代表的主要内容或场景。例如,一个分类系统可能被训练来区分不同的动物种类,或者识别不同类型的车辆。

② 对象识别:对象识别不仅要求系统识别出图像中存在的对象类别,还需要确定它们的确切位置,这比简单的分类要复杂,因为它涉及定位图像中特定对象的位置,并可能包括对对象的边界框进行精确的标注。

③ 对象跟踪:在视频或一系列连续的图像帧中,对象跟踪的任务是监控和持续追踪一个或多个特定对象的移动轨迹,这在监控摄像头、运动分析和自动驾驶等领域尤为重要。对象跟踪需要处理对象在画面中的进入、退出以及遮挡等情况。

计算机视觉技术在模仿生物视觉系统，特别是人类视觉系统的识别和处理机制方面取得了一定的进展。人脑解决视觉对象识别问题的方式极为复杂，但研究者已经提出了一些理论和方法来模拟这一过程。一种被广泛接受的假设是，人脑通过一系列逐渐复杂的层次结构来处理视觉信息，从检测基本的视觉特征（如边缘和角点）开始，逐步组合成更高级的形状、图案和对象部分，最终实现对整个对象的识别。这个过程涉及大脑中的多个区域，包括视网膜、视觉通路和大脑皮层的不同部分。

尽管计算机视觉系统在某些方面已经取得了显著的成就，但它们在泛化能力、处理未知情况以及理解复杂场景等方面仍远远落后于人类视觉系统。未来的研究可能会继续探究如何更好地模仿生物视觉系统，以提高计算机视觉技术的鲁棒性和适应性。

2. 人脸识别——计算机视觉技术的典型应用

人脸识别技术，通常称为人像识别或面部识别，是一种通过分析及比较人脸的视觉特征信息来进行身份鉴别的技术。该过程涉及从图像或视频流中自动检测和跟踪人脸，并识别个体身份。

① 人脸识别发展历史。

20世纪50年代：认知科学家开始对人脸识别进行研究。

20世纪60年代：开启人脸识别工程化应用研究，早期方法主要基于人脸的几何结构与器官特征点及其间的拓扑关系。

1991年："特征脸"方法首次结合主成分分析（PCA）与统计特征技术，大幅提升了人脸识别的实用性。

21世纪初的十年：随着机器学习理论的发展，学者们探索了多种人脸识别技术，包括遗传算法、支持向量机（SVM）、Boosting、流形学习及核方法等。

2009~2012年：稀疏表达成为研究热点，同时关注点转向非受限环境下的人脸识别。

2013年：MSRA研究者使用大规模训练数据在LFW上取得了95.17%的精度，显示大数据集对提升非受限环境下的人脸识别的重要性。

2014年：深度学习与大数据的结合使神经网络在图像分类等领域超越经典方法，香港中文大学提出利用卷积神经网络在LFW上获得超过人类水平的识别精度，标志着人脸识别技术的重要突破。

当前，不断改进的网络结构和扩大的训练样本规模使得LFW上的识别精度超过99.5%。市场上主要的人脸识别解决方案提供商包括百度、科大讯飞、旷世科技以及被Facebook收购的face.com。其中，旷世科技的技术在国内得到广泛应用，例如支付宝的刷脸验证登录技术。

② 人脸识别流程及核心技术。

通常，人脸识别系统由图像获取、人脸定位、图像预处理以及身份确认或身份查找等关键模块组成。系统接受的输入可能是一张或多张待识别的人脸图像，以及数据库中已标识身份的人脸图像或其编码。系统的输出是一系列相似度评分，这些分数反映了待识别人脸的身份。该技术的骨干包括人脸检测、特征提取、比对和属性识别等环节。

人脸检测的目标是确定图像中人脸的位置。该算法以图像为输入，输出是一个人脸边框坐标序列，结果可能是零个、一个或多个人脸框。这些框可能是正方形或矩形。简而言之，人脸检测的过程可以概括为"扫描"加"判断"：首先在整幅图像上进行扫描，然后逐个评估候选区域是否为人脸。因此，检测速度受到图像尺寸和内容的影响。为了提高计算效率，可以通过设置图像尺寸、最小人脸尺寸限制和人脸数量上限来加速这一过程。

特征提取环节的输入是一张人脸图像及其坐标框，输出则是五官关键点的坐标序列。关键点的数量是预先设定的固定值，常见的有 68 点、90 点和 150 点等。这些关键点标注了人脸五官和轮廓的位置，主要用于精确定位人脸的关键部位。

人脸比对旨在衡量两个人脸特征之间的相似度。输入是两个由前述特征提取算法得到的人脸特征，输出是两者之间的相似度值。这个值可以作为阈值使用，例如，如果阈值设为 5 以下，则大多数人脸可能被判定为相似；而如果提高到 95 以上，即使是同一个人在不同背景下的照片也可能无法匹配。因此，需要合理设定阈值。

人脸属性识别技术能够识别出性别、年龄、姿态和表情等人脸属性。这项技术已被应用于某些相机应用中，能够自动识别并标注出摄像头视野中人物的性别和年龄等特征。一般的属性识别算法的输入是一张人脸图及其五官关键点坐标，输出是相应的属性值。属性识别算法会根据关键点坐标对人脸进行对齐，通过旋转、缩放或剪切等操作，将人脸调整到预定的大小和形态，以便后续的属性分析。属性识别包括性别鉴定、年龄估算、表情识别、姿态鉴定和发型识别等方面。虽然每种属性的识别过程通常是独立的，但一些基于深度学习的新型算法能够同时提供年龄、性别、姿态和表情等多种属性的识别结果。

二、人工智能的语言技术

语音技术是人工智能领域中最成熟的技术之一，它允许设备以听觉感知周围的世界，并通过声音与人进行自然交互。人工智能的语音技术的核心功能包括语音识别、语义理解和语音合成。

1. 语音识别

语音识别技术，又称为自动语音识别（ASR），其核心目标是把人类语音中的词汇内容转换成计算机可读的形式，比如按键、二进制编码或者字符序列。这项技术基于语音特征参数进行模式识别，通过系统学习，对输入的语音进行分类，并依据判定准则找出最佳匹配结果。

语音识别的工作原理涉及多个步骤。首先是对采集到的声音信号进行预处理，如滤波和分帧。接下来是特征提取，这一过程将声音信号从时域转换到频域，为声学模型提供特征向量。然后是声学模型根据声学特征计算每个特征向量的得分，而语言模型则负责计算声音信号对应可能词组序列的概率。最后，利用字典对词组序列进行解码，得出最终可能的文本表示。

至于语音识别的用途，它在许多领域都有广泛的应用。在智能出行方面，AI 语音技术特别有用，尤其是在车载领域。它不仅提供了包括车辆控制、社交以及娱乐等多种全新的交互方式，还在一定程度上提升了驾驶体验和行车安全性。其他常见的应用还包括语音输入系统和语音控制系统，它们相较于传统的手动输入和控制方法更加自然、高效和便捷。

2. 语义理解

语义理解在识别出语音之后，系统能够进一步分析并理解说话者的意图，这是通过结合人工智能和数理统计学的方法来实现的。

语义理解是自然语言处理（NLP）的一个核心分支，它致力于使计算机能够理解和解释人类语言中的意义和上下文。语义理解技术是连接人类语言与计算机理解的桥梁，它不仅增强了机器的交互能力，也为人工智能的发展提供了坚实的基础。

语义理解的过程通常包括以下几个关键步骤：
① 文本预处理：将原始文本进行分词、去除停用词等操作，准备后续处理。
② 句法分析：确定句子的结构，识别主语、谓语、宾语等语法成分。
③ 实体识别与链接：识别出文本中的命名实体，并将其与知识库中的实体相链接。
④ 关系抽取：识别实体之间的关系，以及这些关系如何构成复杂的语义结构。
⑤ 意图识别与消除歧义：明确用户的意图，并解决可能存在的语义歧义问题。
⑥ 情感分析：判断文本表达的情感倾向，如积极、消极或中立。
⑦ 上下文理解：考虑前后文信息，把握语境对意义的具体影响。

3. 语音合成

语音合成，又称为文语转换技术（TTS），是一种将文字信息转换为听得懂的口语输出的技术。语音合成技术通过模拟人类发声的过程，产生人造语音。这个过程通常包括语言分析部分和声学系统部分。语言分析部分负责处理输入的文字信息，判断语种并按照语法规则进行分句，然后标准化文本，为声学系统部分提供语音学规格书。声学系统部分则根据这些规格书生成对应的音频信号，实现发声功能。

语音合成技术的用途非常广泛，它不仅使得计算机和智能设备能够以自然的口语形式与人类交流，还极大地丰富了人机交互的可能性。语音合成技术已经成为现代社会不可或缺的一部分，随着技术的不断进步，它的应用范围和影响力将会继续扩大，其应用场景也越来越多。其相关应用场景包括：

① 手机语音助手：如苹果的 Siri、谷歌助手等，它们能够理解用户的命令并以自然语音回应。
② 车载导航系统：提供动态路线指引和信息反馈。
③ 智能家居控制：用户可以通过语音命令控制家中的智能设备。
④ 特殊教育：对于视力障碍人士，语音合成可以帮助他们阅读电子文档。
⑤ AI 音频 & 视频内容创作：如 AI 听书、AI 电台、虚拟主播、视频配音等，这些应用对多样化、个性化的语音合成技术需求日益增加。

三、人工智能的自然语言处理技术

1. 自然语言处理技术简介

自然语言处理（Natural Language Processing，NLP）是人工智能领域的一个重要分支，它赋予机器理解和处理人类语言的能力。NLP通过结合语言学和计算机科学的原理，研究语言的规则和结构，并构建能够解析、分析和提炼文本及语音含义的智能系统，这些系统基于机器学习和NLP算法运行。

为了掌握人类语言的结构和意义，NLP通过分析句法、语义、语法等不同层面来理解语言。然后，计算机科学将这些语言知识转化为基于规则的机器学习算法，以解决具体问题并执行相关任务。例如，在关键字提取的NLP任务中，计算机可以通过"阅读"电子邮件主题行中的单词，并将其与预先设定的标签关联起来，自动学习分类电子邮件为促销、社交、重要邮件或垃圾邮件。

NLP具有广泛的应用价值，其中最重要的三个方面包括：

① 大规模分析：自然语言处理帮助计算机自动理解和分析大量非结构化文本数据，如社交媒体评论、客户支持票据、在线评论、新闻报道等。

② 实时自动化流程：自然语言处理工具可以帮助计算机在几乎无须人工干预的情况下学习分类和路由信息，这一过程快速、高效、准确且全天候运作。

③ 定制化NLP工具：根据客户需求和标准，自然语言处理算法可以进行定制，适用于复杂的行业和专业术语。

2. 自然语言处理的过程

通过文本向量化，NLP工具将文本转换为计算机可理解的内容，然后计算机学习算法被输入训练数据和预期输出（标签），以便在特定输入和相应输出之间建立联系。计算机使用统计分析方法构建自己的"知识库"，并在对新数据（新文本）进行预测之前，确定哪些特征最能代表该文本。最终，随着输入数据的增加，NLP算法的文本分析模型将变得更加准确。

以情感分析为例，作为NLP最流行的任务之一，机器学习模型被训练成能够根据情感极性（正面、负面以及中性）对文本进行分类。

机器学习模型的最大优势是它们能够自我学习，无须手动定义规则。只需要一组包含所需分析标签的示例数据，并进行训练即可。借助先进的深度学习算法，还可以将多个自然语言处理任务（如情感分析、关键词提取、主题分类、意图检测等）链接在一起，以获得更细致的结果。

3. 自然语言处理的应用场景

自然语言处理（NLP）技术正日新月异地发展，如今已广泛应用于多个领域。由于NLP在许多日常使用的工具和应用程序中默默发挥作用，在很多情况下无意识地体验到了它如何优化我们的交互体验。以下是自然语言处理在日常生活中的一些典型应用场景。

情感分析：通过分析文本内容，如用户评论或社交媒体帖子，来判断作者的情感倾向，常用于市场研究和品牌监控。

① 机器翻译：将一种语言的文本自动翻译成另一种语言，如谷歌翻译和微软的Translator都是基于NLP技术。

② 语音识别：将人类的语音转换为文本，这是智能助手如Siri、Alexa和Google Assistant的基础功能。

③ 聊天机器人：在客服、技术支持和其他服务领域，聊天机器人可以与人类进行交流，提供信息或解答问题。

④ 文本摘要：自动从长篇文章中提取关键信息，生成简短的摘要，适用于新闻、学术研究等领域。

⑤ 信息抽取：从大量非结构化文本中提取有用的信息，如实体识别、关系提取等，用于构建知识库或数据库。

⑥ 语法检查：在文本编辑软件中，NLP技术可以用来检查拼写错误、语法错误和提供写作建议。

⑦ 问答系统：基于对大量数据的理解，问答系统能够回答用户提出的具体问题，例如医疗咨询、法律咨询等领域的应用。

⑧ 自动文摘：从较长的文本中自动生成简短且有代表性的总结，有助于快速获取信息要点。

⑨ 命名实体识别（NER）：识别文本中的特定名词，如人名、地名和机构名，这对于信

息检索和数据挖掘非常重要。

⑩ 关键词提取：从文档中提取关键词，用以代表文档的主题或内容，常用于搜索引擎优化和文档分类。

⑪ 文本分类：根据文本内容将其归类到预定义的类别中，例如垃圾邮件检测或新闻文章分类。

⑫ 语音合成：将文本转换为语音输出，使得计算机可以"说话"，常见于导航系统和阅读器。

⑬ 自动校对：利用NLP检查文本中的语法错误并提供修正建议，提高文档质量。

⑭ 对话系统：实现人机对话，能够理解用户的查询并给出合适的回应，如客服机器人和虚拟助理。

⑮ 主题建模：识别大量未标记文本集中的主题，用于文档管理和信息检索。

⑯ 观点挖掘：从在线评论和讨论中提取个人观点和意见，帮助企业了解消费者心声。

⑰ 推荐系统：结合用户的历史行为和偏好，使用NLP来提供个性化的内容推荐。

4. 自然语言处理的案例

自然语言生成是NLP的一个子领域，旨在构建计算机系统或应用程序，通过使用语义表示作为输入，自动生成各种自然语言文本。

生成式语言模型（Generative Language Models）是一类能够学习语言数据分布并生成新文本的人工智能模型。它们在多种语言处理任务中发挥着重要作用，如文本补全、机器翻译和对话系统等。生成式语言模型基于大量未标记数据集进行训练，通过学习人类语言的规则和模式，能够生成符合语言习惯的文本。这些模型通常使用概率统计方法来预测下一个单词或字符，从而使生成的文本看起来更自然和流畅。

① ChatGPT。OpenAI是一家在全球范围内致力于人工智能研究的领先机构，他们的目标是通过开发先进的AI技术，推动人类整体的科学和技术发展。

2022年底，ChatGPT的震撼登场，学术界和工业界开始共同认识到，OpenAI对生成类模型（GPT）及算法规模化（Scalability）的投入和探索，可能揭示了通用机器智能，乃至通用人工智能（AGI）的可行路径。ChatGPT不仅仅是一个模型的突破，它更是一个时代的象征。它代表了从简单模型到大模型的技术跃迁，也预示着我们可能正在走向一个新的人工智能时代——通用人工智能（AGI）的时代。毫无疑问，这种技术的飞跃可能超越了过去任何一次AI技术的突破，让AGI的实现愿景看起来并非遥不可及。

ChatGPT 4.0基于Transformer架构开发的预训练模型，它在自然语言处理领域具有显著的影响力。这个模型通过大规模语料库的训练，具备了强大的语言生成和理解能力。与前一代模型相比，ChatGPT 4.0在准确性、稳定性和响应速度上都有了显著的提升，能够执行具体任务如下：生成文本，对话系统，信息搜索，多语言支持，教育辅助。

② 文心一言。文心一言（英文名：ERNIE Bot）是百度全新一代知识增强大语言模型，文心大模型家族的新成员，能够与人对话互动、回答问题、协助创作，高效便捷地帮助人们获取信息、知识和灵感。文心一言从数万亿数据和数千亿知识中融合学习，得到预训练大模型，在此基础上采用有监督精调、人类反馈强化学习、提示等技术，具备知识增强、检索增强和对话增强的技术优势。

2023年10月17日百度世界大会上，文心大模型4.0正式发布。百度创始人、董事长兼首席执行官李彦宏表示，这是迄今为止最强大的文心大模型，实现了基础模型的全面升级，在理解、生成、逻辑和记忆能力上都有着显著提升，综合能力"与GPT-4相比毫不逊色"。文心大模型4.0的理解、生成、逻辑、记忆四大能力都有显著提升，其中理解和生成能力的提升幅度相近，而逻辑和记忆能力的提升则更大，逻辑的提升幅度达到理解的近3倍，记忆的提升幅度也达到了理解的2倍多。文心大模型4.0在多个关键技术方向上进一步创新突破。可再生训练技术通过增量式的参数调优，有效节省了训练资源和时间，加快了模型迭代速度。

文心大模型4.0在输入和输出阶段都进行知识点增强。一方面，对用户输入的问题进行理解，并拆解出回答问题所需的知识点，然后在搜索引擎、知识图谱、数据库中查找准确知识，最后把这些找到的知识组装进prompt送入大模型，准确率好，效率也高。另一方面，对大模型的输出进行反思，从生成结果中拆解出知识点，然后再利用搜索引擎、知识图谱、数据库以及大模型本身进行确认，进而对有差错的点进行修正。

在强大的基础大模型的基础上，百度进一步研制了智能体机制，包括理解、规划、反思和进化，能够做到可靠执行、自我进化，并一定程度上将思考过程白盒化，让机器像人一样思考和行动，自主完成复杂任务，在环境中持续学习实现自主进化。

③ 讯飞星火认知大模型。讯飞星火认知大模型是科大讯飞发布的大模型。该模型具有7大核心能力，即文本生成、语言理解、知识问答、逻辑推理、数学能力、代码能力、多模交互，该模型对标ChatGPT。

2023年5月6日，科大讯飞正式发布讯飞星火认知大模型并开始不断迭代；2023年6月9日，星火大模型V1.5正式发布；2024年1月30日，星火大模型V3.5正式发布；2024年4月26日，讯飞星火大模型V3.5更新。

讯飞星火认知大模型已位列中国头部水平，通过中国信通院组织的AIGC大模型基础能力（功能）评测及可信AI大模型标准符合性验证，并获得4+级评分。

四、人工智能的学习技术

自人工智能概念正式提出以来，涌现了众多学习技术，包括机器学习、人工神经网络、深度学习和强化学习等。

1. 机器学习

① 机器学习的定义。机器学习是IT系统识别大型数据库中的模式以独立找到问题解决方案的技术，是人工智能的核心技术和实现手段。简单来说，机器学习就是让计算机具有学习的能力，从而使计算机能够模拟人的行为。

传统编程是手动创建的程序，使用输入数据并在计算机上运行以产生输出，而在机器学习中，输入和输出数据通过算法让计算机自动创建程序，它带来了强大的洞察力，可用于预测未来的结果。在实际应用中，机器学习算法可以在包含图像、数字、文字等内容的大量统计数据中找到模式，可以理解为一种数据科学技术，即通过算法帮助计算机从现有的数据中学习、获得规律，从而预测未来的行为、结果和趋势。机器学习的特点是只适用于存在过的、能够提供经验数据的场景，而不适用于未遇见过的问题或场景，所以属于弱人工智能范畴。

机器学习一般包括3个步骤：收集历史数据、通过算法学习获得分布模型、应用模型处理新数据，从而预测未来。其中，通过算法学习获得分布模型是机器学习研究的重点，学习的过程就是根据数据确定模型参数的过程。因此，机器学习的过程可以简化为寻找一个函数的过程，学习的结果也就是一个确定了参数的数学函数。

② 机器学习的类型。机器学习的类型主要分为：监督学习、无监督学习及半监督学习。

a. 监督学习，又称监督机器学习，其定义是使用标记数据集来训练算法，以便准确地对数据进行分类或预测结果。当输入数据导入模型时，它会调整权重，直至模型得到适当拟合。在训练模型的过程中使用交叉验证，以确保模型不发生过拟合或欠拟合。监督学习可帮助解决各种实际问题，例如将垃圾邮件分类到垃圾邮箱中。监督学习中使用的方法包括神经网络、朴素贝叶斯、线性回归、逻辑回归、随机森林、支持向量机（SVM）等。

b. 无监督学习，又称无监督机器学习，其利用机器学习算法对未标记的数据集进行分析和聚类。这些算法无须人工干预即可发现隐藏的模式或数据分组。其发现信息异同的能力使其成为探索性数据分析、交叉销售策略、客户细分、图像和模式识别等领域的理想解决方案。它还可以借助降维过程减少模型中的特征数量，其中主成分分析（PCA）和奇异值分解（SVD）是两种常用方法。无监督学习中使用的其他算法还包括神经网络、k均值聚类、概率聚类方法等。

c. 半监督学习，介于监督学习和无监督学习之间，提供了一个合理的中间媒介。在训练期间，它使用较小的标记数据集来指导从更大的未标记数据集中进行分类和特征提取。半监督学习解决了没有足够的标记数据（或无法承担标记数据成本）来训练监督学习算法的问题。

2. 人工神经网络

人工神经网络是一种模仿生物神经系统结构和功能的计算网络，生物神经网络则是人工神经网络的技术原型。人脑大约有140亿个神经元，每个神经元又与大约1000个其他神经元相连接，形成一个高度复杂、灵活且不断变化的动态网络。

① 神经元。神经元是生物神经系统的基本结构和功能单位。神经元以细胞核为中心，外部有树突和轴突。树突接收来自其他神经元的电脉冲，而轴突则将神经元的输出电脉冲传递给其他神经元。一个神经元传递给不同神经元的输出脉冲是相同的。神经元有两种状态：非激活和激活。非激活状态下，神经元不输出电脉冲；而激活状态下，神经元会输出电脉冲。神经元是否激活取决于其接收的所有电脉冲。因此，神经元可以描述为一个处理电脉冲的非线性单元，该单元能接收多个其他神经元的电脉冲，对收到的电脉冲进行处理，并能决定是否发射电脉冲。

② 人工神经元。1943年，神经科学家麦卡洛克（W. McCulloch）和数学家皮茨（W. Pitts）联合提出了神经网络的数学模型——麦卡洛克-皮茨（McCulloch-Pitts，MCP）模型，开启了人工神经网络的研究之门。人工神经元（又称感知器）的工作过程分为三个数学过程：对输入信号进行线性加权、加权求和以及采用一定阈值实现输出信号的激活。由于输出信号采用了阈值激活函数，人工神经元实现了非线性信号处理。

③ 人工神经网络与学习过程。人工神经元模拟了神经元的结构和工作机制，而人工神经网络则通过人工神经元之间的互联来模拟生物大脑。由于人工神经元也称为感知器，所以人工神经网络通常也被称为感知器网络。典型的人工神经网络由一个输入层、至少一个隐藏层和一个输出层组成。每层网络由多个人工神经元构成，层与层之间一般采用全连接，神经元之间的连接强度W表示它们之间联系的紧密程度。

自1943年MCP模型诞生以来，人工神经网络已有近80年的发展历程。伴随着人工智能技术的发展，人工神经网络经历了三次技术起伏，目前仍在蓬勃发展中，是近年来人工智能技术发展的主要领域之一。人工神经网络的模型众多，不同模型具有不同的网络结构，形成了多种神经网络算法。值得注意的是，深度神经网络，例如动态贝叶斯网络（DBN）、深度卷积神经网络（DCNN）、生成对抗网络（GAN）、深度残差网络（DRN）等，也属于人工神经网络的范畴。与非深度神经网络相比，深度学习网络通常具有更多框架层数和巨大的计算量。

机器学习的过程就是确定函数参数的过程。因此，人工神经网络的学习过程就是根据输入数据调整网络中的连接系数和阈值函数的参数，使得网络的输出结果与预期结果趋于一致。人工神经网络的主要学习算法包括梯度下降法、牛顿法、共轭梯度法、莱文贝格-马夸特算法等。然而，由于不同的人工神经网络具有不同的网络结构，所以不同人工神经网络的学习算法也有所不同。

3. 深度学习

近年来，深度学习几乎成为人工智能的代名词。目前，人工智能最前沿的性能研究和应用大部分采用了深度学习。深度学习方法依赖于复杂的程序来模拟人类智能，这种特殊的方法使计算机能够识别各种模式，并将其归类到不同的类别中。使用深度学习，计算机可以在不依赖大量编程的情况下，像人类一样使用图像、文本或音频文件来识别和执行任务。深度学习的典型应用领域包括计算机视觉、自然语言处理、语音信号处理、无人驾驶、数据挖掘等，具体应用实例有无人驾驶汽车、自主无人机、光学字符识别、实时翻译、基于语音/手势/脑电波的人机交互、气候监测等。

从技术体系来说，深度学习只是机器学习的一个分支，是具有较多神经元层的神经网络，因此深度学习网络也被称为深度神经网络。众所周知的深度学习算法有很多，例如卷积神经网络（CNN）、循环神经网络（RNN）、生成对抗网络、深度强化学习（DRL）等。一般来说，其隐藏层的层数依具体问题可以是几层、几十层、几百层，甚至数千层。

从技术发展脉络来看，深度学习的兴起是超级计算机、GPU、计算机硬件技术和高速互联网技术成熟的必然结果，是基础研究成果相互融合的成功产物。超级计算机和GPU为机器的学习过程提供了充分的算力，使网络函数能够在较短时间内求解；计算机硬件技术为海量数据的存储和读写提供了保障；高速互联网技术为深度学习的应用和数据传输提供了必不可少的通信环境。

4. 强化学习

强化学习，作为机器学习领域的一个重要分支，专注于智能体如何基于所处环境采取最佳行动，以实现预期收益的最大化。这一领域的理论基础来源于心理学中的行为主义理论，它探讨了生物体是如何在奖励或惩罚的激励下，逐步形成对刺激的反应预期，并培养出能够最大化利益的习惯性行为。强化学习的核心在于通过样例探索进行学习。强化学习的学习机制涉及智能体在获得样例后，根据环境的反馈以及自身的状态，更新其内部模型。智能体利用这一更新后的模型来指导其下一步的行动。当行动执行后，若获得新的奖赏反馈，智能体将再次更新模型，如此循环迭代，直至模型趋于稳定。

由于智能体与环境的交互模式与人类相似，强化学习被视为一种通用的学习框架，有望解决通用人工智能面临的挑战。因此，强化学习在无人驾驶、工业自动化、金融交易、自然语言处理和游戏等领域得到了广泛应用。其中，AlphaGo Zero、基于强化学习的动态治疗方案（DTRs）、京东和阿里巴巴的商品推荐及广告竞价系统以及新闻推荐引擎等，都是强化学习的典型应用案例。

任务四 ■ 人工智能应用

 任务描述

近年来,人工智能的发展势头强劲,不仅催生了信息技术领域的重大变革,而且已经渗透到各个行业和业务职能领域,成为一项至关重要的生产力要素,正在多维度地对人们的生产与生活产生深远影响。本任务旨在引导学生通过深入学习,了解人工智能在重点行业领域应用场景以及未来的发展动向,探索人工智能技术在现实社会中的广泛应用和重要价值。

 任务分析

本任务的重点是了解人工智能在行业领域的应用情况,主要涉及知识点如下:◇智能制造——改变人类的生产方式,◇智慧交通——改变人类的出行方式,◇智慧商业——精准营销,◇智慧医疗——提升人类的健康水平,◇智慧教育——因材施教。

 **任务实现**

一、智能制造——改变人类的生产方式

1. 智能制造简介

智能制造(Intelligent Manufacturing,IM)指的是一系列先进的制造过程、系统与模式,它们具备信息的自主感知、决策和执行功能。这种制造方式在各个环节中深度融合了物联网、大数据、云计算、人工智能等尖端技术。智能制造系统由智能机器和人类专家共同构成,实现人机一体化,能够在制造过程中进行智能活动,如分析、推理、判断、构思和决策。这种人机合作不仅扩展和延伸了人类专家的智力劳动,而且部分地取代了传统制造环节中的人工操作。智能制造将自动化的概念推向了一个新的水平,实现了制造过程的柔性化、智能化和高度集成化。

智能化是制造业自动化的未来趋势,人工智能技术在制造过程的每个环节都得到了广泛应用。智能制造涵盖了智能制造技术和智能制造系统两个层面。

智能制造技术(Intelligent Manufacturing Technology,IMT)利用计算机模拟制造专家的分析、判断、推理、构思和决策等智能活动,将这些活动与智能机器结合,并贯穿应用于制造企业的各个子系统,如经营决策、采购、产品设计、生产计划、制造、装配、质量保证和市场销售等。这样做旨在实现企业经营的高度柔性和集成化,取代或扩展制造环境中专家的部分智力劳动,并通过收集、存储、完善、共享、继承和发展专家信息,显著提高生产效率。

智能制造系统(Intelligent Manufacturing System,IMS)是一种人机一体化系统,它在制

造的多个环节中，通过计算机模拟人类专家的智能活动，实现了高度的柔性和集成化。这些系统不仅取代或扩展了制造环境中人类的部分智力劳动，而且还致力于收集、存储、完善、共享、继承和发展人类专家的知识库系统。

自20世纪80年代末开始，我国将"智能模拟"纳入我国科技发展规划的重点项目，并在专家系统、模式识别、机器人、汉语机器理解等领域取得了一系列成果。科技部正式提出"工业智能工程"，作为技术创新计划中创新能力建设的重要组成部分，智能制造成为该项目的核心内容。

在"十二五"期间，国家继续加大对智能装备研发的财政支持，明确智能装备产业发展的重点。在此期间，国内智能装备的发展重点是突破新型传感器与仪器仪表等核心关键技术，推动国民经济重点领域的发展和升级。2015年，工业和信息化部启动实施"智能制造试点示范专项行动"，直接切入制造活动的关键环节，充分调动企业积极性，注重试点示范项目的成长性。通过在关键点上的突破，形成有效的经验和模式，在制造业各个领域推广应用。2015年9月10日，工业和信息化部公布2015年智能制造试点示范项目名单，共有46个项目入选，涵盖38个行业，分布在21个省份，包括流程制造、离散制造、智能装备和产品、智能制造新业态新模式、智能化管理、智能服务等6个类别，体现了行业和区域的广泛覆盖以及强大的示范性。

2021年，随着"十四五"智能制造发展规划的发布，中国制造业的智能化转型进一步加速。规划提出，到2025年，大多数规模以上制造业企业将实现数字化、网络化，重点行业骨干企业将初步应用智能化技术；到2035年，规模以上制造业企业将全面普及数字化、网络化，重点行业骨干企业将基本实现智能化。这一愿景的实现将进一步推动中国制造业的高质量发展。

2. 人工智能在制造领域的应用

"人工智能+制造"是将人工智能技术应用到制造业，在自动化、数字化、网络化的基础上，实现智能化。其核心在于，机器和系统实现自适应、自感知、自决策、自学习，以及能够自动反馈与调整。人工智能在制造领域的应用主要有智能装备、智能工厂、智能服务三个方面。

① 智能装备。智能装备是指具备感知、分析、推理、决策和控制功能的高端制造设备，它是先进制造技术、信息技术与智能技术的紧密结合与深度整合。这类装备涵盖了自动化生产线、智能控制系统、自动识别技术、精密智能仪器、工业机器人以及高效智能化机械设备等。

工业机器人作为智能装备的重要组成部分，是专为工业环境设计的多关节或多自由度机械装置，能够依靠自身动力和控制能力自主完成工作任务。工业机器人的应用范围极为广泛，从汽车制造业到航天飞机的生产，从军用装备制造到高速铁路的开发，再到圆珠笔的制造，它们的应用无所不包。随着技术的成熟，工业机器人的应用已扩展至食品、医疗等新兴领域。相较于传统工业设备，机器人技术的发展使得产品成本日益降低，个性化程度不断提升，特别是在需要复杂工艺的产品制造过程中，工业机器人的替代作用能够显著提升经济效益。

工业机器人的典型应用场景包括焊接、喷漆、组装、搬运（如包装、码垛和表面贴装技术）、产品检测和测试等，所有这些任务都能以高效率、持久性和精确性完成。在发达国家，工业机器人自动化生产线已成为自动化装备的主流和未来发展趋势。汽车行业、电子电器、工程机械等领域已大规模采用工业机器人自动化生产线，以确保产品质量和生产效率。目前，典型的成套装备包括大型轿车壳体冲压自动化系统、大型机器人车体焊装自动化系统、电子电器等机器人柔性自动化系统等。图6-2为工业机器人在进行车体焊装工作。

工业机器人能够取代日益昂贵的劳动力，提高生产效率和产品质量。例如，机器人能够承担生产线上精密零件的组装工作，替代人工在喷涂、焊接、装配等恶劣工作环境中作业，并且可以与数控超精密机床等设备结合，共同参与模具的加工生产，从而提升生产效率，减少对非技术工人的依赖。

② 智能工厂。智能工厂代表了制造业信息化向更高层次发展的新阶段，它通过物联网、云计算、移动互联、虚拟现实、大数据技术和专家系统等尖端技术，实现了企业实体环境与虚拟环境的紧密结合。这种融合使得智能工厂能够在经营、生产和操作的各个过程和环节中，实现快速响应和精准干预，优化资源的配置，并达到高效的协同作业。

无人工厂，也称为自动化工厂或全自动化工厂，是智能工厂概念的一个具体体现，其中所有生产活动均由电子计算机控制，一线生产工作由机器人执行，无须人工参与。在规模上，无人工厂通常是一个企业的无人化生产车间，属于智能工厂架构中的智能产线层面。无人工厂实质上是工业制造向智能化和高端化发展的一种缩影。随着机器人、人工智能等新技术与传统制造业的加速融合，智能制造的发展得到了显著推动。对于传统制造业而言，"无人化"不仅能够显著降低成本，还能大幅提升效率。

上海电气集团积极参与和打造"数字新基建"，加快深化传统制造模式向智能制造模式转型。2019年，上海发电机厂获批工信部智能化生产示范基地，全面加速推进数字化工厂建设。据工厂介绍，自3套发电机定子铁芯自动叠片系统投用以来，不仅将员工从繁重的体力劳动中解放了出来，相同工作量所需员工仅为之前人工叠装的三分之一，提升制造效率30%。随着工厂2020年下半年的转子铜排自动生产线投入使用，偌大的线圈制造车间将变成"无人工厂"。图6-3为上海电气无人工厂。

图6-2　工业机器人在进行车体焊装工作

图6-3　上海电气无人工厂

小米"黑灯工厂"如图6-4所示，其可实现生产管理过程、机械加工过程和包装储运过程的全程自动化无人黑灯生产。工厂里的智能装备超九成都属于自主研发。小米智能工厂内部，由小米自己研发的全智能机器把控，采用微米级除尘科技。小米公司亦庄工厂是目前国内最高端、智能化程度最高的手机工厂之一，具备年产百万台智能手机的能力，比传统工厂效率提升了60%。但让人

图6-4　小米位于亦庄的"黑灯工厂"

没想到的是，忙碌的制板测试车间每班只有20人，却管着200多台智能化设备，一部手机从无到有的200多道工序绝大部分都依靠智能设备自动化完成，这里是真正的"黑灯工厂"。如今，新一代的小米自研装备及软硬件系统也正在进行实验室级别和量测级别的高强度验证工作，未来将尽快上线。

③ 智能服务。智能服务的核心在于实现定制化和主动性的服务智能，它通过捕捉和分析用户的初始信息，结合后台积累的海量数据，构建出精准的用户需求模型。这些模型不仅能够挖掘出用户的显性需求，如习惯和喜好，还能深入探索与时间、空间、身份以及工作和生活状态相关的隐性需求，从而主动提供精确而高效的服务。智能服务不仅仅局限于数据的传输和反馈，更重要的是系统需要进行多维度和多层次的感知，以及主动而深入地识别和分析。

在智能服务中，高安全性是基础，没有安全保障的服务是毫无意义的。只有通过端到端的安全技术和符合法律法规的保护措施，才能确保用户信息的安全，建立起用户对服务的信任，进而促进持续消费和服务质量的提升。在构建整个智能服务系统时，如何最大限度地降低能耗和减少污染，将直接影响运营成本。智能服务的目标是实现更多、更快、更好、更省的服务，从而产生实际效益，这不仅为用户提供了更广泛的个性化服务，也为服务运营商带来了更高的经济和社会价值。

尽管目前人工智能的解决方案尚未完全满足制造业的全部需求，但作为一项具有广泛应用潜力的技术，人工智能与制造业的融合趋势是不可避免的。

二、智慧交通——改变人类的出行方式

1. 智慧交通简介

智慧交通指在智能交通的基础上，融入物联网、云计算、大数据、移动互联等技术，收集交通信息，提供实时交通数据下的交通信息服务。智慧交通是未来交通系统的发展方向，它是将先进的信息技术、数据通信传输技术、电子传感技术、控制技术及计算机技术等有效地集成运用于整个地面交通管理系统，构建出一个广泛、全方位、实时、准确、高效的综合交通运输管理系统。在人工智能的发展与应用下，未来的交通是车路协同的交通，由智能的路和智能的车构成；未来的交通信号系统将成为以信号为核心的类脑城市交通计算中心，各交通参与者都将具备自主决策能力。

交通系统是一个由人、车辆和环境等多重因素构成的复杂体系，人工智能的融入使其变得更加智能化。目前，人工智能对智慧交通的影响主要体现在以下几个方面：

① 利用人工智能技术，如异常检测、图像识别和视频分析等，可以提高交通管理机构的监控能力和准确性，预防交通事故的发生，规范驾驶行为，促进交通文明。

② 人工智能技术能够实时分析城市、区域、商圈等的交通状况（如拥堵、事故等），通过对历史数据的深入挖掘和理解，形成多维度的综合交通管理应急指挥预案，从而提高交通效率。

③ 人工智能算法能够根据市民的出行偏好、生活和消费习惯等，分析城市人流、车流的动态变化，并将这些数据与城市建设和公共资源的配置相结合。基于这些大数据分析结果可以帮助政府决策部门进行城市规划，特别是为公共交通设施的基础建设提供指导。

2. 人工智能在交通领域中的应用

目前，人工智能技术在智慧交通中的应用较多，如自动驾驶汽车、智慧交通管理以及无

人驾驶飞机等。

① 自动驾驶汽车。自动驾驶汽车曾经只是科学幻想中的一个概念，现在已经成为现实。自动驾驶汽车是一种通过计算机系统实现无人驾驶的智能汽车，它涉及多个技术领域，包括人工智能、机器学习、传感器技术、视觉计算、雷达、监控装置和全球定位系统技术协同合作，让计算机可以在没有任何人类主动操作的情况下，自动安全地操作机动车辆。自动驾驶汽车作为一项前沿技术，是当前汽车行业的一个热门趋势，正在逐步走向成熟，并有望在未来成为交通出行的重要组成部分，为人们提供更加便捷、安全的出行选择。

美国汽车工程师学会（简称SAE）根据车辆能够自主完成的操作和驾驶员需要参与的程度来制定无人驾驶汽车的分级标准，定义了无人驾驶汽车的六个级别，从L0到L5是目前业界广泛认可的标准。

- L0：车辆没有自动驾驶功能，驾驶员负责所有操作，车辆可以提供一些警告和辅助信息。
- L1：车辆提供某些驾驶辅助功能，如自适应巡航控制，但驾驶员必须时刻控制车辆。
- L2：车辆可以控制转向和速度，但驾驶员需要持续监控驾驶环境并准备干预。
- L3：车辆可以在特定情况下自主驾驶，驾驶员不必持续监控，但在系统请求时需要接管控制。
- L4：车辆可以在特定环境（如高速公路或停车场）中完全自主驾驶，驾驶员不需要监控。
- L5：车辆可以在任何环境下完全自主驾驶，不依赖于驾驶员的干预。

虽然人们在发展阶段对自动驾驶汽车技术持怀疑态度，但是目前无人驾驶车辆已经在交通运输领域得到了应用。百度2013年开始布局自动驾驶，2017年百度在上海车展发布"Apollo计划"，并开放了自动驾驶平台Apollo，这也是全球范围内自动驾驶技术第一次系统级的开放。

萝卜快跑是百度旗下自动驾驶出行服务平台，已于全国10余个城市开放载人测试运营服务，实现超一线城市全覆盖。萝卜快跑已经开始在北京、武汉、重庆、深圳、上海开展全无人自动驾驶出行服务与测试。如图6-5所示，百度无人驾驶汽车在长沙进行测试。截至2024年1月2日，百度萝卜快跑在开放道路提供的累计超过500万单，稳居全球最大的自动驾驶出行服务商。这些服务不仅包括无人驾驶，还有半无人和有人驾驶模式，以满足不同用户的需求和偏好。

图6-5　百度无人驾驶汽车在长沙进行测试

作为全球最大的自动驾驶出行服务商，萝卜快跑拥有强大的技术优势和安全保障措施。平台的车辆搭载了百度Apollo领先的L4级自动驾驶技术，能够应对复杂的城市道路场景。此外，萝卜快跑还提供了多种车型选择，其中包括第五代量产无人车Apollo Moon，这是百度与北汽极狐深度定制开发的前装量产车型，具有多项创新特点。

百度萝卜快跑是自动驾驶技术在出行服务领域的重要应用，它展示了自动驾驶技术在实际生活中的应用潜力，并为用户提供了安全、便捷的新型出行方式。随着技术的不断进步和市场的逐渐成熟，预计未来自动驾驶出行服务将会得到更广泛的推广和应用。

② 智慧交通管理。在现代生活中，交通拥堵已成为城市居民日常通勤的一大挑战。智

慧交通管理系统应运而生，其核心目标是通过融合先进的信息技术、通信手段、数据处理能力以及交通工程的基本理念，来实现对城市交通的实时监测、分析、预测和控制。这一系统的实施旨在提升交通流的效率，有效减缓拥堵现象，增强道路安全，并且优化人们的出行体验，同时也对我们所处的环境产生了积极的影响。

目前，遍布公路的传感器和摄像头不断搜集着交通流量、车速、事故等关键信息，这些数据被传输至云平台，借助大数据分析和人工智能技术进行系统的分析和流量模式，提供对未来交通状况的精准预测。基于这些分析结果，系统能为通勤者提供关于交通趋势、潜在事故或路面障碍的预警，使他们能够提前做好出行安排。此外，这些数据的深度分析还能指出通往目的地的最佳路线，帮助驾驶者规避可能的交通瓶颈。人工智能的应用，不仅在于减轻道路上的压力，还在于提高行车安全性、减少驾驶者的等待时间，从而全面提升了城市交通的智能化水平。

③ 无人驾驶飞机。在当今科技飞速发展的时代，无人驾驶飞机的应用已经成为一个令人瞩目的焦点，这种创新技术不仅有望显著减少碳排放和交通拥堵，还能降低对昂贵基础设施的需求。无人驾驶飞机的出现，预示着货物传输和人们出行的方式将发生翻天覆地的变化，使得物流更加高效，通勤时间大幅缩短。

随着人口的不断增长，城市规划者面临着巨大的挑战，他们必须在不耗费更多资源的前提下，实现城市的智能化和基础设施建设。无人驾驶飞机的广泛应用，为智能交通提供了新的思路和可能性。在交通监控与管理方面，无人机已经证明了其不可替代的价值，它们能够迅速部署在交通拥堵或事故现场，提供实时空中监控，帮助交通管理部门快速评估情况并作出响应。这种独特的空中视角为智慧交通系统提供了宝贵的数据，有助于优化交通流量，提高应急响应效率。

2024年1月，汽车制造商比亚迪与科技企业大疆的合作，共同发布了全球首个整车集成的车载无人机，将车辆与无人机技术完美融合，标志着车载无人机技术的一次重大飞跃，如图6-6所示。这款车载无人机是比亚迪仰望U8玩家版的一部分，它不仅能够在车辆内部进行智能收纳，还支持自动换电和充电管理，实现了一键起飞和降落的便捷操作。此外，该无人机库采用了一体化车规级设计，具备精准自动起降、智能换电等功能，使得用户在户外活动时能够更加方便地使用无人机进行拍摄或探索。

图6-6 比亚迪携手大疆发布全球首款整车集成的车载无人机

这一合作成果不仅展示了汽车制造商与科技企业之间的跨界合作，也为汽车用户带来了全新的科技体验。无人驾驶飞机的应用，将为未来的智能出行和户外活动带来革命性的变化，开启一个全新的时代。

三、智慧商业——精准营销

1. 智慧商业简介

智慧商业是一种新型的商业范式，它通过利用互联网、人工智能、大数据等前沿技术，洞察消费者行为，预知市场动向，致力于为消费者呈现既多元化又定制化的产品和服务。这一模式的核心在于实现零售空间的数字转型和智能升级。它将实体店面、电商平台和移动应用作为支点，串联起顾客、商品、市场推广、服务、供应链、渠道、物流、管理以及各种工具，以此打造一个更加丰富和多元的购物生态。

智慧商业的精髓在于其数字化本质，它与消费模式的演变和技术的进步紧密相连，共同振动，催生出新的商业模式和消费场景。这些新模式和新场景转化为以用户为核心的数据资产，通过持续的迭代更新和算法优化，不断精进和完善。从传统的商业模式到新零售，再演进至今天的智慧商业，人工智能技术的革新已成为推动发展的强动力。

智慧商业运用机器学习、自然语言处理和知识图谱等人工智能前沿技术，对商业营销的关键步骤，如用户洞察、内容创作、广告投放、效果监控和行为预测进行赋能。通过这些技术，我们能够优化广告投放策略、提高目标精准度，发掘创新的商业模式，从而在商业活动中实现成本节约、效率提升，并挖掘更多的营销渠道。

① 用户洞察。在各种商业活动中，定位目标用户是一切活动的前提。AI分析使我们能准确判断用户是否属于本次商业活动的目标受众。与人力有限且带有主观性的传统营销相比，AI的强大数据处理能力可以快速分类处理大量数据，迅速构建用户样本库，更精准地定位目标用户群。在用户行为日益碎片化和多元化的今天，AI通过深度学习不断迭代进化，追踪用户行为习惯，与之同步变化，有效降低投放成本，提升营销成效。

② 内容创作。传统营销依赖人工制作创意素材，周期长且数量有限。AI能够整合分析现有素材，迅速生成多样化的营销创意，大大缩短创作时间，同时提高用户兴趣，增加点击率和转化率。

③ 创意投放。互联网和移动设备的普及使用户更多投入在线社交和短视频平台，这也将商业场景拓展至更多新的方向。AI技术能在已分类的用户群中准确识别目标用户，并通过定量分析挑选出这类用户的媒体和场景偏好，帮助广告主做出最优投放决策，有效控制成本的同时提升营销效果。

④ 效果监测。如今，广告主对于投放出去的营销活动的结果愈发重视，对于一个透明、真实的结果的渴望也越来越强烈。AI不仅在投放前和投放中起作用，也能对投放后的效果进行监控和优化分析。凭借庞大的数据库，AI准确识别作弊行为，多方位跟踪分析用户后续行为，打破信息壁垒，为广告主节约成本，提升品牌宣传力度和安全性。

⑤ 行为预测。AI通过分析用户特征和行为以发现兴趣，并进行有针对性的营销，可有效提升效果。许多用户需求随时间转变，而AI的数据存储和用户洞察使商家能够对比相似用户的消费行为，发现不同时期的需求意愿，制定有针对性的营销策略，提前占据市场优势。

2. 人工智能在商业领域中的应用

① 智慧物流。物流业是支撑国民经济和社会发展的基础性、战略性产业。随着新技术、新模式、新业态不断地涌现，物流业与人工智能技术深度融合，智慧物流逐步成为推进物流业发展的新动力、新路径，也为经济结构优化升级和提质增效注入了强大动力。智慧物流是通过大数据、云计算、智能硬件等智慧化技术与手段，提高物流系统思维、感知、学习、分析、决策和智能执行的能力，提升整个物流系统的智能化、自动化水平，从而推动物流的发展，降低社会物流成本、提高效率。

降本增效是目前物流行业的重要发展目标，物流业未来的发展趋势是建设智慧物流体系。智慧物流则是一种整体模式，强调系统的互联互通及深度协同。智慧物流应用自上而下体现在三个层面：智慧化平台、数字化运营、智能化作业。

a.智慧化平台,是整个智慧物流体系的指挥中心,负责全局性的规划与决策。这个平台利用大数据、云计算等技术集成和分析海量信息,以实现资源、信息的共享和协同工作。它可以根据市场需求变化动态调整物流网络布局,使供应链更加灵活和高效。

b.数字化运营,是智慧物流的"中枢神经",涉及具体的操作管理和实时决策。数字化运营依托于信息系统,通过智能算法来调度和优化仓储、运输、配送等各个环节。这包括全链路智能排产、智能设置运营规则等,旨在提高作业效率、降低成本、提升服务水平。

c.智能化作业,作为实际操作层,使用自动化设备和智能系统执行具体的物流任务。这包括智能仓库管理、自动化分拣、无人运输车辆、无人机配送等。这些技术提高了作业的精确性和速度,减少了人为错误,实现了高效率、低成本的物流服务。

京东物流以其数字化、广泛覆盖和灵活性著称,服务范围几乎遍及全中国各地区、城镇及人群,成为全球唯一拥有六大物流网络的智慧供应链企业。

京东智慧物流利用5G、人工智能、大数据、云计算和物联网等核心技术,不断提高自动化、数字化和智能决策能力。它使用自动搬运机器人、分拣机器人和智能快递车等技术,提升仓储、运输、分拣和配送效率,同时自主研发相关系统,支持客户供应链全面数字化。借助专有算法,它在销售预测、商品配送规划和供应链网络优化等领域实现智能决策。凭借这些技术,京东物流构建了全面的智慧物流系统,实现了自动化服务、数字化运营和智能化决策。

京东物流打造了一个协同共生的供应链网络,众多国内外合作伙伴参与其中。2017年,推出云仓模式,将管理系统、规划能力和运营标准等应用于第三方仓库,提高本地仓库资源利用效率,帮助中小物流企业提升服务能力。京东云仓生态平台运营的云仓数量已超1600个。至2020年底,京东物流建立的国际线路覆盖230多个国家和地区,设有80个保税和海外仓库。

2017年6月18日,京东配送机器人从中国人民大学的京东派出发,穿梭在校园的道路间,自主规避障碍和往来的车辆行人,安安稳稳地将货物送达目的地,并通过京东APP、手机短信等方式通知客户货物送达的消息。客户输入提货码打开配送机器人的货仓,取走了自己的包裹。图6-7为京东物流配送机器人。

图6-7 京东物流配送机器人

京东物流配送机器人是智慧物流体系生态链中的终端,面对的配送场景非常复杂,需要应对各类订单配送的现场环境、路面、行人、其他交通工具以及用户的各类场景,进行及时有效的决策并迅速执行,这需要配送机器人具备高度的智能化和自主学习的能力。

配送机器人的感知系统十分发达,除装有激光雷达、卫星定位外,还配备了全景视觉监控系统、前后的防撞系统以及超声波感应系统,以便配送机器人能准确感触周边的环境变化,预防交通安全事故的发生。它拥有基于认知的智能决策规划技术,遇到障碍物时,在判断障碍物的同时判断出行人位置,并判断出障碍物与行人运动方向与速度,通过不断深度学习与运算,做出智能行为的决策。目前,该配送机器人具有以下能力:能安全通过十字路口,包括有红绿灯路口和没有红绿灯的路口;能自主规划安全借道行驶;能向来车和行人避让;能礼让横穿行人车辆,安全避道行驶;精准停车。

② 智慧仓储。传统的仓储管理中,数据采集靠手工录入或条码扫描,工作效率较低。同时存在库内货位划分不清晰,堆放混乱不利收敛;实物盘点技术落后,常常导致账实不

符；人为因素影响大，差错率高，容易增加额外成本；缺乏流程跟踪，责任难以界定等诸多问题。智慧仓储是利用先进的信息技术和物联网技术对仓储管理进行优化和智能化的过程，以智能存储、智能分拣、智能拣选、智能搬运、设备集成等方面AI技术为支撑，以系统、智能设备和场景规划落地方案为能力核心，以数字化、智能化一体满足各类场景下的仓储要求。智慧仓储的核心在于将传统的仓库管理与现代科技相结合，通过这种融合，实现仓储效率的提升、成本的降低以及服务质量的提高。智慧仓储主要涵盖以下几个方面：自动化设备，智能管理系统，物联网技术，数据分析，云计算。

除了"智慧物流"，京东还在积极布局"智慧仓储"。截至2023年底，京东物流已经在全国运营了41座"亚洲一号"大型智能仓库。图6-8为京东物流广州"亚洲一号"大型智能仓库。

京东的"智能仓储"系统中，其核心力量非"无人仓"莫属。这一创新举措在物流领域内，代表了先进科技与自动化仓储，以及配送流程的无缝结合。通过融合多种智能系统和设备，无人仓显著降低了商品打包所需的时间，进而提升了物流运作的整体效率。在京东的"无人仓"中，包括大型搬运机器人、小型穿梭车、拣选机器人等三种机器人。

大型搬运机器人体积比较大，质量大概为100kg，负载量为300kg左右，行进速度约为2m/s，主要职责是搬运大型货架，如图6-9所示。

图6-8　京东物流广州"亚洲一号"大型智能仓库

图6-9　大型搬运机器人

在京东的"智慧仓储"中，除了大型搬运机器人，小型穿梭车也发挥了非常重要的作用，图6-10为京东"地狼"AGV搬运机器人。据了解，京东自主研发的shuttle小型穿梭车，在没有搭载任何商品的情况下，速度最快可达到6m/s，加速度也可以达到$4m/s^2$，与日本某企业研发的小型穿梭车相比，速度仅落后0.6m/s。小型穿梭车的主要工作是搬起周转箱，然后将其送到货架尽头的暂存区。而货架外侧的提升机则会在第一时间把

图6-10　京东"地狼"AGV搬运机器人

暂存区的周转箱转移到下方的输送线上。在小型穿梭车的助力下，货架的吞吐量已经达到了每小时1600箱。

小型穿梭车完成自己的工作以后，就轮到拣选机器人出场了。京东的拣选机器人delta配有前沿的3D视觉系统，可以从周转箱中对消费者需要的商品进行精准识别。拣选完成后，通过输送线，周转箱会被转移到打包区，而剩下的员工则会对商品进行打包，并将打包好的

商品配送到各个地区。与传统仓库相比,"无人仓"的存储效率要高出4倍以上;而与人工拣选相比,拣选机器人的拣选速度则要快出4～5倍。

③ 无人零售。无人零售模式是指在没有售货员和收银员的情况下,顾客通过自我服务的方式购买商品。这种模式有望成为零售业的一个重要组成部分,并将改变我们的生活方式。未来的零售行业将是一个结合了大型完善供应链和广泛分布的小型零售网络的模式,而小型零售网络需要大量的值守人员,这将大幅增加零售网点的运营成本,使得智能无人零售模式应运而生,为行业发展提供了新的机遇。

一种无人零售模式是智能柜。目前,无人零售智能柜已经成为适应新零售市场需求的科技产品。从最初只能售卖饮料的单一功能自助售货机,经过数十年的发展,现在已经升级为规模更大、商品品类更加丰富的无人零售智能柜。同时,移动支付、物联网、语音识别、AI人脸识别等最新技术的应用,使得无人零售智能柜能够收集用户和产品数据,实现精准营销。

另一种无人零售模式是无人零售便利店。作为民生基础设施的重要组成部分,实体零售具有重要的存在价值,但由于便利店的利润率偏低,人力成本也直接关系到一家便利店的生死存亡,无人零售便利店无疑能减少人力成本的开支。无人零售便利店提供了一种无须排队、无须人工干预的购物体验,使得购物过程更加快速便捷。由于无人零售便利店都安装了传感器,消费者在实体店内的每一个行为都可以被识别和记录,门店运营者就可以像电子商务一样,基于大量数据和分析系统,在进货、理货、制定营销策略等方面做出更明智的决策,而不再需要依靠直觉。无人零售便利店结合了物联网、机器视觉、生物识别、移动支付等多种技术,实现了24小时的自动化服务。购物流程通常涉及以下几个步骤:进店验证、自由选购,商品结算,支付确认,离店检测,异常处理,顾客离店。

④ 智能客服机器人。在当今的商业环境中,智能客服机器人正逐渐成为客户服务领域的革新者。这些基于人工智能技术打造的自动化工具,旨在复制人类客服代表的交流模式,以便为企业客户提供迅速而高效的支持。智能客服机器人正在彻底改变企业与客户互动的方式,无论是在售前咨询、产品服务、售后维护还是投诉管理等各个环节,它们都为企业提供了一种既高效又具有成本效益的可扩展解决方案,以满足现代消费者对即时反馈的需求。

企业通过部署智能客服机器人,能够实现一系列功能,如访客分流、自动回复、智能辅助人工服务、实时监控以及质量检测等,从而在整个客服流程中实现自动化和智能化。这不仅降低了人工客服的成本,还显著提升了客户服务质量和提高了客服接待的效率。一方面,经过充分训练的智能机器人能够独立完成客户接待任务,其问题解决率可达80%至90%,使得绝大多数客户问题能够得到迅速而有效的解答。另一方面,在人工客服进行接待时,智能机器人能够通过提供答案推荐或协助搜索知识库等方式,为人工客服提供实时辅助,从而提高整体的接待效率。

北京捷通华声科技股份有限公司开发的灵云智能客服是一个结合了最新人工智能技术的服务平台,它不仅能够提供高效的人机交互体验,还能够根据企业的具体需求提供定制化服务,帮助企业提升客户服务效率和质量。

灵云智能客服解决方案V9.0获得了中国信通院颁发的"智能客服产品能力评估证书(功能-增强型)",这表明了其在智能客服领域的技术实力和服务能力得到了权威认可。该智能客服平台不仅支持微信、官网、APP、短信、QQ等多渠道服务,还能够通过集成语音识别、语音合成、数据挖掘等技术,实现智能APP导航、智能电话导航、智能语音外呼、智能语音分析等功能,为客服中心提供全面的智能化解决方案。在实际应用中,灵云智能客服已经服务于中信银行、中国邮政储蓄银行、太平洋保险、中国人寿、中国国际航空、深圳航空等数百家企业。如图6-11所示，为灵云智能客服机器人在商业银行的应用。这些应用案例表明，灵云智能客服能够为企业提供高效、准确的客户服务，平均问答准确率达到90%，同时为企业节省了大量的人工坐席成本，实现了省心、省力、省钱的智能化客户服务。

图6-11　灵云智能客服机器人在商业银行的应用

四、智慧医疗——提升人类的健康水平

1. 智慧医疗简介

智慧医疗是通过构建一个综合的健康档案和区域性医疗信息平台，融合尖端的人工智能技术、物联网技术、领先的疗法以及智能化的诊断工具，以促进患者与医护人员、医疗机构和医疗设备之间的互动，构建以病人为核心的医疗信息管理和服务体系。这一体系实现了医疗信息的完整性、跨服务部门的互联共享、临床决策的科学创新以及诊断的精准化。智慧医疗的核心价值在于通过技术手段提升医疗服务的效率和质量，同时降低医疗成本，提高患者满意度。

智慧医疗的发展背景与现代社会对健康的关注密不可分，随着人均寿命的延长、出生率的下降以及人们对健康生活质量的追求，社会对更好的医疗系统的需求日益增长。在中国新医改的大背景下，智慧医疗正在逐步走进公众的日常生活，并有望在未来进一步推动医疗行业的繁荣发展。

智慧医疗作为人工智能技术与医疗服务结合的产物，在个性化治疗建议、影像处理与诊断、疾病风险预测、医疗服务自动化、健康监测与管理、药物研发加速、数据化管理、远程医疗服务等方面发挥重要作用，不仅能够提升医疗服务质量，还能够推动整个医疗行业的繁荣发展，为患者带来更好的医疗保障，并为医疗系统的改革和创新提供动力。

2. 人工智能在医疗领域中的应用

① 人工智能+医学影像。AI医学影像是人工智能在医疗领域应用最为广泛的场景，率先落地、率先应用、率先实现商业化。图6-12为深圳市深图医学影像设备有限公司开发的"深图AI智能辅助诊断系统"。

医学图像处理的对象是各种不同成像机理的医学影像，临床广泛使用的医学成像种类主要有X射线成像（X-CT）、核磁共振成像（MRI）、核医学成像（NMI）和超声波成像（UI）四类。在目前的影像医疗诊断中，主要是通过观察一组二维切片图像去发现病变体，这往往需要借助医生的经验来判定。利用计算机图像处理技术对二维切片图像进行

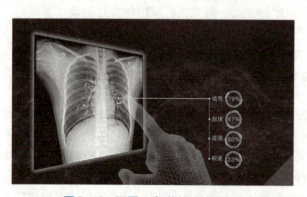

图6-12　深图AI智能辅助诊断系统

分析和处理，实现对人体器官、软组织和病变体的分割提取、三维重建和三维显示，可以辅助医生对病变体及其他感兴趣的区域进行定性甚至定量的分析，从而大大提高医疗诊断的准确性和可靠性，在医疗教学、手术规划、手术仿真及各种医学研究中起到重要的辅助作用。

在医学成像中，疾病的准确诊断和评估取决于医学图像的采集和图像解释。传统上，对医学图像的解释大多数都是由医生进行的，然而医学图像解释的准确度受到医生主观性、医生差异认知和疲劳度的限制。近年来，随着人工智能和机器学习技术的快速发展，它们在医学图像处理和分析方面的应用也日益增多，既提高诊断的准确性和效率，又减轻医生的工作负担。

2017年8月，腾讯正式发布首款人工智能与医学结合的AI医学影像产品——"腾讯觅影"，旨在希望AI技术能帮助医生"寻踪觅影"，为病人更准确地发现早期病灶。"腾讯觅影"运用计算机视觉和深度学习技术对各类医学影像（内窥镜、病理、钼靶、超声、CT、MRI等）进行学习训练，致力于实现对早期食管癌、宫颈癌、肺癌、乳腺癌及乳腺癌淋巴切片病理图像、糖尿病性视网膜病变等多个病种的筛查，从而有效地辅助医生诊断和重大疾病早期筛查等任务。

目前，"腾讯觅影"已经在全国众多三甲医院建立了人工智能医学实验室，具有丰富经验的医生和人工智能专家联合起来，共同推进人工智能在医疗中从辅助诊断到应用于精准医疗发展。

② 人工智能+医疗机器人。医疗机器人是机器人细分领域之一，主要包括手术机器人、肠胃检查与诊断机器人、康复机器人、医疗服务机器人等。手术机器人作为前沿技术与医疗健康领域深度融合的产物，其优势主要体现在以下几个方面：提高手术精度，增强手术效率，安全性提升，改善患者体验，减轻医生负担。

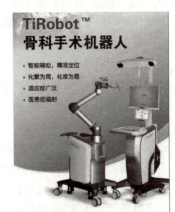

图6-13 天玑骨科手术机器人

天玑骨科手术机器人是北京天智航医疗科技股份有限公司开发的一种先进的医疗机器人系统，如图6-13所示。它结合了精确的机械操作、三维成像技术和人工智能算法，以提高手术的准确性和安全性。天玑骨科手术机器人专门设计用于辅助四肢和骨盆骨折手术、脊柱全节段手术、创伤骨科手术等，在临床应用也越来越多，数据显示，2024年1月1日至4月26日相关手术量超过了1万例，累计开展的手术数量已超过7万例。

我国在医疗机器人的研究与政策支持方面，都具有良好的发展环境，手术机器人的发展趋势一直被市场所看好，骨科手术机器人产品上市也呈现"井喷"之势。据不完全统计，2023年共有13款骨科手术机器人获NMPA批准上市，其中包括3款进口产品和10款国内企业产品。2024年年初至今，更有9款产品获批上市。

③ 人工智能+疾病预测。疾病风险预测是一种通过基因测序和检测，提前预测疾病发生风险的方法，其核心目标是预测个体在未来一段时间内患某种疾病或发生某种事件的概率。例如，波士顿大学医学院的研究人员开发的一种基于人工智能的计算机算法，能够整合脑部核磁共振成像、认知障碍测试以及年龄和性别等多种数据，来预测阿尔茨海默病的风险。

疾病预测可以根据特定人群进行，如全人群、房颤人群、心梗住院人群等，针对特定的预测目标，如脑卒中、心衰、死亡等，设定特定的时间窗口，包括预测的时间点和预测的时间范围，来预测目标事件发生的概率。目前，人工智能在疾病预测方面的应用包括但不限于以下几个领域：心血管疾病预测，癌症筛查与预测，糖尿病风险评估，神经退行性疾病，慢性疾病管理，感染性疾病预测，药物反应与副作用预测，精神健康，眼科疾病，肾脏疾病。

④ 人工智能+药物研发。人工智能与药物研发相结合，正在开创医药领域的新纪元。传统上，开发一种新药物可能需要十年以上的时间，耗资数十亿甚至上百亿美元，这也是导致药物价格居高不下的主要原因之一。然而，人工智能技术的融入不仅彻底革新了药物发现和开发的流程，还显著降低了研发的整体成本。人工智能技术在药物研发的目标识别、分子筛选与设计、药物合成、毒理预测、临床研究设计等环节起到关键性作用。

Atomwise 是利用 AI 进行药物研发的典型案例。该公司运用超级计算机对庞大的数据库进行深入分析，利用 AI 及复杂算法精准模拟新药的研发过程，并借助前沿技术对新药的研发风险进行早期评估。Atomwise 不仅显著加快了新药的研发进程，还大幅降低了研发成本，有时仅需数千美元即可完成。例如，在 2015 年埃博拉病毒暴发时，Atomwise 仅用约一周时间就找到了控制病毒的新药物，且成本极低，未超过 1000 美元。

⑤ 人工智能+健康管理。人工智能在健康管理领域的融合，正在开启更加个性化和高效的健康监测与管理新时代。AI 技术的应用使得个人健康数据的收集、处理和分析变得更加精准，为预防性医疗和个性化治疗方案的制定提供了强有力的支持，合理运用，可以为人类提供高质量、智能化与日常化的医疗护理服务。人工智能在健康管理方面的应用包括以下几个领域：个性化健康建议，慢性病管理，智能穿戴设备，远程医疗服务，健康风险评估，虚拟护士，健康数据分析。

⑥ 人工智能+医院管理。人工智能正在推动医院管理革新，并加速医疗机构的数字化转型。这一转型涵盖了多个关键领域，包括病历信息的结构化处理、分级诊疗体系的优化、基于诊断相关分组（DRGs）的智能系统，以及为医院管理层提供决策支持的专家系统等。

在智慧医院的框架下，AI 技术的应用使得医护人员能够从繁重且重复的行政任务中解脱出来，这不仅缓解了医疗资源的紧张状况，还显著提升了医院的运营效率。此外，借助深度学习和大数据分析的强大能力，人工智能能够为医院管理者提供精准的数据洞察和决策支持，从而优化资源配置，提高服务质量，并推动医院管理向更高效、智能化的方向发展。

⑦ 人工智能+虚拟助理。在医疗领域，虚拟助理正逐渐成为一项创新技术，它依托于特定领域的知识体系，并结合先进的智能语音与自然语言处理技术，实现了流畅的人机交互。这些助理能够将病患对自己症状的描述与权威的医学指南进行对照，向用户提供包括医疗咨询、自我诊断引导以及导诊等一系列服务。

据统计，目前国内已有多家公司投入"虚拟助理"服务的市场，这些服务主要针对语音电子病历的创建、智能导诊、智能问诊以及药物推荐等需求。随着技术的不断发展和市场需求的进一步拓展，虚拟助理在医疗保健领域的应用潜力巨大，未来有望衍生出更多满足患者和医疗机构需求的创新服务。

五、智慧教育——因材施教

1. 智慧教育简介

智慧教育，通常指的是在教育领域（包括教育管理、教育教学和教育科研）中，以现代信息技术为核心，全面深入地运用现代信息技术来促进教育改革与发展的过程；通过构建新型的能适应特定的教与学需求的智慧化和信息化的教育环境，有效地与教学过程相融合，将丰富的教学资源与传统学习环境融于一体，合理高效地实施教学方法、教学策略和组织教学活动的数字化教学形式；通过对教师和学生的教学行为产生的数据进行收集与分析，形成有效的个性化精准教学。智慧教育的目标是利用信息化手段推动教育现代化，改变传统的教育模式，其技术特征包括数字化、网络化、信息化、智能化和多媒体化，而其基本特征是开放、共享、交互、协作、泛在。

智慧教育将物联网、云计算、大数据、移动互联网、人工智能、虚拟现实等新一代信息技术与教育理念和教育实践相融合，构建一个网络化、数字化、智能化的学习空间、学习生态，以及现代化的教育模式和系统。这旨在促进教育利益相关者的智慧发展和可持续发展，推动教育的创新和改革。智慧教育是新一代信息技术全面、深入、综合的应用，其重点和前提是构建智慧学习环境，研发和应用智能化系统及产品。

在智慧教育环境中，相对于传统教育环境，教育是根本，技术是手段，目标是智慧地运用技术来发展学生的智慧。实现智慧教育的途径包括运用先进的信息技术打造网络化、数字化、智能化的学习空间，如智慧终端、智慧教育云、智慧教室、智慧校园等，营造一个智慧化的学习环境，使学习者能够在智能的学习空间内进行泛在学习、个性化学习、情境学习和群体智慧学习，同时通过建设相应的教学系统，实现智慧教学、智慧管理、智慧评价、智慧科研和智慧服务。

智慧教育作为现代教育技术与人工智能结合的产物，正在逐渐改变传统的教育模式。它的核心在于通过高度的数据化和智能化手段，实现对学生学习行为的精准把握和个性化教学。数据收集、学生行为分析、智能教学和私人教练是智慧教育的四大重要组成部分。

首先，数据收集构成了智慧教育的基础。在大数据时代背景下，教育数据的采集不再局限于阶段性考核，而是贯穿于学生的学习全过程。这种自然的、过程性的数据收集方式能够更加真实地反映学生的学习状态。通过构建包含题库、知识图谱及学习数据的庞大数据库，智慧教育系统能够生成学习导图，拆分知识点，并据此形成复杂的知识网络。这一过程中，学生的互动反馈成为推动系统不断优化的关键因素。

其次，学生行为分析则是智慧教育的重点。通过对历史答题记录的深入分析，AI能够实时评估学生对各个知识点的掌握情况，并据此为每位学生制定个性化的学习路径。此外，借助图像、语音和文字识别技术，智慧教育系统能够捕捉并分析学生在学习过程中的情绪和行为，从而提供更为精准的教学调整。

第三，智能教学是智慧教育的核心所在。利用强化学习等先进的机器学习算法，教育AI能够基于学生的学习反馈动态调整教学内容和难度，以此最大化学生的学习成效。例如，通过语音识别技术在语言教学中自动纠正学生的发音错误，或是利用模拟器自动生成学习数据以辅助教学决策。

最后，私人教练模块作为智慧教育的手段，使得因材施教成为可能。在这个环节中，教师能够根据大数据分析的结果，有针对性地为每位学生布置个性化作业，从而实现真正意义上的个性化教学。智能软件的多维度标注帮助老师精准出题，而智能学习引擎则能够根据每个学生的具体情况进行有效地学习问题诊断和讲解。

智慧教育的四大组成部分相互协作，共同构建了一个高效、个性化的教学环境。从数据收集的自然性和全程性，到学生行为分析的深度和细致性，再到智能教学的动态调整和个性化推送，以及私人教练的针对性和实效性，每一步都体现了智慧教育对于提升学习效率和教学质量的追求。

2. 人工智能在教育领域中的应用

① 智慧教育平台。智慧教育即教育信息化，教育信息化的发展，带来了教育形式和学习方式的重大变革。促进教育改革，对传统的教育思想、观念、模式、内容和方法产生了巨大冲击。

中国慕课从2013年起步，教育部遵循"高校主体、政府支持、社会参与"的发展模式，支持各方建设了30余家综合类和专业类高等教育公共在线课程平台和技术平台。近年来，先后成立了在线教育研究中心，举办了中国慕课大会、世界慕课大会，发布了《中国慕课行动宣言》《慕课发展北京宣言》，推出了两个在线教学国际平台，系统推进慕课与在线教学的"建、用、学、管"，中国慕课与在线教育发展成效显著。截至2022年2月底，中国上线慕课数量超过5万门，选课人次近8亿，在校生获得慕课学分人次超过3亿，慕课数量和学习人数均居世界第一，并保持快速增长的态势。高等教育数字化改革不断深化，高校教师使用混合式教学比例已经从疫情前的34.8%提升至84.2%，基本形成了一整套包括理念、技术、标准、方法、评价等在内的中国特色高等教育数字化发展方案。

2022年3月28日，国家智慧教育公共服务平台正式上线启动。国家智慧教育公共服务平台是由教育部指导，教育部教育技术与资源发展中心（中央电化教育馆）主办的智慧教育平台，如图6-14所示。国家智慧教育公共服务平台聚合了国家中小学智慧教育平台、国家职业教育智慧教育平台、国家高等教育智慧教育平台、国家24365大学生就业服务平台等，可提供丰富的课程资源和教育服务。

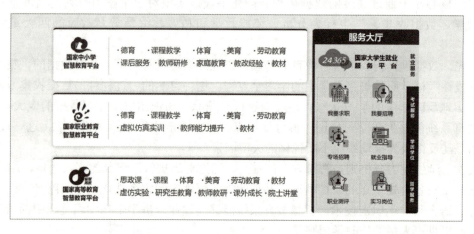

图6-14 国家智慧教育公共服务平台

自2022年上线以来，广泛汇聚优质数字教育资源，形成了横向拓展、纵向延伸的数字教育资源供给体系，全面赋能教育教学改革和教育管理服务，为打造人人皆学、处处能学、时时可学的学习型社会提供了资源保障，创设了支撑平台，营造了学习空间。相比于各国曾经和正在发展的教育平台，我国的国家平台有明显的公益性特征，采用的是政府主导建设、多方协同参与、学校师生应用的发展模式，具有体系结构完整、学科门类齐全、业务领域广泛、用户规模庞大等特点。

一是体系结构完整，形成了覆盖全国各地区的"1+N"平台体系。智慧教育平台体系以国家平台为核心，18个试点省份智慧教育平台为延伸，形成了"四平台、一大厅、一专题、一专区"的平台架构，所有接入平台采用"统一命名域名、统一用户认证、统一平台要素、统一运行监测"的技术框架，支持Web端、PC端、移动端多端访问，以面向师生的资源服务和政务服务作为主要内容，通过智教通行证实现注册用户"单点登录、全网漫游"。相比之下，其他国家公共服务平台的建设主体和服务范围规模更小，如美国数字图书馆服务平台采用众包众筹的理念聚合数字资源、法国数字化大学采取大学与其他机构共同体的模式面向高等教育提供课程服务。

二是学科门类齐全，汇聚了覆盖各类教育的多学科、多专题资源。与各国类似教育平台相比，我国的国家平台更加"包罗万象"，囊括基础教育、高等教育、职业教育三个阶段，课程资源涵盖德育、智育和体美劳育，建成"三横三纵"的资源体系。此外，国家平台还涵盖数字能力建设，为逾千万教师提供培训，惠及偏远和农村地区学生，在区域教育均衡和教育质量提升方面发挥了重要作用。

三是业务领域广泛，提供了覆盖教学、管理等多方面的业务服务。与其他国家教育平台相比，我国的国家平台有一个显著不同，不仅提供丰富的教材、教学视频、教案、课件等教学资源，还面向教学过程中的九大场景提供备课、课后服务、习题库、学生评价等各类工具服务，涵盖备课、授课、答疑、作业等各环节。同时，充分发挥平台的数据集成共享作用，提供教育管理类服务。

四是用户规模庞大，服务了覆盖大中小学的"全阶段"教育用户。国家平台从不同教育层次齐头并进，赋能全民终身学习，其用户规模已超过主流的国际平台。截至2023年底，国家中小学智慧教育平台累计注册用户突破1亿，访客量超过25亿人次；国家高等教育智慧教育平台服务了国内12.77亿人次学习，开设的全球混合式课程学习者近2540万人次；国家职业教育智慧教育平台支撑了超10亿人次的用户访问学习，用户覆盖154个国家和地区；读书平台围绕青少年读书空间、老年读书社区开展建设，进一步助力全民形成"爱读书、读好书、善读书"的浓厚氛围，将平台用户从校园拓展至社会。而国际上主流的在线资源平台主要面向某一教育阶段用户，如可汗学院主要面向K12教育，Coursera、edX和同样获得联合国教科文组织哈马德国王奖的爱尔兰"国家资源中心"主要面向高等教育。

② 智慧校园。智慧校园是指以促进信息技术与教育教学融合、提高学与教的效果为目的，以人工智能、物联网、云计算、大数据分析等新技术为核心技术，提供一种环境全面感知、智慧型、数据化、网络化、协作型一体化的教学、科研、管理和生活服务，并能为教育教学、教育管理进行洞察和预测的智慧学习环境。

智慧校园常见功能可分为智慧教学环境、智慧教学资源、智慧校园管理、智慧校园服务四大板块。

a. 智慧教学环境板块主要指的是通过信息技术手段优化教学过程和环境。例如，智能黑板、在线课程和远程教育平台的使用，可以极大地提高教学效率和质量。学生可以通过互动式学习平台进行更加个性化的学习，而教师也可以利用数据分析工具来跟踪学生的学习进度和理解程度，从而提供更有针对性的指导。

b. 智慧教学资源板块涉及数字化教材、在线图书馆和数据库等资源的智能化管理和使用。这些资源为学生和教师提供了丰富的学习材料和研究工具，使得知识的获取和分享更加便捷高效。

c. 智慧校园管理板块包括教务管理系统、学生管理信息系统、财务工作平台等，这些系统帮助校园管理人员高效地处理日常管理工作，如学生信息管理、课程安排、成绩评估等，使校园管理变得更加精准和高效。

d. 智慧校园服务板块包括会议室管理系统、图书馆座位预约系统、来访车辆预约登记系统等，这些服务提高了校园内部运作的效率和便利性。例如，通过智慧餐厅系统，学生可以提前预订餐食，减少排队时间；而智慧宿舍管理系统则可以实时监控能耗，促进节能减排。

③ 人工智能学习机。学习机是一种电子教学类产品，也统指对学习有辅助作用的所有

电子教育器材。学习机是在中国大陆地区学生群体中比较普及的一种便携学习设备。早期的学习机和电视机连接，利用电视屏幕进行输出和显示，不具备便携性。后来逐步转向各种尺寸较小、带独立显示屏的电子词典，提供个人信息管理、游戏、中英词典、中英互译等功能，但所有程序都是固化在存储器上，因而存储能力有限，而且功能不具有扩充性。随着技术的发展，这种便携设备在新的发展中进一步增强了学习功能，支持不同学习形式和多样化科目，其功能强大，有些具备开放式操作系统、支持容量扩充、播放器等功能。

学习机在通信能力上也在不断加强，从原来的无法通信、无法更新资料发展到通过数据线从计算机上拷贝资源，再到利用无线通信自动更新资料。市场上还出现配备单波段（ONESEG）电视接收功能的电子词典。学习者不仅可以直接学习学习机上自带的学习内容、使用上面的词典查阅单词等；还可以通过数据线与PC机相连，通过PC机从网站上下载内容，然后进行离线学习，学习完毕后，还可以再将学习机与PC相连，上传学习记录，提交学习过程中遇到的困难，在下次联机时可以看到教师对问题的回复；还有优学派的"云学习"，可以在云学习平台下搜索下载学习资源，学生们能同步下载到全国各地主流教材从小学到高中的全部学科知识。

学习机较其他移动终端更注重学习资源和教学策略的应用，从2005年下半年开始，课堂同步辅导、全科辅学功能、多国语言学习、标准专业词典以及内存自由扩充等功能已开始成为学习机的主流竞争手段，越来越多的学习机产品全面兼容网络学习、情境学习、单词联想记忆、同步教材讲解、互动全真题库、词典、在线图书馆等多种模式，以及大内存和SD/MMC卡内存自由扩充功能。其中有不少品牌开发了自己的创新学习模式，比如优学派打造的"大同步""大游学""大搜学"系列模式，相信会有越来越多的学习模式可供学生们选择。

从阿尔法狗到ChatGPT，人工智能的迅猛发展，正在快速改变我们的生活，其中教育AI化，是这股浪潮的必然趋势。在这一时代背景之下，AI学习机应运而生，为更多的孩子和家庭带来学习上的便利。在众多品牌的AI学习机中，科大讯飞以其领先的人工智能技术，短短几年时间内已经发展成业内翘楚。在今年的科大讯飞1024开发者节上，讯飞展示的星火大模型3.0及其在学习机里的应用，再次给业界带来惊喜，也宣示了AI个性化学习时代的正式到来，如图6-15所示。

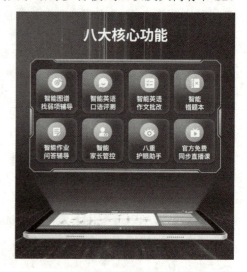

图6-15 科大讯飞学习机

科大讯飞学习机运用了人工智能知识图谱和习得顺序技术，可以精确分析学生对每个考点的掌握情况，精准找到弱项，从而实现因材施教。科大讯飞AI学习机面向小、初、高学生和家长，旨在通过多种AI技术在产品中的应用落地，给学生的自主学习提供AI辅导，覆盖预习、复习、备考、作业辅导等多种场景，有效解决学生学业提升慢、提升难，良好学习习惯难以养成，以及家长辅导难等问题。

④ 智慧早教机器人。早教机器人是专为儿童的学习与成长设计的产品，它采用了吸引孩子目光的机器人外观，并且往往比传统的电子产品更能引起孩子们的兴趣。这些机器人不是以枯燥的方式教授知识，而是通过游戏和交流等互动形式，让孩子们在玩乐中学习。作为服务型机器人的一个分支，早教机器人通常具备语音识别、对话交互以及早期教育的功能。这种伴随式的学习环境在某种程度上弥补了父母因工作繁忙而无法常伴孩子左右的遗憾。因

此，在幼儿教育领域，早教机器人正在迅速崛起，成为智慧教育的一个典型应用场景。

随着人工智能技术的不断进步，各种早教智能机器人也相继出现。然而，大多数智能早教机器人更像是智能玩具，它们仅提供基本的"智能对话"等功能，而在更高级的人机互动和创造力培养方面则显得不足。

"布丁豆豆"是一款真正融合了人工智能技术的早教机器人，如图6-16所示。由roobo北京智能管家科技有限公司开发的这款家庭智能机器人，与其他早教智能机器人不同，"布丁豆豆"依托于"AI+OS"机器人系统，让孩子们真切感受到温馨的关爱，只要是孩子提出的问题，"布丁豆豆"都可以亲切地回答。"布丁豆豆"拥有情感表达的能力，当孩子抚摸它时，它会露出羞涩的笑容；被抱起时，则会兴奋地抖动身体。

图6-16 布丁豆豆智能早教机器人

"布丁豆豆"的双语功能突破了传统早教智能机器人的设计局限，借助其强大的R-KIDS智能语音系统，它能识别孩子的语音指令，并实现中英文的自动切换。在双语环境下，"布丁豆豆"不仅能帮助孩子学习英语单词和常用短语，还能教他们唱经典的英文儿歌，这有助于培养孩子的英语语感和激发英语潜能。"布丁豆豆"采用"多元智能"模式，让孩子在多个领域得到锻炼，如颜色识别、手部精细动作等。此外，它还能帮助发掘孩子的学习潜力和培养艺术素养。随着人工智能技术的日趋成熟，越来越多像"布丁豆豆"这样的智能早教机器人将会出现。

任务五 ▪ 人工智能素养

 任务描述

人工智能时代的来临，带来很多机遇，同时也充满挑战。在这个时代，人们应如何应对？本任务旨在引导学生通过深入学习，了解人工智能的社会价值、给人类职业的影响以及社会伦理道德和法律问题等，引导学生正确认识人工智能技术的发展。

 任务分析

本任务的重点是介绍人工智能技术的社会价值、给人类职业带来的影响以及人工智能在社会应用中面临的伦理道德和法律问题等，完成本次任务主要涉及的知识点如下：◇人工智能的社会价值，◇人工智能给人类职业带来的影响，◇驾驭"无处不在"的人工智能，◇人工智能在社会应用中面临的伦理道德和法律问题。

 任务实现

一、人工智能的社会价值

人工智能的迅猛进步已经深刻改变了人类的生产和生活方式，推动了社会的持续发展，对人类社会产生了深远的影响。其社会价值主要体现在以下几个方面：

① 替代人类劳动，提高生产效率。随着人工智能在各行各业的广泛应用，许多工作岗位被智能系统取代，从而使人类从重复性和烦琐的日常工作中解放出来，能够投身于更加轻松、有意义的活动，并享有更多的休闲时间。此外，将人工智能应用于高风险职业，如火灾救援、地震救助和高空作业，可以显著降低人类从事危险工作的风险。

② 改变生活方式，提升生活品质。人工智能改变了人们的生活方式，提升了生活品质，给人类带来更幸福、更美好的生活体验。家庭机器人和智能家居让人们从家务中解脱，智能助理优化日常安排，网购和无人商店革新购物体验，无人驾驶技术简化出行，即时通信和机器翻译打破语言障碍，而搜索软件和聊天机器人则让我们在信息海洋中自由遨游。

③ 提升医疗水平，增进人类福祉。人工智能在医疗领域的应用正以革命性的方式提升人们对抗疾病的能力。它能够提供比较准确的疾病诊断，甚至在某些情况下超越医生的诊断能力。智能化的治疗方案和医疗器械提高了治疗的精确度和效果，例如手术机器人显著提升了手术的精准度。人工智能还加速了新药研发，缩短研发周期，降低成本，提高成功率。此外，可穿戴生物医疗设备能够实时监测健康，有效地预防疾病的发生、发展。

④ 精准决策，增强社会治理能力。在社会治理活动中，人类的思想、行为的盲目性和不确定性是导致风险产生和成本增加的重要因素。人工智能技术在民生、环保、公共安全、城市服务、工商业等领域的应用，能够感知、分析、整合社会运行的关键信息，快速智能响应各类社会活动，预测发展趋势，减少社会治理中的不确定性和盲目性，实现精准决策，降低治理成本，全面增强提升治理能力和治理效率。

⑤ 改善生存环境，为人类提供安全环境。人工智能技术在监测和预警自然灾害、环境险情等方面让人类及时规避风险，改善人类的生存环境，提供安全的居住条件。人工智能技术预测海啸、台风、洪水、火山爆发等自然灾害，帮助人们及时避免风险；智慧交通等应用于交通管理，有效提升道路交通的智能监测和预警能力，提高道路安全性；人工智能技术提高人们生产设施设备和生产生活环境故障预测能力，能够及时发现火灾等重大险情，为人类提供安全的生产生活环境；人工智能的人脸识别技术可以自动发现违法行为和违法人员，并及时预警，从而达到预防和制止犯罪的目的，构建安全和谐的社会。

⑥ 构建环境友好型、资源节约型社会，解决环境污染、能源危机等全球人类面临的问题。面对环境污染、能源危机等全球性挑战，人工智能提供了颠覆性的解决方案。它能够建立强大的监控环境污染的系统，及时发现环境污染的主要原因，运用模型推演出减少环境污染的最佳方案；建立能源消耗模型和监控系统，帮助人类发现能源浪费的原因，发现并减少能源浪费。

⑦ 探索未知，揭示自然与社会规律。人工智能正在帮助人类探索太空，如祝融号火星车的探测任务；解决复杂的科学问题，如AlphaFold预测蛋白质结构，揭示生命科学的奥秘。它逐步进入科研领域，帮助人们探索未知，理解自然界和社会的规律。

二、人工智能给人类职业带来的影响

近年来，随着人工智能等技术进步的加速，制造业企业的智能化进程也不断加快。这一变革不仅促使工作模式发生了革命性变革，改善了人们的工作环境，提高了劳动生产率，还减少了单位产品所需的劳动投入。因此，大量工作都将被人工智能机器替代，这种趋势是人工智能时代机器人替换人的必然结果，但同时也带来了职业替代的风险。机器人替换人对人类工作岗位的取代已经严重波及社会劳动力的就业问题，引爆了"失业危机"，引起了社会的广泛关注。人工智能职业替代趋势主要体现在以下三个方面。

① 人工智能技术导致职业替代类型日渐广泛。在发达国家，人工智能机器人已经在农业、工业与服务业领域得到了广泛的应用，工业机器人生产的数量仍在不断增长。中国自开展产业转型升级以来，智能机器人在制造业等多个领域也得到快速而广泛的运用，工业智能机器人的"上岗"呈井喷式增长，劳动力替代趋势在工业生产过程中呈现大规模上升。例如，在"十三五"期间，浙江省计划投资高达5000亿元，每年改造或升级5000个智能机器人生产线或生产工艺，完成后可以替代200多万个普通劳动者的工作岗位。根据麦肯锡全球研究院的报告预测，到2055年，自动化和人工智能将占据全球49%的有薪工作岗位。具体来看，机器人能够胜任绝大部分标准化、程序化的工作，甚至在人工智能技术领域，非标准化劳动也将面临冲击。显然，随着人工智能技术的进步，许多岗位在三类产业中都有可能被智能机器人所取代，这种职业替代的类型和范围都在不断扩大。

② 人工智能技术导致职业替代程度在不断加深。随着人工智能技术的不断发展，越来越多的工作被自动化和机器人取代。第一代智能机器人按照人类事先设定程序，完全实现对人类活动的重复与再现，主要替代了一些重复性高、劳动强度大、工作环境恶劣，且呈现出静态稳定性的工作，例如装配、包装、搬运、焊接、喷涂、铸造等。第二代智能机器人具有人类设计的全面感知能力和自我调整能力，能够解决一般性的复杂问题，能够替代一些需要高精度、高质量、人复杂情感进行判断的工作，例如珠宝加工、汽车零件制造等。第三代智能机器具备预设指令下的智能化自我调整任务模式，能够自主学习、认知、决策以及修复自身问题。这些机器可以替代一些需要高精度和高质量完成的任务，例如医疗领域中的疾病检索、早期预测、手术机器人，一些简单的诊断工作可以由人工智能系统自动完成。在金融领域，一些简单的交易操作也可以由智能程序自动完成，一些金融分析师也面临着失业的风险。

③ 人工智能技术导致职业替代的时间在不断缩短。牛津大学的研究人员对700种职业被替代的可能性进行了研究，并预计在未来十年或二十年内，约47%的美国工作岗位可能面临机器人取代的风险，预计在接下来30年内，像作家、医生、教师等职业中的大部分工作可能会被智能机器人所替代。这表明具有高度重复性、机械性、程序性和简单性特征且技术技能创新要求较低的职业将完全被智能机器人所替代。英特尔创始人之一戈登·摩尔提出的摩尔定律揭示了信息技术发展的速度之快。自从人工智能芯片问世以来，它正按照摩尔定律快速发展。随着人工智能芯片的不断更新迭代，并结合云计算、大数据和物联网等技术，在实践中产生了巨大的产业影响，使得大规模数据处理成为可能。这不仅提高了工作效率，还促进了智能技术在面对复杂工作时的反思和创新，从而不断缩短了人工智能技术对人类职业替代的时间。

人工智能技术的发展将导致从事机械化劳动人员被自动化和智能化机器替代而失业，但也催生了很多新兴行业和新技能劳动者的需求。例如，根据普华永道的研究，到2030年，AI和自动化技术可能会创造出1.3亿个新的工作岗位。其补偿效应作用机制主要表现为：

① 人工智能技术的发展将创造出许多新的职业，例如机器学习工程师、自然语言处理工程师、计算机视觉工程师等，对于那些具有相关技能和知识的人来说，将会是一个很好的就业机会。

② 人工智能技术的应用将使得一些传统职业得到升级和改进，例如医疗行业的智能化诊断系统、金融行业的智能投顾等，这些新技术的应用将会提高工作效率和准确性，为从业者带来更好的工作体验和更高的收入水平，从而创造新的就业岗位。

③ 人工智能技术的发展也将创造出一些新的产业和商业模式，例如智能家居、智能交通等领域的发展，将会催生出许多新的企业和商业模式，为社会创造更多的就业机会和经济效益。

④ 人工智能技术的进步将推动人类社会的发展，例如，通过应用人工智能技术，可以提升医疗诊断的准确性和效率，为患者提供更优质的医疗服务；同时，人工智能在交通运输领域的应用也能增强安全性和效率，为人们的生活带来更多便利。因此，人们会更愿意花费更多时间享受服务，这将带动休闲娱乐和服务消费行业的快速发展，从而创造更多的就业机会。

⑤ 随着人工智能技术的广泛应用，新兴高技能行业对劳动者的技能要求不断提高，这将促使劳动者更加重视自身技能的教育和培训投入。因此，教育和培训行业将迎来快速发展，从而增加更多的就业岗位。

三、驾驭"无处不在"的人工智能

如今，人工智能正以惊人的速度发展，其影响力已深入到各个行业乃至人们的日常生活中。人们对此不禁感叹：人工智能的时代已经到来。然而，随着科技的飞速发展，人们也开始担忧人工智能的普及可能会导致就业机会的减少，甚至有一天，大部分人可能会失去工作。

根据BBC基于剑桥大学研究者Michael Osborne和Carl Frey的数据体系分析，有300多种职业在未来可能会面临被淘汰的风险。其中，电话推销员、打字员、会计、保险业务员、银行职员、政府职员、客服、人力资源、房地产经纪人、厨师等职业被人工智能取代的可能性都大于70%。这些职业的共同特点是大量的重复性工作，而对于基于大数据学习的人工智能机器人来说，这是轻而易举的。研究还发现，演员艺人、化妆师、写手、翻译和理发师等职业被取代的可能性约为30%，而艺术家、音乐家、科学家等职业只有8%的可能会被取代。

在不久的未来，人工智能将接管大部分繁重的认知型任务，并在企业的日常运营中做出精准的决策。面对这样的时代，我们应该如何应对呢？诺贝尔文学奖得主莫言在回答高中生关于"人工智能对世界有哪些影响"的问题时，幽默地说："你们要好好学习，未来还是你们的，不是机器人的。"这意味着，如果不想被时代淘汰，不被人工智能超越，就需要不断更新我们的知识，掌握更多的技能，提高自己的竞争力，在这场人机竞争中立于不败之地。

① 将自己打造成复合型人才。人工智能时代需要的是复合型人才。所谓复合型人才，就是在某个专业领域拥有深厚的知识和技能的同时，还对其他领域的学科有着浓厚的兴趣和求知欲。具备多学科知识背景的人，能够从多角度看待问题，创新性地解决复杂问题。复合型人才和"斜杠青年"是同一个概念，即在做好本职工作之余，根据个人兴趣挖掘其他特长，通过大量学习和训练，让自己在感兴趣的方面具备专业能力。在职场上，一个懂财务的

销售肯定比单纯的销售更受欢迎，一个会设计图文的文员肯定比普通文员更有优势。

② 接触不同的工作模式。有人认为，人工智能的发展是3000年未有之大变局。面对如此巨大的变化，虽然可以确定的是，未来需要的技能既要经得起时间考验，又要能应对多重挑战，比如解决问题的能力、在流动团队中工作的能力等，但谁都不可能确切地知道未来将会发生什么，究竟需要哪些技能。因此，我们只能在现有职业的基础上不断全面磨炼自己。当前，多数公司的业务都在多个领域开展，所以必须设定多个工作模式，并把它们运用在实际工作中，如众包模式、远程制造模式、事务处理模式、技术模式等。如果能够在工作中接触不同的工作模式，并从中磨炼自己的技能，那么即便不知道3～5年后需要什么，也能够应对将来可能发生的变化，甚至可以整合不同的工作模式。

③ 学会与机器合作。人工智能时代需要学会与机器共同工作，将智能机器视为搭档和合作伙伴，共同解决一些创造性的问题。那么，我们应该如何与机器进行合作呢？可以借助人工智能处理文件和数据，从而从烦琐的工作程序中解放出来，去做其他的工作。例如，高级律师熟谙法律，但对律师事务所的各种细节却未必通晓，他们可以借助机器处理法律文件，组织诉讼和论据。

在未来，人工智能可能就如现在的电一样无处不在。现在，人们的生活离不开电；在未来，人们的生活将离不开人工智能。如果人们懂得利用人工智能来提高自己的能力，那么就会具有强大的竞争力。

四、人工智能在社会应用中面临的伦理道德和法律问题

在当前这个日益兴盛的人工智能时代，人工智能技术在众多领域内展现出了其广阔的应用潜力。然而，伴随着这些机遇，也面临着不少挑战。随着人工智能技术的迅猛发展，它带来的道德和法律问题也愈发凸显，对人类社会的道德秩序构成了前所未有的考验。在这个关键时刻，确定人工智能发展的道德界限，以及寻求人工智能与社会和谐发展之间的平衡，成为我们急需解决的问题。

① 自动驾驶技术涉及的伦理和法律问题。自动驾驶技术，一种通过计算机系统实现的无人驾驶汽车技术，自21世纪初以来，已展现出接近实用化的趋势。作为现代社会极为关注的人工智能技术应用之一，它被视为未来驾驶的发展趋势。然而，随着具有自主性和智能化的自动驾驶技术的推广，人们必然面临着伦理学上的"隧道难题"以及相关法律法规不完善等一系列问题。

在伦理学上，"隧道难题"提出了一个假设：如果一辆载有乘客的自动驾驶汽车驶入单行道隧道，而在隧道入口处突然有一个儿童跑到了路中央。此时，自动驾驶汽车只有两种选择：一种是继续驶向入口，可能撞到儿童；另一种是急速转向，撞到隧道两旁的墙壁，从而造成车内乘客的死亡。这两种选择都可能导致人身安全受损。在这种情况下，自动驾驶程序应如何选择？是优先保护车外的儿童还是车内的乘客？这种伦理选择涉及乘车人员的自我牺牲与路人的利益之间的冲突，凸显了自动驾驶技术发展面临的伦理困境。

此外，自动驾驶技术对传统的法律法规和社会规范也提出了挑战。例如，当无人驾驶汽车发生交通事故时，责任应归属于开发产品的企业、产品拥有者，还是人工智能产品本身？这些法律问题将成为自动驾驶技术应用面临的巨大挑战。因此，尽管当前无人驾驶汽车技术已经相对成熟，但在实际应用中仍存在许多伦理和法律问题。这些问题需要我们

在推动自动驾驶技术发展的同时，积极探讨和解决，以确保其在道德和法律层面的可持续发展。

② 人工智能的进步对个人数据权益和隐私权益的影响。个人数据权益和隐私权是构成公民基本权利的重要组成部分，其保障与尊重是衡量社会文明进步的关键指标。然而，在云计算、大数据、5G等网络技术的快速进展下，数据信息采集的广泛性与深入性日益增强，使得每个个体都不可避免地被纳入数字化生活空间中。在人工智能技术的应用过程中，数据控制者能够基于有限且不完整的碎片化数据，提炼出关键个人信息，进而构建详尽的"用户画像"。这种操作导致个人对自己隐私的控制能力大幅减弱，使一些敏感信息处于潜在的泄露风险之中。

随着人工智能技术的不断深化，数据的经济价值持续上升，成为极富吸引力的资产。这为某些违法分子提供了可乘之机，他们通过非法手段交易数据以谋取私利，严重侵害了个人的数据权益和隐私安全。鉴于此，我们应当认识到，随着人工智能技术的推进，个人数据权益和隐私权的保护面临着新的挑战，必须采取更为严格和有效的法律措施，以确保这些基本权利不被侵犯，同时推动社会文明的健康发展。

③ 人工智能可能会有潜在的算法偏见问题。在众多场景中，人工智能的决策过程实际上是通过分析历史数据来预测未来走向，这一过程的核心在于算法模型及其输入数据的相互作用，这些因素共同塑造了预测的成果。因此，算法偏见可能源自用于训练的数据本身，或者是由于算法设计者所固有的价值观念在模型构建过程中的无意或有意的渗透。例如，用来自互联网上的数据训练一个问答系统，这些训练数据中的一部分数据可能存在某种歧视，如果这部分带有歧视的数据未做筛选，用这些数据训练出来的模型自然会带上歧视的影子，当问答系统回答问题时，也就有可能出现带有歧视的回答。更进一步，算法决策是在用过去预测未来，而过去的歧视作为系统反馈可能会强化这种错误，从而使算法倾向于将歧视固化并在未来得到加强。

④ 人工智能对社会公正的影响。随着互联网和人工智能技术的深度整合，信息的不均等获取、缺乏透明度以及信息与技术的门槛，实际上正在促成并加深了信息隔离、数字差异等违背社会公正原则的现象。在当前社会中，仍存在大量无法接触或不愿意使用互联网的"边缘群体"，而人工智能对个体的文化素养和信息技术能力提出了更高的要求。人工智能技术的进步，反而可能拉大数字分界线，使得"边缘群体"更加难以享受到高效的智能信息服务，从而更难以获得有限的服务资源。此外，尽管人工智能有助于推动进一步的职业分化和创造新的就业机会，但并非所有人都具备跨越技术和社会化障碍的能力。因此，人们对于人工智能可能引发的失业问题的担忧，并非完全没有根据。

⑤ 人工智能引发的权利失衡问题。随着人工智能的发展，权利失衡现象日益显著。企业能够通过人工智能技术深入洞察消费者的喜好和行为模式，甚至可能比消费者自己更了解他们。这种信息优势使得企业能够在实现自身目标的过程中，利用这种权利失衡，而消费者往往在无意识中落入了劣势。举例来说，一些不道德的企业可能会利用它们所持有的消费者数据，运用人工智能技术预测消费者的购买行为，并据此对具有不同消费特性的顾客，在同一产品的销售中或在同等条件下提供不同的定价策略，通过误导或诱导消费者进行购买，从而牟取超额利润。

⑥ 人工智能产生的侵害知识产权问题。人工智能技术的发展带来了对传统专利保护体系的挑战。人工智能系统能够自主创造新的技术方案，这引发了关于专利归属、创造性和新颖性标准的理解与适用问题。在人工智能时代，需要对专利法进行一定的革新，以适应技术进步并促进创新。

人工智能生成的内容，如文本、音乐、艺术作品等，涉及版权的归属问题。人工智能作为一种工具生成的作品是否应该归人工智能开发者所有，还是人工智能使用者所有，抑或是人工智能本身拥有版权，这些都是需要明确的问题。同时，人工智能学习和使用现有作品时，如何平衡原创作者的权益与人工智能的创新活动，也是版权法需要解决的问题。

人工智能系统往往依赖大量数据进行训练和优化，这些数据可能包含个人信息或受版权保护的内容。如何在保护个人隐私和知识产权的同时，允许人工智能合理使用这些数据，是另一个法律挑战。此外，人工智能产生和管理的大数据本身是否应该享有某种形式的知识产权保护，也是一个值得探讨的问题。

为了让人工智能沿着正确的轨迹发展并壮大，我们需要再把握以下几个关键问题。

① 确保技术的普惠性与公平性：我们必须努力使人工智能技术造福更广泛的人群，包括为弱势和特殊群体提供定制化解决方案。这意味着跨地区、跨行业和跨不同社会群体的平等智能服务覆盖，以确保所有人都能共享到人工智能带来的益处。

② 保护个人隐私与数据安全：尊重用户知情权、同意权和选择权是至关重要的，这要求完善用户授权和数据撤销机制。同时，必须依法处理个人信息，反对任何形式的非法收集和使用个人信息行为，确保个人隐私不受侵犯。

③ 强化企业责任与伦理自律：人工智能企业应承担起社会责任，加强管理和伦理教育，促进研发活动的自律和自我管理。在数据采集和算法开发环节中，需进行严格的伦理审查，以消除潜在的偏见，并实现系统的普惠性、公平性和非歧视性。

④ 提升系统透明性和可解释性：增强人工智能算法的设计、实施和应用过程中的透明度和可解释性，确保系统的可验证性、可审核性、可监督性、可追溯性、可预测性和可信度，从而使技术更加安全、可靠和透明。

⑤ 融合法律规制与伦理原则：人工智能的开发不仅是技术问题，也涉及伦理和法律层面。开发人工智能系统或产品时，必须遵守相关法律法规，并将伦理道德原则整合进技术实践中。例如，无人驾驶汽车的道德决策需要基于明确的伦理原则，这要求设计者具备相应的伦理知识，以便在算法中嵌入合理的伦理准则。

人工智能技术是一把"双刃剑"，它在为人类生活带来前所未有的便利和提高效率的同时，也引发了一系列复杂的伦理、道德和法律问题。随着人工智能技术的不断进步和应用范围的扩大，面临的伦理、道德和法律问题也越来越受到全社会的重视。

模块考核与评价

一、选择题

1.（　　）不属于人工智能的研究范围。
A.语音识别　　　　B.自然语言处理　　　　C.物联网　　　　D.专家系统
2.人工智能的基本特征有（　　）。
A.人工智能由人类设计并为人类服务
B.机器人的外表酷似人类
C.人工智能具有感知环境、产生反应的能力
D.人工智能拥有学习和适应能力

3.人工智能的智力水平能达到或超过人类的智力水平的是(　　)。
　　A.强人工智能　　　　　　　　　B.弱人工智能
　　C.超人工智能　　　　　　　　　D.通过图灵测试
4.智慧农业基于物联网技术，通过各种(　　)实时采集农业生产现场的光照、温度、湿度等参数及农产品生长状况等信息，并进行远程监控生产环境。
　　A.执行器　　　B.处理器　　　　C.传感器　　　　D.存储器
5.云计算是一种通过(　　)以服务的方式提供动态、可伸缩的虚拟化资源的计算模式。
　　A.网络　　　　B.服务器　　　　C.硬件设备　　　D.软件
6.(　　)不是云计算的特点。
　　A.通用　　　　B.经济　　　　　C.高扩展性　　　D.复杂
7.(　　)不是云计算的部署模式。
　　A.公有云　　　B.私有云　　　　C.共享云　　　　D.混合云
8.大数据的结构类型不包括(　　)。
　　A.结构化数据　B.半结构化数据　C.非结构化数据　D.一体化数据

二、填空题

1.人工智能的社会价值主要体现在(　　)、(　　)、(　　)、(　　)几个方面。
2.人工智能的能力、应用范围和复杂性不同，通常划分为(　　)、(　　)、(　　)三个层次。
3.目前物联网体系结构主要分为(　　)、(　　)、(　　)等层次。
4.大数据主要具有(　　)、(　　)、(　　)、(　　)的特征。
5.大数据环境下常见的安全问题包括(　　)、(　　)、(　　)。
6.云计算的特点包括(　　)、(　　)、(　　)。
7.根据云计算的服务类型，可以将云计算分为(　　)、(　　)、(　　)。
8.物联网的基本特征有(　　)、(　　)、(　　)。

三、简答题

1.结合自己的生活、学习经历，谈谈人工智能的社会价值。
2.关于人工智能，解释计算机国际象棋所起到的作用。
3.人工智能有哪些主要研究和应用领域？其中有哪些新的研究热点？
4.人工智能未来的发展有哪些值得思考和关注的重要问题？
5.简述如何驾驭人工智能。
6.试列举当前人工智能面临的机遇与挑战。
7.简述有哪些应用能把语音识别与计算机视觉结合在一起。

模块七

信息素养与社会责任

在信息化快速发展的时代,信息素养已经成为每个人不可或缺的基本素质,它是指在信息活动中够快速有效地从海量信息中筛选出有价值的内容,再进行深入的加工和整合,并创造性地应用于学习、工作和生活中。社会责任是信息素养的重要体现。在面对各种信息时,我们要学会独立思考,理性判断信息的真伪和价值,避免盲目跟风和传播不实信息。

知识目标

- ◇ 了解信息素养的基本概念、核心能力、作用
- ◇ 了解信息技术的定义、分类和发展历程
- ◇ 了解信息技术对社会、经济、文化的影响
- ◇ 掌握信息伦理的基本概念、原则和常见问题
- ◇ 认识信息伦理问题的危害及遵守信息伦理的重要性
- ◇ 学会在职业行为中自律并遵守信息伦理

素质目标

- ◇ 培养学生的信息道德意识,遵守道德规范和法律法规
- ◇ 引导学生关注社会热点和公共事务
- ◇ 培养学生具备批判性思维
- ◇ 培养学生的团队合作精神和协作能力

任务一 ■ 认识信息素养

 任务描述

随着信息技术的迅猛发展和广泛应用,信息素养已成为每个公民不可或缺的核心素养之一。本任务主要介绍信息素养的定义和内涵、信息素养在现代社会中的价值和作用,明确信息素养的核心能力要素,以便在日常生活、学习和工作中能够主动提升自己的信息素养水平,更好地利用信息资源,提升自己的综合素质和竞争力。

 任务分析

本任务旨在全面理解信息素养的内涵,并认识到提升信息素养的重要性,完成本次任务主要涉及知识点如下:◇信息素养的定义与内涵,◇信息素养在现代社会中的作用,◇信息素养的核心能力要素,◇与信息素养相关的其他素养。

 任务实现

一、信息素养的定义和内涵

1. 信息素养的提出与发展

信息素养(Information Literacy)的提出与发展,经历了一个逐步演进的过程,它反映了信息化社会中个体信息处理能力的不断提升。这一概念的酝酿始于美国图书检索技能的演变,并在随后的岁月里不断得到丰富和深化。

最早在1974年,美国信息产业协会主席保罗·泽考斯基(Paul Zurkowski)提出了信息素养这一概念,他将其定义为"利用大量的信息工具及主要信息源使问题得到解答的技术和技能"。这一定义的提出,标志着人们开始认识到在信息化社会中,有效获取、评价和利用信息的重要性。

随着这一概念的广泛传播和使用,世界各国的研究机构纷纷对信息素养展开深入的探索和研究。1987年,信息学家Patrieia Breivik对信息素养进行了进一步的概括,认为信息素养是一种"了解提供信息的系统并能鉴别信息价值、选择获取信息的最佳渠道、掌握获取和存储信息的基本技能"的能力。这一定义强调了信息素养在信息鉴别和获取方面的关键作用。

到了1989年,美国图书馆协会(ALA)下设的"信息素养总统委员会"在其年度报告中进一步丰富了信息素养的内涵。该委员会认为,"要成为一个有信息素养的人,就必须能够确定何时需要信息并且能够有效地查询、评价和使用所需要的信息"。这一定义强调了信息素养在信息需求确定和信息利用方面的重要性。

进入20世纪90年代，信息素养的定义得到了进一步的深化。1992年，Doyle在《信息素养全美论坛的终结报告》中提出了更加全面的定义。他认为，一个具有信息素养的人应该能够认识到精确和完整的信息对于做出合理决策的重要性，能够确定对信息的需求，形成基于信息需求的问题，确定潜在的信息源，制定成功的检索方案，从包括基于计算机和其他信息源获取信息、评价信息、组织信息，并将其应用于实际中。此外，他还强调了将新信息与原有知识体系进行融合以及在批判性思考和问题解决过程中使用信息的能力。

随着信息技术的飞速发展和广泛应用，信息素养的内涵也在不断丰富和深化。在20世纪80年代末到90年代初，人们开始重视信息意识的重要性，并将计算机素养纳入信息素养的范畴。计算机素养强调个体在学科领域内应具备熟练和有效地利用计算机的能力，以便更好地处理和应用信息。

进入21世纪，信息素养进一步被视为公民的基本素养，批判和评价信息的能力成为其重要组成部分。人们不仅需要具备获取和利用信息的能力，更需要对信息进行批判性思考和评价，以及承担信息道德和社会责任。

近年来，随着智能时代的到来，信息素养的发展进入了一个新阶段。这一阶段强调信息意识、计算思维和信息社会责任的综合素养。人们不仅需要具备获取、处理、评价和创造信息的能力，还需要具备信息安全意识和信息道德观念，以应对日益复杂和多变的信息环境。

2. 信息素养的概念

信息素养自提出以来，随着时代的变迁和技术的进步，其内涵也在不断扩展和变化，不同时期的人们赋予了信息素养不同的含义。与此同时，很多国际组织和研究机构也将信息素养列为一项重要的研究课题，对其作出了多样化的定义。

① CILIP给出的定义。英国图书馆与情报专家学会（CILIP）在2018年给出了信息素养的新定义：信息素养是能够批判性思考并且能对发现和使用的信息进行平衡判断的能力，信息素养让公众有权利去获得和表达有见识的见解，并且充分融入社会。

在CILIP的定义中，信息素养是一系列技巧和能力的集合，帮助人们完成与信息相关的任务。这些技巧和能力包括发现、获取、理解、分析、管理、创造、沟通、存储和分享信息。除此之外，还包括批判性思维、信息伦理以及信息法律相关的内容。信息素养可以帮助人们理解在利用信息时的伦理和法律问题，比如个人隐私、数据保护、信息自由、开放获取和知识产权等。

② SCONUL给出的定义。英国国立和大学图书馆协会（SCONUL）将信息素养定义为：人们能够以符合伦理道德的方式收集、利用、管理、合成和创造信息及数据的能力，以及高效完成上述任务所需的一系列信息技术。

③ JISC给出的定义。日本产业标准调查会（JISC）认为信息素养是一个人在数字化社会中生存、学习和工作所应该掌握的一些能力。

④ UNESCO给出的定义。联合国教科文组织（UNESCO）认为信息素养是包括与信息需求相关的知识，用来解决问题的识别、定位、评估、组织以及高效创造、利用和交流信息的能力。它是有效参与信息社会的必备条件，是人在终身学习方面的一项基本人权。

⑤ ACRL给出的定义。美国大学与研究图书馆（ACRL）在2016年发布了《高等教育信息素养框架》，在这个框架中信息素养被定义为：包括对信息的反思性发现，对信息如何产生和评估的理解以及利用信息创造新知识和合理地参与学习团体的一系列综合能力。

可以看出，各组织对信息素养有不同侧重的定义，但共识在于其重要性及多维度内涵，即信息素养指个体在信息化社会中，能够有效识别、获取、评价、管理、创造、交流和利用信息的能力，同时展现批判性思维、信息伦理和法律意识。它涵盖了从信息需求的识别到信息的有效利用和交流的全方位能力，是人们在学习、工作、生活中有效参与信息社会、实现终身学习的必备条件。信息素养不仅仅是一系列技巧和能力的集合，更是一种综合的、动态的、适应信息化社会发展的综合素质。

二、信息素养在现代社会中的作用

信息素养不仅是个人适应信息化社会发展的关键能力，也是推动社会进步的重要动力。

① 提升个人学习效率与知识管理能力。信息素养使个人能够在海量信息中快速定位到所需的学习资源，从而提高学习效率。通过运用搜索引擎、专业数据库等工具，个人能够更准确地找到与学习内容相关的资料，避免在大量无关信息中浪费时间。通过分类、整理、存储和分享信息，个人能够建立起自己的知识库，便于日后的回顾和应用。

② 增强职业竞争力与工作效率。在信息爆炸的时代，面对海量的信息，具备信息素养的人能够快速筛选出有价值的信息，避免被误导或受到不良信息的影响。在职场中，具备信息素养的员工能够更快地掌握行业动态、了解市场需求、获取最新的技术知识和工作方法。这种能力使个人在解决问题和完成任务时更具优势，从而提高工作效率，减少错误和失误。

③ 促进社会参与和民主决策。信息素养使个体能够更好地理解和分析社会现象，提高社会参与能力。通过获取和评估各种信息，个体能够形成自己的观点和看法，积极参与社会讨论和决策过程。在民主决策过程中，信息素养能力可以帮助个体获取全面、准确的信息，了解各种政策的利弊得失，从而做出明智的决策，推动社会的进步和发展。

④ 推动创新与科研发展。在科研领域，海量的文献、数据和前沿知识是创新的基石。具备信息素养的科研人员能够熟练运用信息检索工具，快速找到与研究方向相关的资料，从而缩短获取信息的时间，提高科研效率。

在信息的深度加工和创造性应用中，科研人员不仅需要获取信息，更需要对其进行深入地分析和挖掘，发现其中的规律和趋势。通过信息素养的培养，科研人员能够更好地理解信息的内在逻辑，将不同领域的知识进行融合和创新，从而产生新的科研想法和成果。在信息化社会，科技的进步日新月异，新的理论、方法和技术不断涌现。具备信息素养的科研人员能够保持对科技前沿的敏感度和关注度，及时调整研究方向和方法，确保科研工作始终走在时代前沿。

⑤ 加强信息安全与防范网络风险。在日益复杂的网络环境中，具备信息素养的个体能够深刻理解信息安全的重要性。掌握网络安全的基本知识和技术，能够有效识别网络诈骗、恶意软件等安全威胁，避免点击可疑链接或下载不安全文件，减少信息泄露和财产损失的风险。加强自身信息素养能力，可以提升自我保护意识，在使用网络时能够遵守网络安全规范，不轻易泄露个人信息，防止被不法分子利用。

⑥ 促进跨文化交流与理解。在全球化日益加速的今天，信息素养不仅可以拓宽我们的国际视野，提升跨文化沟通能力，还可以为企业和机构开展国际合作、实现共赢提供支持。通过培养自己的信息素养，利用信息技术工具可以跨越地理和文化障碍，快速获取和分享来自不同文化背景的信息，也能够更加自信地参与国际交流，展示中华文化的魅力的同时也能够积极吸收借鉴其他文化的优秀成果，丰富自己的文化底蕴。

⑦ 助力终身学习与个人成长。信息素养是一种终身学习的能力。随着信息技术的不断发展和更新，我们需要不断适应新的信息环境和技术变革。通过提升信息素养，可以保持学习的热情和能力，不断吸收新知识、掌握新技能，促进个人形成独立思考和解决问题的能力，实现个人成长和进步。

三、信息素养的核心能力要素

信息素养的核心能力要素是构成个体在信息化社会中高效、准确地处理信息的基石。这些能力在日常生活、学习和工作中起着至关重要的作用。

1. 信息检索能力

信息检索能力是指个人能够熟练运用各种信息检索工具和平台，以在海量的信息中迅速定位到所需内容。

不同的检索工具和平台各有其特点与适用场景。例如，学术研究和专业性文章的撰写，通常更依赖专业的学术数据库，如CNKI、万方、维普等，它们提供了丰富的学术文献和高质量的研究资源；而在日常生活中，搜索引擎如百度、搜狗等则更受青睐，因为它们能迅速提供各类信息和资讯。

制定有效的检索策略是提升信息检索效率的关键。根据需求，选择合适的关键词组合，设定合理的检索范围，有助于确保检索结果的精准性和全面性。例如，在查找"人工智能在医疗领域的应用"相关资料时，可选用"人工智能""医疗""应用"等关键词，并限定检索范围为医学领域的文献或网站。此外，利用布尔逻辑运算符（如AND、OR、NOT）可以进一步精化检索结果，提升检索效率。

随着信息技术的不断进步，新的信息检索工具和平台不断涌现。我们要持续关注新技术和新平台的发展，不断学习和掌握新的检索技巧及方法，以适应不断变化的信息环境。

2. 信息筛选能力

在信息化社会中，信息爆炸式增长，如何从海量信息中筛选出有价值、有意义的内容，是每个人都必须面对的挑战。信息筛选能力的核心在于敏锐的信息洞察力和深度分析能力，能够迅速识别信息的类型和来源，判断其是否与自身需求和兴趣相符。同时，对所获取的信息进行批判性思考，仔细判断其真实性、准确性和可靠性，确保这些信息对我们而言是可靠且有价值的，避免受到虚假信息的误导。

以购买新笔记本电脑为例，我们会在网络上搜索各种品牌和型号的信息。面对大量的产品介绍、用户评价、价格对比等信息，需要进行深入的批判性思考。一是判断信息来源是否可靠，如知名科技媒体或电子产品评测网站通常更值得信赖。二是分析信息的真实性，通过对比多个来源的信息，查看它们是否一致，或查找权威的第三方数据来验证。最后还要考虑信息的时效性，注意信息的发布时间，避免受到过时信息的影响。

3. 信息分析能力

信息分析能力是指对获取的信息进行深入剖析与解读，从而得出具有实际价值的结论与观点。这不仅仅是对文字的表面理解，更要挖掘信息背后的深层含义和逻辑关系。例如，在阅读关于经济政策的报道时，不仅要理解政策的细节，还要深入探讨其出台的背景、意图以及对经济和社会可能产生的影响。

批判性思考在信息分析能力中有着重要地位。在信息的海洋中要学会筛选和评估，确保所获取信息的真实性和可靠性。对于信息中的不同观点、立场和论据，要持有批判性的态度，避免盲目跟从，保持独立思考的能力。

4. 信息整合能力

信息整合能力是指从不同来源、不同形式获取的信息进行有效整合，形成系统、完整的知识体系或解决方案的能力。在日常的学习和工作中经常需要处理来自不同渠道、不同形式的信息，如文字、图片、视频、音频等。具备信息整合能力的个体，能够迅速理解这些信息的含义和内在逻辑，并将其纳入自己的知识体系中。

在整合信息的过程中，需要运用创新思维，将不同来源的信息进行融合和创新，形成新的观点和见解。同时，利用整合后的信息解决实际问题，为决策提供有力支持。值得注意的是，信息整合并非简单的信息堆砌或拼接，而是要求我们在整合过程中保持信息的准确性和完整性，避免信息的失真或遗漏。

四、信息素养相关的其他素养

信息素养作为个体在信息社会中的基本能力，与其他多种素养密切相关。这些素养不仅是对信息素养的补充和拓展，同时也是信息时代个体全面发展不可或缺的重要组成部分。

1. 数字素养

数字素养是信息时代公民的必备技能，主要涉及对数字信息的获取、理解、评价和使用等方面的能力。

① 数字信息获取：指个体能够通过各种方式（如网络搜索、社交媒体、数据库检索等）获取所需数字信息，包括了解并运用各种在线和离线资源，以及使用搜索引擎和其他工具进行有效搜索。

② 数字信息理解：指个体能够理解和解读数字信息，包括理解数字文本、图像、音频和视频等信息的含义，以及理解数据可视化（如图表、地图等）的意义。

③ 数字信息评价：指个体能够评估数字信息的质量和可靠性，包括判断信息的来源、准确性、偏见、时效性和相关性等。

④ 数字信息使用：指个体能够在遵守版权法和隐私权等法律规定的前提下，合法、道德地使用数字信息，包括复制、修改、分享和创建新的信息。

⑤ 数字安全与隐私保护：指个体能够保护自己的数字设备和信息安全，防止未经授权的访问和破坏，以及保护个人隐私不被侵犯。

⑥ 数字沟通与协作：指个体能够通过数字工具（如电子邮件、社交媒体、在线会议等）进行有效沟通和协作。

⑦ 数字创新与批判性思维：指个体在理解和使用数字信息的基础上，能够创新思考，提出新的观点或解决方案，以及对已有信息进行批判性思考。

⑧ 数字伦理意识：指个体在使用数字技术的过程中，能够遵守社会公认的道德规范和法律法规，尊重他人的权益，维护公平正义。

2. 媒体素养

媒体素养是指在现代媒体环境中，人们理解和分析各种媒体表现形式（包括文字、图像、音频、视频等）的能力，它要求我们不仅能够有效地获取和利用信息，还要能够对媒体信息进行深入的理解和批判性的思考。

① 媒体识别与分析：指个体能够识别不同媒体类型和表现形式，分析媒体信息的来源、制作过程和传播目的，以及理解媒体信息所蕴含的政治、经济和文化意涵。

② 批判性思维：指个体能对媒体信息进行独立的分析和评价，识别媒体信息中的偏见、歧视或误导性内容，从而形成独立的观点和判断。

③ 媒体伦理与法规理解：指个体能了解媒体伦理和相关的法律法规，包括隐私权、言论自由和责任等方面的内容，以确保媒体行为符合法律规范和社会道德标准。

④ 媒体参与和创作：指个体具备使用媒体工具和技术的能力，包括媒体内容的创作、编辑和分享等，以便在媒体环境中有效地表达和交流。

⑤ 拓展维度：指个体能够关注媒体对社会的影响，包括媒体对公共话语、社会态度和行为的影响，以及对媒体权力的监督和批判。

3. 网络素养

随着互联网技术的快速发展，网络已成为人们生活中不可或缺的一部分。网络素养是指个体在网络环境中所展现出的高水平认知、道德和技术能力。它不仅涉及网络技术的熟练运用，更强调在网络空间中的伦理道德和责任意识。

① 网络认知：个体应能够深入理解网络信息的生成、传播和影响机制。他们需要掌握网络信息的真伪辨别技巧，能够区分网络谣言和真实信息，理解网络信息的多样性和复杂性。

② 网络道德：在网络空间中，个体应遵循网络规则和礼仪，尊重他人的权益和隐私。他们应避免参与网络欺凌、侵犯他人隐私等不道德行为，积极维护网络空间的秩序与和谐。

③ 网络技能：个体应熟练掌握网络搜索、在线交流、信息分享等基本技能。他们需要能够高效利用网络资源，快速找到所需信息，并与他人进行有效的沟通和合作。

④ 网络安全：在网络环境中，个体应具备高度的网络安全意识。他们需要能够识别网络诈骗、病毒攻击等风险，并采取相应的防范措施，保护个人信息安全和隐私。

4. 数据素养

随着信息技术与网络技术的迅速发展，大数据已深刻影响人们的工作、学习与生活，并成为人们分析问题、解决问题的必要工具。数据素养是指个体在数据领域所展现出的专业技能和深入理解，包括了从数据收集到分析解读的整个过程。

① 数据意识：数据意识是个体对数据敏感度和认知程度的体现。它要求个体能够认识到数据在现代社会中的价值和重要性，理解数据作为信息的一种形式，在决策、分析和解决问题中所起到的关键作用。具备数据意识的个体能够主动寻找、获取和分析数据，以数据为依据进行思考和决策。

② 数据能力：数据能力是个体在数据收集、处理、分析和解读方面所具备的技能和方法，包括对数据的基本概念和原理的理解，掌握数据处理和分析的基本方法，如数据清洗、转换、可视化和建模等，以及能够运用统计和数据分析工具进行复杂数据处理的能力、根据

数据结果提出有效见解和解决方案的能力。

③ 数据伦理：数据伦理是个体在数据处理和分析过程中应遵守的道德规范和法律法规。它要求个体尊重数据的来源和隐私，确保数据的合法获取和使用。在数据分析和解读过程中，个体能够秉持客观、公正和透明的原则，避免数据操纵和误导，并确保数据的安全性和保密性。

5. 版权素养

随着互联网信息技术的发展，公众可以在网络上自由访问、复制和下载他人的作品，由此产生的版权问题也越来越引起重视。版权素养是指公众在数字环境中具备版权意识，能够保护个人版权并识别受版权保护的作品，并能够合理利用他人作品的知识和能力。

① 版权素养要求个体具备扎实的版权基础知识。这包括了解版权法律法规、国际版权公约以及各类知识产权的定义和范畴，明确知识产权的边界和保护范围，为合法使用和传播信息奠定基础。

② 版权素养强调个体在信息使用和传播过程中的规范行为。个体要自觉遵守版权使用规定，尊重他人的创作成果，避免未经授权擅自使用、复制或传播他人的作品，积极支持正版、抵制盗版。

③ 版权素养要求个体具备合理使用和分享信息的能力。在遵循法律法规和尊重他人权益的前提下，个体会合理引用、转载他人的作品，并注明出处和作者信息，并能够积极参与信息共享和交流，推动知识的传播和创新。

④ 版权素养涉及个体在面临版权纠纷时的应对能力。个体需要了解版权纠纷的处理程序和相关法律法规，学会通过合法途径维护自己的权益和尊严。在遇到版权问题时，个体能够保持冷静并理性对待，避免采取过激行为或采取不合法手段解决纠纷。

6. 元素养

作为一种综合性素养，元素养强调的是个体在复杂多变的信息环境中所展现出的整合与应对能力。它超越了单一技能或知识的范畴，更侧重于个体在信息活动中所表现出的综合素质和适应能力。

① 元素养要求个体具备强大的信息检索与评估能力。在信息爆炸的时代，个体要能够从海量信息中筛选出有价值的内容，并对其真实性和可靠性进行准确评估。这要求个体不仅掌握信息检索工具的使用技巧，还需要具备批判性思维，能够识别并剔除虚假或误导性信息。

② 元素养强调个体对信息伦理和信息安全的深刻理解。在信息处理和使用过程中，个体要始终遵循道德和法律规范，尊重他人的知识产权和隐私权。同时，个体还要具备信息安全意识，能够识别和防范信息泄露、网络攻击等安全风险。

③ 元素养涉及对信息政策的理解和应用。个体在了解信息政策的基本框架和原则上，要能够在信息活动中遵循相关政策和规定，并具备一定的政策分析能力，可以根据实际情况灵活调整信息策略，以适应不断变化的信息环境。

④ 元素养要求个体具备跨学科的知识背景和思维方式。在复杂的信息环境中，许多问题往往需要综合运用多个学科的知识和方法才能得到有效解决。因此，个体需要具备跨学科的视野和思维方式，能够灵活运用不同领域的知识和技能来应对各种信息挑战。

任务二 ■ 信息技术及其发展

任务描述

随着全球化和信息化的深入发展,信息技术(Information Technology,IT)已成为推动社会进步、经济发展的重要力量。本任务旨在全面介绍信息技术的定义、分类、发展历程及其对社会、经济、文化等方面的深远影响,帮助学生掌握信息技术的基础知识,了解信息技术的发展趋势,能够激发他们对信息技术的兴趣,并培养在信息化时代中应对挑战、把握机遇的能力。

任务分析

本任务旨在全面了解信息技术的基本概念、发展历程以及前沿技术,并探讨其对社会的影响,完成本次任务主要涉及知识点如下:◇信息技术的定义与分类,◇信息技术的发展历程,◇信息技术对社会的影响,◇信息素养与信息技术的关系。

一、信息技术的定义

信息技术(Information Technology,IT)是指利用电子计算机和现代通信手段实现获取信息、传递信息、存储信息、处理信息、显示信息、分配信息等的相关技术。信息技术的核心在于信息的获取、处理和应用,它极大地提高了人们处理信息的效率和能力,推动了社会的信息化进程。

在信息化社会中,信息技术不仅仅是工具和手段,更是一种思维方式和生活方式。它改变了人们获取和分享信息的方式,使得知识传播更加迅速和广泛。同时,信息技术也促进了全球范围内的合作与交流,打破了地域和时间的限制,使得人们能够更加方便地进行跨国合作和远程办公。

二、信息技术的分类

随着科技的不断发展,信息技术的分类也在不断更新和扩展。新的技术不断涌现,如人工智能、大数据、云计算、物联网等,这些新技术不仅拓展了信息技术的应用范围,也为社会发展带来了新的机遇和挑战。

1. 按照信息处理的阶段分类

① 感测技术：感测技术是实现信息采集的主要技术手段，它的任务是扩展人获取信息的感觉器官功能，包括信息识别、信息提取、信息检测等技术。感测技术是人类五官功能的延伸与拓展，最明显的例子是条码阅读器、射频识别器、图像识别器、语音识别器、雷达、红外感知器等。

② 通信技术：通信技术是实现信息快速、可靠传输的关键，它涉及各种通信协议、网络技术和传输介质。通信技术的主要目的是实现信息的远距离传输和共享，包括有线通信和无线通信两种形式。

③ 计算机技术：计算机技术是信息处理的核心，它涉及计算机的硬件、软件、操作系统、数据库等多个方面。计算机技术的主要任务是对收集到的信息进行存储、加工、分析和应用，以满足用户的需求。

④ 控制技术：控制技术是对信息进行管理和控制的技术，它涉及自动化、智能化等领域。控制技术的主要目的是通过对信息的处理和控制，实现对设备、系统或过程的自动化管理和调控。

2. 按照应用领域分类

① 办公信息技术：主要涉及办公自动化设备、办公软件和办公网络等，用于提高办公效率和质量。

② 商务信息技术：涉及电子商务、企业资源规划（ERP）、客户关系管理（CRM）等，用于支持企业的业务运营和决策分析。

③ 教育信息技术：包括多媒体教学、在线教育平台、智能教学系统等，用于推动教育现代化和个性化发展。

④ 医疗信息技术：涉及电子病历、远程医疗、医疗大数据分析等，用于提升医疗服务水平和效率。

⑤ 军事信息技术：包括情报收集、指挥控制、通信导航等领域，用于保障国家安全和军事行动的有效性。

3. 按照技术层次分类

① 基础层技术：包括微电子技术、光电子技术、激光技术等，主要为信息技术提供硬件支持和基础支撑。

② 支撑层技术：涉及数据库技术、操作系统、中间件等，主要为上层应用提供稳定可靠的环境。

③ 应用层技术：包括各种应用软件、解决方案和系统集成等，直接面向用户需求，解决实际问题。

三、信息技术的发展历程

信息技术的发展历程是一个不断创新、不断突破的过程，最早可以追溯至古代的简单信息记录方式，但真正意义上的现代信息技术发展始于20世纪中叶，其经历了多个重要的阶段，并在不断的技术革新中，深刻改变了人类社会的面貌。

1. 初期阶段：计算机的诞生与初步应用

20世纪40年代，随着第一台电子计算机ENIAC在美国的诞生，人类正式迈入了信息技术的新纪元。初期的计算机虽然体积庞大、运算速度有限，主要用于科学计算和军事领域，但它的出现无疑为后续的计算机技术和信息技术发展奠定了坚实的基础。随着晶体管、集成电路等核心技术的不断突破，计算机逐渐实现了小型化、便携化，运算能力也大幅提升，从而使其开始广泛应用于商业和个人领域，极大地推动了社会的进步。

2. 扩展阶段：通信技术的飞速发展与互联网的兴起

进入20世纪70年代，通信技术迎来了飞速发展的黄金时期。卫星通信、光纤通信等技术的出现，使得信息的传输速度实现了质的飞跃，传输距离也不再受到地域的限制。与此同时，互联网的诞生更是成为信息技术发展历程中的一座重要里程碑。从最初的ARPANET到今天的全球互联网，它不仅彻底改变了人们获取和分享信息的方式，更催生了电子商务、在线社交、远程办公等众多新兴业态，使得人们的生活方式和工作方式发生了深刻的变化。

3. 成熟阶段：数字化、网络化、智能化的全面发展

进入21世纪，信息技术进入了一个全面发展的崭新阶段。数字化成为信息处理的主流方式，大数据、云计算等技术的崛起使得海量数据的存储和处理变得轻而易举。同时，移动互联网的普及使得人们可以随时随地接入网络，实现信息的实时共享和交互。此外，人工智能、物联网等新兴技术的蓬勃发展更是将信息技术推向了一个新的高度。这些技术不仅提高了生产效率和生活便利性，还在医疗、教育、交通等各个领域产生了深远的影响，推动了社会的全面进步。

4. 未来展望：技术的融合与创新，引领社会变革

展望未来，信息技术将继续保持高速发展的态势。量子计算、生物信息学、脑机接口等前沿技术的突破将为信息技术带来新的发展机遇和挑战。同时，技术的融合与创新也将成为未来的重要趋势。人工智能、大数据、云计算等技术将与物联网、5G通信等技术深度融合，共同推动社会的数字化转型和智能化升级。在这个过程中，我们不仅要关注技术发展的速度和规模，更要关注其对社会、经济、文化等方面的影响，确保信息技术的健康发展能够造福人类社会。

信息技术的发展也引发了一系列复杂的挑战和问题。其中包括信息安全面临的威胁日益严峻，如网络攻击、数据泄露和恶意软件的蔓延；随着大数据和人工智能技术的应用，用户数据的收集、存储和使用越来越频繁，个人隐私保护的难度不断增加；不同社会群体之间在信息技术获取和应用能力上的差异，逐渐显现数字鸿沟问题，导致教育资源、医疗服务的不均衡分配。而这些挑战和问题需要我们加强保护信息安全，维护个人隐私，并缩小数字鸿沟，促进信息技术的公平和普惠性发展。

四、信息技术对社会的影响

信息技术作为现代科技的重要支柱，已经渗透到社会的各个角落，它对社会的影响是全面而深远的。

1. 经济领域的深刻变革

电子商务的兴起彻底改变了传统的商业模式。通过互联网平台，企业可以打破地域限

制,实现全球范围内的市场拓展和交易。这不仅降低了交易成本,提高了交易效率,还为消费者提供了更加便捷、丰富的购物体验。

大数据和云计算技术的应用使得企业能够更精准地把握市场需求和消费者行为。通过对海量数据的收集、分析和挖掘,企业可以制定更加科学的经营策略,优化资源配置,提高生产效率。同时,这些技术还为个性化定制和精准营销提供了可能,进一步提升了企业的竞争力。

信息技术还催生了众多新兴行业,如互联网金融、共享经济、物联网等。这些新兴行业不仅为经济增长注入了新的活力,还为社会提供了更多的就业机会和创业空间。

2. 文化领域的多元融合

互联网的普及使得各种文化信息能够迅速传播到世界各地,人们可以随时随地获取到来自不同国家和地区的文化内容。这不仅丰富了人们的精神生活,也促进了文化的多样性和包容性。

信息技术还为文化创作提供了更多的可能性。数字艺术、虚拟现实等新型艺术形式的出现,为艺术家们提供了更加广阔的创作空间和表现手段。这些新型艺术形式不仅具有更强的视觉冲击力和沉浸感,还能够更好地表达艺术家的思想和情感。

信息技术还促进了不同文化之间的交流与对话。通过社交媒体、在线论坛等平台,人们可以轻松地与来自不同文化背景的人进行交流与互动,增进相互理解和尊重。

3. 教育领域的创新与发展

在线教育、远程教学等新型教育模式的出现,使得教育资源的分配更加公平和高效。通过在线教育平台,学生可以享受到来自全国各地的优质教育资源,不受地域限制。同时,这些新型教育模式还为学生提供了更加灵活和个性化的学习方式,可以根据自己的兴趣和需求进行自主选择和学习。

信息技术还为教学提供了更多的手段和工具。多媒体教学、智能教学系统等技术的应用,使得教学更加生动、有趣,提高了学生的学习兴趣和参与度。同时,这些技术还能够实时跟踪学生的学习进度和反馈情况,帮助教师更好地了解学生的学习情况并进行针对性的指导。

4. 日常生活方式的变革

信息技术对人们的日常生活方式也产生了巨大的影响。智能手机的普及使得人们可以随时随地与他人保持联系,获取信息,进行各种生活服务的操作。移动支付、共享经济等新型服务模式的出现,使得人们的生活更加便捷、高效。通过移动支付,人们可以轻松地完成购物、缴费等各种支付活动;而共享经济则为人们提供了更加环保、经济的出行和住宿方式。

信息技术还为人们提供了更多的娱乐方式。网络游戏、在线视频等娱乐形式的出现,丰富了人们的休闲生活。人们可以在家中就能享受到电影院般的观影体验,或者与来自世界各地的玩家一起进行游戏竞技。

信息技术的发展也带来了一些挑战和问题。如信息泛滥、网络安全等问题日益突出,网络攻击、数据泄露等事件频发,对个人隐私和企业安全构成了严重威胁。在享受信息技术带来的便利的同时,也要关注其可能带来的负面影响,积极提升信息安全意识,采取有效的措施来保护信息安全。

五、信息素养与信息技术的关系

信息技术是利用计算机科学和通信技术来处理、存储、传输和检索信息的各种技术手段。信息素养则是指个体在面对信息时所具备的识别、获取、评估、使用和创造信息的能力。

1. 信息技术是信息素养提升的基础

在数字时代，信息技术是获取和处理信息的重要工具。个体的信息素养水平往往与其对信息技术的掌握程度有关。缺乏必要的信息技术能力，将难以有效地获取和利用信息。

2. 信息素养是信息技术应用的保障

虽然信息技术提供了获取信息的途径，但如何判断信息的真实性、准确性和相关性，以及如何负责任地使用信息，是信息素养所关注的问题。高信息素养的个体能够更好地利用信息技术，进行有效的信息检索、评估和利用。

3. 信息素养和信息技术的双向促进

随着信息技术的飞速发展，信息环境日新月异，这对信息素养的内涵提出了更高的要求。例如，大数据、云计算、人工智能等前沿技术的应用，要求个体不断更新信息检索和处理的技能，以适应新的信息环境。同时，信息素养的提升也反过来推动了信息技术的创新和应用，为技术的普及和高效利用提供了有力支持。

4. 技术技能与伦理意识的融合

信息素养不仅关注个体的技术技能，更强调其在利用信息技术时的伦理意识和法律意识。个体在享受信息技术带来的便利的同时，要自觉遵守相关的法律法规，尊重知识产权，保护个人隐私。

任务三 ■ 信息伦理与职业行为自律

 任务描述

在信息化时代，信息技术的广泛应用对社会、经济、文化等各个领域产生了深远的影响。随着信息技术的不断发展和普及，信息伦理与职业行为自律的问题也日益凸显。本任务旨在探讨信息伦理的内涵，阐明职业行为自律的核心原则，引导大家在实际工作中积极践行这些原则，以促进信息技术的健康发展与社会和谐。

 任务分析

本任务旨在了解信息伦理的基本原则和规范，认识信息伦理问题及其危害，并学会在职业行为中遵守信息伦理、保持自律，完成本次任务主要涉及知识点如下：◇信息伦理的定义与基本原则，◇信息伦理问题的表现形式，◇信息伦理问题的危害，◇职业行为自律的要求与方法。

 **任务实现**

一、信息伦理的定义

信息伦理，亦被称为信息道德，是指在信息生命周期的各个环节中（包括信息的采集、加工、存储、传播和利用），用以规范和调整其间产生的各类社会关系的道德观念、道德准则和行为规范的集合体。它通过社会舆论、传统习俗等，引导人们形成一定的信念、价值观和习惯，从而使人们自觉地通过自己的判断规范自己的信息行为。

信息道德作为信息管理的一种手段，与信息政策、信息法律有密切的关系，它们各自从不同的角度实现对信息及信息行为的规范和管理。信息道德以其巨大的约束力在潜移默化中规范人们的信息行为，信息政策和信息法律的制定及实施必须考虑现实社会的道德基础，所以说，是信息政策和信息法律建立及发挥作用的基础；而在自觉、自发的道德约束无法涉及的领域，以法治手段调节信息活动中的各种关系的信息政策和信息法律则能够发挥充分的作用；信息政策弥补了信息法律滞后的不足，其形式较为灵活，有较强的适应性，而信息法律则将相应的信息政策、信息道德固化为成文的法律、规定、条例等形式，从而使信息政策和信息道德的实施具有一定的强制性，更加有法可依。信息道德、信息政策和信息法律三者相互补充、相辅相成，共同促进各种信息活动的正常进行。

二、信息伦理的原则

信息伦理的原则是指在信息活动中要遵循的一系列道德规范和准则，使信息活动具有正当性、公正性和可持续性。

1. 尊重原则

尊重原则是信息伦理的基石，强调在信息活动中尊重所有相关方的权益，包括知识产权、隐私权和信息产权等。任何未经授权的信息使用、传播或泄露，都是侵犯他人权益。在信息活动中，未经允许，不得擅自使用、复制或传播他人的信息，更不得利用他人的信息进行非法活动。

2. 公正原则

公正原则强调在信息活动中所有人都受到公平、公正的对待，在信息的获取、传播和使用过程中，所有用户都享有平等的权利和机会，不受任何形式的限制和排斥。在信息活动中倡导公平竞争，反对任何形式的垄断和不正当竞争行为，维护信息市场的秩序和稳定。

3. 责任原则

责任原则要求信息活动的参与者对自己的行为负责，承担因信息行为产生的后果，包括对自己的信息发布、传播和使用的行为负责，以及对因信息行为可能对他人或社会造成的影响负责。在发布、传播和使用信息时，要仔细核实信息的来源和真实性，避免散布虚假信息或误导他人，并积极关注自己的行为可能给他人或社会带来的影响，及时采取措施消除不良影响或承担相应的责任。

4. 诚信原则

诚信原则是信息伦理的重要体现，指在信息活动中要保持诚实、守信的态度。任何信息的发布、传播和使用都应基于真实、准确的事实，避免散布虚假信息或误导他人。在信息活动中要始终保持诚信为本的原则，不发布虚假信息或误导性言论，并积极维护信息的真实性和准确性，对于不实信息或谣言，要及时澄清和辟谣。

三、信息伦理问题的表现形式

信息伦理问题的表现形式是指在信息活动中，由于个体或组织的行为违背了信息伦理原则和规范，导致的一系列负面现象或问题。这些表现形式不仅涉及信息内容的真实性、准确性，还关系到信息使用、传播和管理的合法性、公正性和道德性。

1. 信息失真

信息失真是信息伦理问题中极为常见且严重的一种形式。信息失真主要表现为信息内容的错误、虚假、夸大或隐瞒，导致信息的真实性受到质疑或丧失。在信息活动中，信息的真实性是基础，任何形式的失真都可能误导用户，造成决策失误，甚至引发社会信任危机。例如，在商业活动中，虚假广告或误导性宣传就是一种典型的信息失真行为，它不仅侵犯了消费者的权益，也损害了市场的公平竞争秩序。

2. 信息滥用

信息滥用行为主要表现为未经授权或违反法律规定，擅自使用、传播或泄露他人信息。这种行为严重侵犯了他人的隐私权和信息安全，是信息伦理问题中的一大顽疾。在信息社会中，个人信息具有极高的价值，一旦被滥用或泄露，可能导致个人权益受到侵害，甚至引发社会安全问题。

3. 信息歧视

信息歧视是一种在信息活动中普遍存在的现象，表现为基于种族、性别、年龄等因素的歧视，导致信息获取和使用的不平等。信息歧视不仅违背了信息伦理的公正原则，也阻碍了信息社会的公平发展。在信息活动中，每个人都应享有平等的信息获取和使用权利，任何形式的歧视都是对这一权利的侵犯。在信息活动中要积极倡导信息公平，消除信息歧视，确保每个人都能平等地享受信息技术带来的便利。

4. 知识产权侵犯

知识产权侵犯是信息伦理问题中的另一重要表现。未经许可擅自使用、复制、传播他人的作品或创意，都是对知识产权的严重侵犯。知识产权是创新成果的重要体现，是推动社会进步的重要动力。侵犯知识产权不仅损害了创新者的利益，也破坏了市场的创新氛围和公平竞争秩序。

四、信息伦理问题的危害

在信息活动中如果违反信息伦理原则和规范，会引发一系列负面后果和影响，从而造成对个人利益的损害，还可能对社会稳定、文化发展和经济秩序构成威胁。

1. 个人隐私与信息安全威胁

在信息化社会中，个人隐私信息成为了一种宝贵的资源。信息伦理问题的出现往往伴随着个人隐私泄露的风险。在未经授权的情况下，个人数据可能被收集、滥用或出售，给个体带来经济损失、精神压力和社会信任危机。同时，网络安全事件的频发也威胁着个人和组织的信息安全，可能导致重要信息被篡改、窃取或破坏。

2. 破坏社会信任与稳定

虚假信息的传播、网络谣言的散布等行为，不仅会误导公众的认知，还可能引发社会恐慌和混乱。这不仅对个人的生活和工作造成困扰，也对社会的正常运转产生负面影响。此外，信息伦理问题还可能导致人际关系的紧张与疏离，削弱社会的凝聚力。

3. 阻碍知识产权保护与科技创新

信息伦理问题会对知识产权构成严重威胁。未经许可擅自使用、复制、传播他人的作品或创意，会侵犯创作者的合法权益，破坏市场的公平竞争秩序，从而损害了创作者的积极性和创造力，也阻碍了科技创新和经济发展的步伐。

4. 冲击文化与道德观念

在信息活动中，一些不道德、不健康的内容传播，会对社会的道德观念和文化氛围造成负面影响。这种负面信息的扩散既会污染网络环境，也会影响青少年的健康成长，导致社会文化的庸俗化和道德底线的失守。

5. 扰乱经济秩序

虚假广告、误导性宣传等行为会严重扰乱市场秩序，导致消费者利益受损和市场竞争的不公平。在信息伦理问题的影响下，消费者难以获得真实、准确的信息，无法做出明智的消费决策。同时，信息伦理问题也可能影响企业的声誉和形象，降低公众对企业的信任度，从而对经济发展产生负面影响。

五、职业行为自律的要求

当前信息技术发展日新月异，职业行为自律不仅关乎个人声誉和职业发展，更对行业的健康发展和社会信任度有着深远的影响。

1. 遵守职业规范与法律法规

作为从业者，在进行相关信息活动时，需要深入理解和严格遵守国家及行业相关的法律法规，包括但不限于《中华人民共和国网络安全法》《中华人民共和国个人信息保护法》等。在日常工作中，要时刻保持警惕，确保自己的技术行为符合法律要求，不得从事任何违法违规的活动，如非法入侵他人系统、窃取或滥用用户数据等。在工作中也要遵循信息技术行业的职业道德规范，保护用户隐私、尊重知识产权、诚信服务等。这些规范提供了明确的行为指南，有助于维护行业的秩序和形象。

2. 保护用户隐私与信息安全

在信息技术领域，用户隐私和信息安全至关重要。在日常的工作中要采取严格的技术和管理措施，确保用户数据的安全性和隐私性。具体而言，要使用加密技术保护用户数据、定期更新安全补丁、建立严格的访问控制机制等，并加强对用户隐私保护的教育和培训，提高用户对隐私保护的认识和重视程度。在处理用户数据时，要遵循合法、正当、必要的原则，确保数据的收集、使用和存储符合法律法规及道德规范。

3. 尊重知识产权与原创精神

信息技术活动涉及大量的知识产权问题，包括软件著作权、专利权、商标权等。在日常工作中要充分尊重他人的知识产权，不得擅自使用、复制或传播他人的作品或技术。

我们也要积极保护自己的知识产权，对于自己的原创作品和技术成果，应及时申请相关知识产权保护，防止被他人侵权。同时，要尊重他人的创新成果，避免抄袭或剽窃他人的创意和技术。

4. 诚信服务，维护行业声誉

诚信是信息活动中的基本职业素养。在日常工作中要以诚信为本，为用户提供真实、准确、可靠的信息服务。在职业活动中要遵守承诺，履行义务，不得散布虚假信息或误导用户。要积极维护行业声誉，树立良好的行业形象。在面对行业内的竞争和挑战时，保持公正、公平的态度，遵守行业规则，不得采取不正当竞争手段或损害他人利益的行为。

六、职业行为自律的方法

职业行为自律不仅仅是对个体道德品质的考验，更是现代职场中不可或缺的一种能力。

1. 深化职业伦理学习与内化

职业伦理学习不仅是获取知识的过程，更是自我觉醒和内心建设的旅程。通过参加专业的课程培训、研讨会以及在线学习资源，可以系统地掌握职业伦理的核心原则、标准和要求。在学习过程中不仅要理解理论知识，更要通过案例分析、角色扮演等实践活动，将职业伦理知识内化为自己的价值观和行为准则。这样的学习不仅有助于提升自律意识，更能确保在未来的工作中始终保持高度的职业操守。

2. 遵守行业自律规范

行业自律规范是信息技术行业的"宪法"，是保障行业健康发展的重要基石。作为从业者，要密切关注行业协会或组织发布的最新自律规范，并深入研读其内容，确保对从业者的行为准则和违规行为的处罚措施有清晰的认识。在工作中要时刻以这些规范为行为指南，确保自己的每一个决策和行动都符合行业标准及要求，并积极倡导和推动行业自律规范的执行，为行业的健康发展贡献自己的力量。

3. 通过实践活动提升自律能力

实践是检验真理的唯一标准，也是提升自律能力的有效途径。通过参与各种实践活动、实习实训以及实际项目，可以将职业行为自律的要求与方法应用到具体工作中，通过实际操作来锻炼和提升自己的自律能力。这些实践活动不仅可以帮助大家更好地了解行业环境和工作流程，更能让大家在实践中发现问题、解决问题，从而不断完善自己的职业行为。

4. 强化自律执行与效果

在信息技术日新月异的今天，技术手段在职业行为自律中发挥着越来越重要的作用。充分利用加密技术、安全补丁等先进技术手段，可以加强用户数据的保护和管理，确保数据的安全性和隐私性。通过使用自动化监控和预警系统，实时监控和分析自己的工作行为，可以及时发现和纠正可能存在的违规行为。这些技术手段不仅可以提升工作效率，还能有效防止因技术漏洞导致的用户数据泄露等风险。

模块考核与评价

一、选择题

1. 信息素养与（　　）无关。
   A. 信息检索技能　　　　　　　B. 计算机操作熟练度
   C. 语言表达能力　　　　　　　D. 信息道德观念
2. （　　）不是信息技术的前沿技术。
   A. 人工智能　　B. 大数据　　C. 云计算　　D. 蒸汽机
3. 信息素养对于个人成长和社会进步的重要性主要体现在（　　）。
   A. 提升工作效率　B. 增进个人发展　C. 促进社会和谐　D. 以上都是
4. 智能时代的信息素养强调（　　）的综合素养。
   A. 信息获取与处理
   B. 信息评价与利用
   C. 信息意识、计算思维和信息社会责任
   D. 信息创造与创新
5. 信息道德、信息政策和信息法律三者中，（　　）更具有强制性。
   A. 信息道德　　B. 信息政策　　C. 信息法律　　D. 都不具备强制性
6. 信息伦理通过（　　）来规范人们的信息行为。
   A. 法律条文　　B. 社会舆论　　C. 传统习俗　　D. 以上都是
7. （　　）不是信息素养在信息检索中的作用。
   A. 提高检索效率　B. 扩大检索范围　C. 忽视检索技巧　D. 提升检索质量
8. 在信息素养中，信息道德的重要性体现在（　　）。
   A. 保护个人隐私　B. 提高工作效率　C. 促进信息流通　D. 扩大信息来源
9. 在职业行为中，遵守信息伦理的具体要求不包括（　　）。
   A. 建立个人信息使用规范　　　　B. 加强信息安全意识
   C. 随意复制他人作品　　　　　　D. 提高信息鉴别能力
10. 信息伦理问题对（　　）不会产生危害。
    A. 个人　　　　　　　　　　　B. 社会
    C. 国家　　　　　　　　　　　D. 以上都会产生影响

二、填空题

1. 信息素养包括信息获取、处理、（　　）、（　　）和创新等方面的能力。
2. 随着智能时代的到来，信息素养的发展强调信息意识、（　　）和信息社会责任的综合素养。
3. 信息素养的提升途径包括参加信息素养培训课程、利用（　　）工具、参与信息实践活动等。
4. 信息素养的核心能力要素包括（　　）、（　　）、信息分析和信息整合等。
5. 信息技术的分类可以按照信息处理的阶段分为感测技术、通信技术、（　　）和（　　）。
6. 数字素养主要涉及对数字信息的获取、理解、评价和使用等方面的能力，包括了解并运用各种在线和离线资源，以及使用（　　）和其他工具进行有效搜索。
7. 信息素养的概念最早由美国信息产业协会主席保罗·泽考斯基在（　　）年提出。

三、简答题

1. 简述信息素养的基本含义。
2. 信息检索在信息素养中有什么样的地位和作用？
3. 信息技术与信息素养有何关系？
4. 在职业行为中，人们应如何遵守信息伦理并保持自律？

参考文献

[1] 巢海鲸. 信息技术应用基础[M]. 北京: 电子工业出版社, 2024.
[2] 赵丽梅, 万睿. 信息技术基础[M]. 北京: 人民邮电出版社, 2024.
[3] 杨家成. 信息技术应用教程[M]. 北京: 人民邮电出版社, 2023.
[4] 杨美霞. 人工智能技术应用[M]. 北京: 机械工业出版社, 2022.
[5] 吴倩, 王东强. 人工智能基础及应用[M]. 北京: 机械工业出版社, 2022.
[6] 程显毅, 任越美, 孙丽丽. 人工智能技术及应用[M]. 北京: 机械工业出版社, 2020.
[7] 余明辉, 詹增荣, 汤双霞. 人工智能导论[M]. 北京: 人民邮电出版社, 2021.
[8] 李铮, 黄源, 蒋文豪. 人工智能导论[M]. 北京: 人民邮电出版社, 2021.
[9] 吴焱岷, 喻旸. 新一代信息技术基础[M]. 北京: 电子工业出版社, 2024.
[10] 吴贝贝, 楚林, 姜立之. 信息素养与检索实践[M]. 北京: 机械工业出版社, 2024.
[11] 原旺周, 武朝霞. 信息技术基础与应用[M]. 北京: 机械工业出版社, 2023.
[12] 宋诚英, 时东晓. 网络信息检索实例分析与操作训练[M]. 3版. 北京: 电子工业出版社, 2020.
[13] 史小英, 高海英. 计算机应用基础（Windows 10+Office 2016）[M]. 北京: 人民邮电出版社, 2024.
[14] 邓发云. 信息检索与利用[M]. 北京: 科学出版社, 2017.
[15] 庞慧萍, 罗惠. 信息检索与利用[M]. 北京: 北京理工大学出版社, 2017.
[16] 江楠, 成鹰. 信息检索技术[M]. 4版. 北京: 清华大学出版社, 2020.
[17] 靳小青. 新编信息检索教程（慕课版）[M]. 北京: 人民邮电出版社, 2021.
[18] 骆泓玮, 甄珍, 王良钢. 信息技术基础[M]. 西安: 西安电子科技大学出版社, 2023.
[19] 刘军华, 陈颖, 尹根. 新一代信息技术基础任务驱动式教程[M]. 西安: 西安电子科技大学出版社, 2023.